气候变化健康风险评估方法与应用

黄存瑞　王　琼等　著

科学出版社
北　京

内 容 简 介

本书共 12 章，主要介绍气候变化健康风险评估的现状与进展及常用评估方法的基本原理和应用。第 1 章概述气候变化基本事实，气候变化健康风险评估现状与进展，以及常用评估方法。第 2～3 章对时间序列分析方法和地理信息分析方法在气候变化健康风险评估中的应用进行阐述。第 4～10 章围绕气候变化相关的极端温度、极端降雨等对死亡、发病、媒介传染病、水源性传染病发病、不良出生结局、职业暴露风险和精神心理疾病等的影响，分别介绍广义线性模型、广义相加模型、分布滞后非线性模型、贝叶斯时空模型、断点时间序列模型、Cox 比例风险模型、病例交叉设计等方法的原理和应用。第 11～12 章介绍气候变化下人群健康风险的脆弱性评估及未来预估。

本书可供从事环境科学、大气科学、应用气象学、地理信息科学等与公共健康交叉学科的教学、科研及管理人员阅读参考，也可作为以上专业研究生的教学参考书。

图书在版编目（CIP）数据

气候变化健康风险评估方法与应用 / 黄存瑞等著. —北京：科学出版社，2024.6

ISBN 978-7-03-078334-9

Ⅰ. ①气…　Ⅱ. ①黄…　Ⅲ. ①气候变化－风险评价　Ⅳ. ①P467

中国国家版本馆 CIP 数据核字（2024）第 064904 号

责任编辑：郭勇斌　邓新平　常诗尧 / 责任校对：周思梦
责任印制：赵　博 / 封面设计：义和文创

科 学 出 版 社 出版
北京东黄城根北街 16 号
邮政编码：100717
http://www.sciencep.com

北京华宇信诺印刷有限公司印刷
科学出版社发行　各地新华书店经销

*

2024 年 6 月第　一　版　开本：720 × 1000　1/16
2024 年 8 月第二次印刷　印张：16 3/4
字数：330 000

定价：128.00 元

（如有印装质量问题，我社负责调换）

序　一

生态环境是人类生存与经济社会发展的基础。自我国进入工业时代以来，人口激增与工业化进程加剧了对自然资源的消耗，生态环境建设正处于压力叠加、负重前行的关键期。其中，过度利用森林、草地、湿地等自然资源引起生态系统破坏和退化，生态系统服务功能下降，导致一系列的生态环境危机，进而对人类的生存和可持续发展造成严重危害。自21世纪以来，我国生态环境又面临新的问题和挑战，不断加剧的气候变化伴随着热浪、洪涝、干旱、火灾、飓风等极端气候事件频发，造成日益严峻的气候风险以及生态系统结构与功能的改变和退化。同时，气候变化给人类社会系统带来深刻的影响，直接危及人类的健康和生命。气候变化对人类健康和生活质量的影响日益凸显。

健康的森林对人类健康和经济社会可持续发展至关重要。首先，森林是营养食物和药用植物的直接来源。其次，森林为粮食生产提供了生态安全保障，包括淡水供应、土壤肥力和生物多样性。此外，森林环境能够缓解精神压力和焦虑，促进人们保持心理健康，同时减轻抑郁等精神健康问题的不良影响。但不断加剧的气候变化正在直接和间接地削减森林所具有的对人类健康的益处。世界上有许多地区，受气候变化、城市化和经济增长的影响，林区及林区附近的社区的饮食结构发生了变化。可利用土地和森林食品供应量减少，加上收入和加工食品产量的增加，导致高热量食品消费增加，使得超重和肥胖及相关的非传染性疾病患病率不断上升。此外，气候变化造成森林生态系统结构改变、功能失衡，例如，某些物种的数量或传播方式发生变化，增加了病原体出现的概率，从而可能通过新的人畜共患病威胁人类的健康。事实上，大约60%的人类传染病和75%的新发传染病都来源于野生动物。

我国非常重视气候变化对自然生态系统和社会经济系统的影响研究，其中公共健康是越来越受到关注的重要新兴领域。在科技层面，我国已部署多个相关的重大基础研究任务。我有幸作为国家重点研发计划“全球变化及应对”重点专项的总体专家组成员，全程跟踪了清华大学黄存瑞教授作为首席科学家主持的项目“气候变化健康风险评估、早期信号捕捉及应对策略研究”。该项目集结了公共卫生、大气科学、地理信息科学等多学科、交叉学科领域的优秀学者，深入明晰了全球增暖背景下气象因素和极端天气事件对人群健康的影响及区域分异规律，阐明了气候变化导致区域健康风险的中间过程，提出了判识气候系统异常特征并建立早期信号捕捉技术，构建了气候变化健康风险综合评估模型。这些创新成果不但深化了气候变化对人群健康影响领域的研究，推动了我国公共卫生领域新兴交叉学科的发展，加强了社会各界对气候变化健康风险的理解与认识，并促进了将公共健康纳入适应气候变化战略的政策行动。

为指导气候变化与健康和公共卫生领域的科学研究，帮助研究人员快速掌握该新兴交叉学科的理论和方法，由黄存瑞教授领衔编写《气候变化健康风险评估方法与应用》专著，该书详细介绍了气候变化影响人群健康的具体研究方法和应用场景。我为该书的出版欣然作序，非常期待《气候变化健康风险评估方法与应用》一书能够在支撑高水平学术研究、培养气候变化与健康领域的专业人才、促进气候变化与健康交叉学科发展方面起到积极作用，推动我国气候变化与健康领域的科学研究，有效提升我国适应气候变化的公共服务能力和管理水平。

刘世荣

中国工程院院士、中国生态学学会名誉理事长

序　二

地球距今有 46 亿年的历史，经历了漫长的演化过程。在距今的 6000 万年里，地球平均温度出现过比当前高出 10℃以上的情况，但从距今 50 万年到 1 万年，地球平均气温一直在上下 5℃以内浮动。一直到距今 1 万年左右，地球进入稳定的暖期，称作全新世暖期，这给人类的诞生起源和人类社会的稳定发展提供了天赐良机，在这期间人类发展了农业、工业和今天的文明。自人类社会进入工业化以来，人口数量迅速增加，在 20 世纪的一百年里世界人口增加了 3 倍，从刚开始的 15 亿到了 60 亿，2022 年达到 80 亿。人类在因为人口增加而繁荣的同时，对于地球资源的利用也在增加，工业生产值扩大了 40 倍，能源消耗超过了 16 倍，化肥的使用、化石燃料的燃烧及畜牧业的发展，向陆地环境释放的氮超过了所有自然生态系统释放的总和，碳和硫的排放量也都增加了 10 倍以上。地球环境遭到了严重的破坏，水资源和热带森林减少、海洋酸化、生物多样性减少，以及地球气候快速变暖。

气候变化的后果将可能威胁和抵消人类过去 50 年社会发展和全球健康取得的成果。一方面，在气候变化背景下越来越频繁的热浪、洪水、干旱、野火和强风暴可直接影响人类健康。近年来，热相关死亡率不断上升，热暴露对呼吸系统和心血管系统疾病、心理健康及孕妇和胎儿健康等产生不利影响。极端天气事件，如热浪、洪水、野火和强风暴，增加了意外伤害的风险。预计未来对气候敏感的疾病和因环境条件恶化造成的健康危害及过早死亡将显著增加。另一方面，气候变化通过使空气污染恶化、病媒生物扩散、粮食短缺和营养不良、失业等间接地威胁人类健康。气候变化能够使臭氧等光化学污染加剧，并增加颗粒物的健康危害。同时，气候变化加快了一些媒介传染病的传播，如疟疾和登革热。随着气候变暖，这些疾病的传播范围扩大，导致高纬度地区发病率增加。气候变化还威胁到粮食安全，可能导致营养不良和相关的健康问题。此外，极端天气事件可损害基础设施，破坏商业活动，以前所未有的规模影响大众就业和生计。

2009 年，《柳叶刀》发文指出气候变化是 21 世纪人类面临的最大健康威胁。2015 年，柳叶刀健康与气候变化委员会（Lancet Commission on Health and Climate Change）全面论述了气候变化的健康影响，并强调应对气候变化是 21 世纪全球健康的重要机遇，随后每年发布气候变化与健康倒计时报告。2020 年，由清华大学领衔发布《柳叶刀倒计时中国报告》，分析了我国人群健康与气候变化的几个方面，包括气候变化健康影响、暴露和脆弱性，针对健康的适应措施、规划和韧性，减缓气候变化及其健康协同效益，经济与投资分析，以及公众和政府参与等。这些报告的研究结果已经成为全球各地区了解气候变化对健康的影响，以及开展气候变化应对的重要参考。

相比很多发达国家，我国对气候变化与健康的研究尚处于起步阶段，学术界对气候变化健康影响的复杂性仍然认识不足，另外也存在研究内容较为零散、采用研究方法各异、研究结果缺乏可比性等问题。十三五期间，我国部署了气候变化与健康重大基础研究任务，黄存瑞教授作为项目首席科学家承担国家重点研发计划“全球变化及应对”重点专项（气候变化健康风险评估、早期信号捕捉及应对策略研究），作为这个项目的跟踪专家，我很高兴见证所取得的一系列优秀成果。《气候变化健康风险评估方法与应用》就是成果之一。该书涵盖了气候变化健康风险评估领域先进且较成熟的研究方法，并从基本原理到实际应用进行了详细的阐述，科学性和可操作性强。期待这本专著能够为我国学者开展气候变化与健康研究提供有效的参考，从而为应对气候变化健康风险提供科技支撑。

宫鹏

宫　鹏

香港大学全球可持续发展首席教授

前　言

以全球变暖为显著特征的气候变化，对人类当代及未来的生存与发展造成严重威胁和挑战，急需采取措施加以应对已成为全球共识。作为世界第二大经济体，中国坚定实施积极应对气候变化的国家战略，全力推动绿色低碳发展，是全球生态文明建设的重要参与者、贡献者和引领者。

在气候变化背景下，高温热浪、洪水、干旱、野火和强风暴等事件发生的频率和强度增加，通过一系列直接或间接的途径危害人类健康。其中，最主要和最直接的影响是由极端气温暴露引起的健康效应。高温不仅会导致人体出现中暑、热射病等热相关疾病，还会增加心血管、呼吸、泌尿、神经等系统疾病的发病与死亡风险，并可能通过影响孕妇妊娠合并症、并发症和胎儿在子宫内的生长，增加不良出生结局的发生风险。强降水和洪涝可能通过污染水源造成传染病的暴发流行，影响甚至破坏基础设施，增加人员伤亡的风险。干旱可导致水资源短缺与污染，增加虫媒、粪-口等传染病及呼吸系统疾病的发病和死亡风险。台风及其引发的暴雨、风暴潮等次生灾害强度大且破坏力强，可直接导致人员伤亡，并增加传染病风险。此外，气象条件的改变及极端天气事件的发生还会影响空气污染物与过敏原的浓度及分布，这些因素进一步产生联合作用，对人群健康造成风险。以上这些健康危害效应也受地理位置、社会经济水平、基础设施和医疗卫生条件等因素的复杂影响，因此在不同地区和不同人群之间表现出巨大差异。

我国是气候变化影响显著区，自 21 世纪起影响程度呈逐年加剧趋势。但气候变化对我国人群健康造成的影响，仍缺乏全面系统的研究证据，无法有效指导气候变化健康风险的科学应对。首先，我国尚缺乏气候变化及相关极端天气事件对各类人群健康影响的系统评估，现有研究较为零散。其次，现有研究常将环境流行病学领域的经典方法用于研究气候变化对健康的影响，对气候变化健康效应的复杂性、极端性认识不足，对解析这些复杂效应的方法理解不足。此外，我国地域辽阔、气候环境差异明显，地区间经济发展不平衡，不同地区和不同人群面临的气候变化威胁存在特异性，这进一步增加了气候变化健康风险评估和定量研究的难度。《国家适应气候变化战略 2035》指出到 2035 年，我国要针对气候变化及高温热浪等极端天气气候事件，开展健康影响研究，厘清极端天气气候事件的主要健康风险、脆弱地区和脆弱人群特征，建立适应策略、技术和措施等。基于目前气候变化健康风险评估存在的问题和国家对适应气候变化提出的要求，我国急需建立一套满足科学性、适用性和可操作性的气候变化健康风险评估方法体系，从而帮助我国因地制宜地开展气候变化健康风险应对，推进健康中国建设和促进高质量发展。这也是我们编写《气候变化健康风险评估方法与应用》的初心。

本书结合 IPCC 第六次评估报告和《中国气候与生态环境演变：2021》等重要科学报告，阐述气候变化的基本事实和未来趋势，全面总结全球气候变化健康风险评估的现状与进展。同时，本书围绕重点人群健康问题详细介绍气候变化健康风险评估的常用方法。基于气象因素与极端事件影响死亡、发病、传染病、不良妊娠结局、职业人群健康、精神心理健康等的评估实例，分别介绍了广义线性模型、广义相加模型、分布滞后非线性模型、贝叶斯时空模型、断点时间序列模型、Cox 回归模型、病例交叉设计等方法的原理和应用，并提供相应的示例数据和分析代码。本书还介绍了如何开展气候变化健康影响的脆弱性评估及未来风险预估研究。本书可为从事公共卫生、气候变化、环境科学、地理信息科学、卫生政策与管理等领域的专业人员开展气候变化与人群健康研究工作提供理论支撑和技术指导。

本书是众多学者集体努力、协同攻关的成果，旨在推动我国气候变化健康风险评估研究的发展。本书的出版得到了国家重点研发计划“气候变化健康风险评估、早期信号捕捉及应对策略研究”项目（2018YFA0606200）、国家自然科学基金项目（42175183、42075178），以及清华大学研究生教育教学改革项目（202303J044）、清华大学万科公共卫生与健康学院自主科研项目“气候变化与健康”项目（2024ZZ004）等的资助和支持。全体著者为本书的编写付出了辛勤的汗水，在此表示衷心感谢！同时感谢胡建雄、朱钲宏、王晶、胥嘉钰、马朝、王瑞奇、刘泽桦、陈慧琪、陈欣、王怀林、冯瑾等多位博士和硕士同学在本书编写过程中承担的大量的资料收集、统稿和校对工作。此外，由于水平有限，书中不足之处在所难免，欢迎广大读者批评指正并提出宝贵意见。

黄存瑞、王琼

目　录

第1章 绪　　论

黄存瑞　王　琼　阚海东

本章探讨气候变化对人类健康的风险和影响。首先，介绍气候变化相关的基本概念，并总结关于全球气候变化的基本事实，包括全球的气候变化现状。然后，针对气候变化对人类健康的风险，重点探讨全球的情况，详细阐述气候变化对传染病、非传染病和伤害的影响。最后，为了评估气候变化对人类健康的风险，从多个维度介绍相应的评估方法。本章旨在增强读者对于气候变化对人类健康的影响的理解，并提供评估和预测气候变化健康风险的方法。这些知识将有助于制定应对气候变化的健康保护策略和行动，以减轻气候变化对人类健康造成的不利影响。

1.1　引　　言

1.1.1　天气、气候、气候变化与极端事件

天气是指短时间尺度内各要素的状态，包括高温、降水、台风等。

气候是指各天气要素在一定时段内的平均状态，常用冷、暖、干、湿来表示。世界气象组织规定，衡量一个标准气候的时间尺度为30年。

气候变化被联合国政府间气候变化专门委员会（Intergovernmental Panel on Climate Change，IPCC）定义为：可识别的持续较长一段时间（典型为几十年或更长）的气候状态的变化，包括气候平均值和（或）气候变率的变化。《联合国气候变化框架公约》则将气候变化定义为：在可比时期内，所观测到的在自然的气候变率之外的直接或间接归因于人类活动改变全球大气成分导致的气候的变化。

气候变化的原因可能是自然的内部过程或是外部强迫。其中外部强迫可分成自然的气候变率与人类活动的影响两大类。自然的气候变率包括太阳周期的变化、火山爆发等。但自19世纪以来，人类活动一直是气候变化的主要原因，

黄存瑞，清华大学万科公共卫生与健康学院长聘教授，博士生导师。研究方向为气候变化与健康，环境流行病学，公共卫生政策，全球健康治理。

王琼，中山大学公共卫生学院副教授，博士生导师。研究方向为气候变化的健康效应评价与风险管理。

阚海东，复旦大学公共卫生学院教授，博士生导师。研究方向为空气污染与健康，全球气候变化与健康。

特别是煤炭、石油和天然气等化石燃料的燃烧。造成气候变化的温室气体有二氧化碳和甲烷等。能源、工业、交通、建筑、农业和土地利用均是我国温室气体主要的排放源。

极端天气气候事件包括极端天气事件和极端气候事件，是相较于绝大多数平常事件而言的异常事件，被定义为天气或气候变量出现高于（或低于）该变量观测值区间上限（或下限）附近某一阈值（threshold）（常用第 90 百分位数或第 10 百分位数）时的事件。常见的极端天气气候事件主要有干旱、洪涝、台风、强降水、高温热浪、低温寒潮、沙尘暴、风暴潮等。

1.1.2 温室气体排放情景

为了更好地分析过去、现在和未来的气候变化，1995 年世界气候研究中心（WCRP）耦合模拟工作组（WGCM）主持开发了耦合模式比较计划（coupled model intercomparison project，CMIP）。IPCC 第五次评估（IPCC AR5）采用了 CMIP5 中的气候模式，即代表性浓度路径（representative concentration pathways，RCP）。RCP 是一系列综合的浓缩和排放情景，用作 21 世纪在人类活动影响下气候变化预测模型的输入参数，以描述未来人口、社会经济、科学技术、能源消耗和土地利用等方面在发生变化时，温室气体、反应性气体、气溶胶的排放量，以及大气成分的浓度。不同的辐射强迫路径是不同社会经济和技术发展情景的体现。RCP 包括一个高排放情景（RCP8.5）、两个中等排放情景（RCP6.0，RCP4.5）和一个低排放情景（RCP2.6）。

2021 年 IPCC 第六次评估使用的 CMIP6 中新的气候模式——一套由不同社会经济模式驱动的新排放情景——共享社会经济路径（shared socioeconomic pathways，SSP），是 CMIP6 的一个重要提升。CMIP6 不仅将 RCP2.6、RCP4.5、RCP6.0 和 RCP8.5 升级为 SSP1-2.6、SSP2-4.5、SSP4-6.0 和 SSP5-8.5，同时新的排放情景还包括 SSP1-1.9、SSP4-3.4、SSP5-3.4OS 及 SSP3-7.0。SSP1-1.9 是到 2100 年将气候变暖限制在 1.5W/m^2 以内，略高于工业化之前的水平；SSP4-3.4 描述到 2100 年将辐射强迫限制在 2W/m^2（SSP1-2.6）～3W/m^2（SSP2-4.5）的模式；SSP5-3.4OS 是一种过载情景，到 2040 年该情景下的排放仅比最坏情景（SSP5-8.5）低，但是 2040 年后排放量迅速减少；SSP3-7.0（中等程度的情形）则与 SSP5-8.5（最坏情景）、SSP4-6.0（较为乐观的情景）一起模拟了无气候政策干预下的全球变暖趋势。

1.2 气候变化基本事实

1.2.1 全球气候变化现状

自 18 世纪 60 年代欧洲第一次工业革命以来，全球多个地区的表面温度持续上升，且近40年中的每一个十年都比前一个十年更暖。2001～2020年的全球表面温度比1850～1900年高0.99℃（95%CI：0.84～1.10℃）；而2011～2020年全球表面温度比1850～1900年高1.09℃（95%CI：0.95～1.20℃）。陆地表面温度的增幅（1.59℃，95%CI：1.34～1.83℃）大于海洋表面温度的增幅（0.88℃，95%CI：0.68～1.01℃）[1]。据IPCC估计，未来全球表面温度将持续上升，这种情况至少会持续到21世纪中叶，除非未来几十年二氧化碳和其他温室气体的排放大幅减少，否则全球变暖将超过1.5℃（2018年IPCC提出的全球变暖温控底线）和2℃（《巴黎协定》制定的温升目标）。全球气候变暖已经是无可争辩的事实。

在全球增温背景下，人类活动在一定程度上对全球降水模式产生影响，21世纪全球陆地的平均年降水量将持续增加。IPCC报告显示，1901～2018年，全球平均海平面上升了0.20m（95%CI：0.15～0.25m），且上升速率不断加快，其主要驱动力极有可能是受人类的影响。此外，未来全球许多区域出现极端事件并发的概率将增加。高温热浪和干旱并发，极端海平面事件（风暴潮、海洋巨浪和潮汐洪水等）叠加强降水造成的复合型洪涝事件也将愈演愈烈。到2100年，一半以上的沿海地区将每年遭遇极端海平面事件，伴随着极端降水，使洪涝灾害更为频繁。

1.2.2　中国气候变化现状

中国1951～2021年地表年平均气温呈显著上升趋势，升温速率为0.26℃/10a，高于同期全球平均水平（0.15℃/10a），是全球气候变化的敏感区之一。2021年，全国地表最高气温的平均水平较常年值偏高1.01℃，与2007年并列为自1951年以来最高[3]，且区域间差异明显，北方地区增温速率明显大于南方地区，西部地区大于东部地区，其中青藏地区增温速率最大。

自20世纪90年代中期以来，中国极端高温事件明显增多。2022年夏季的区域性高温事件综合强度已达到自1961年有完整气象观测记录以来最强。2022年6月13日至8月15日，高温事件持续64天，为自1961年以来最长持续时间（超过2013年的62天）[2]；35℃以上覆盖1680个站，37℃以上覆盖1426个站，均为历史第二多（仅次于2017年，分别为1762个站和1443个站），40℃以上覆盖范围为历史最大[3]。

1961～2019年，中国平均年降水量呈微弱的增加趋势，平均年降水日数显著减少，极端强降水事件呈增多趋势，年累计暴雨（日降水量≥50mm）日数增加，平均每10年增加3.8%。自21世纪初以来，西北、东北和华北地区平均年降水量波动上升，东北和华东地区降水量年际波动幅度增大；自2016年以来，青藏地区降水量持续异常偏多。1980～2019年，中国沿海海平面变化总体呈波动上升趋势，上升速率（3.4mm/a）高于同期全球平均水平。2019 年，中国沿海海平面为自 1980 年以来的第三高位，较 1993～2011 年平均值高 72mm，较 2018 年高 24mm[3]。

1.3　气候变化健康风险

1.3.1　气候变化影响人群健康的机制路径

全球性和区域性的气候变化通过多种途径直接或间接影响人群健康。气候变化引发的极端事件如热浪、洪水、野火等直接作用于人体多个系统，如循环系统和呼吸系统，威胁人们的生命健康，增加各种疾病的发病和死亡风险。此外，气候变化也可以通过影响自然生态系统（物种的跨地区迁移及多样性和丰富度改变、提高病原微生物的适应能力和致病力等）和人类社会系统（基础设施和服务、粮食生产、供应链等）间接影响人群健康（图 1-1）。

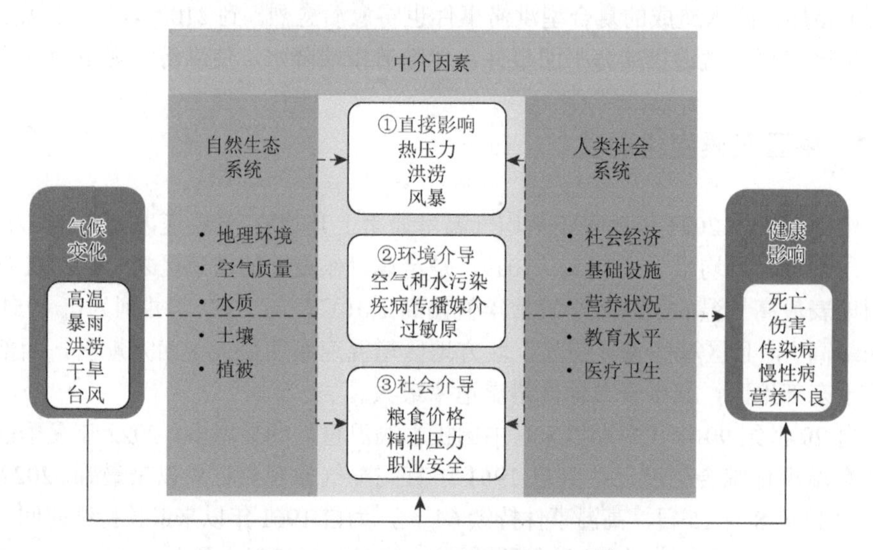

图 1-1　气候变化健康影响的框架[4]

1.3.2　气候变化对全球人群健康的影响

由联合国发起，世界气象组织和联合国环境规划署组织实施，以联合国政府间气候变化专门委员会为代表开展的全球气候变化评估，得到了国际社会的广泛认可。2022 年 2 月 28 日，IPCC 发布第六次评估（以下简称 IPCC AR6）第二工作组报告《气候变化 2022：影响、适应和脆弱性》[5-6]。这不仅是加深国际社会对气候变化认识的权威科学证据，也是帮助各国政府制定应对全球气候变化政策的最新科学依据。IPCC AR6 系统和全面地评估了气候变化给人类带来的健康风险，具体而言，气候变化的健康风险主要表现在以下几个方面。

1. 气候变化与传染病

气候变化加快了一些传染病的传播，尤其是借助虫媒和水传播的传染病。全球气候变化将直接或间接影响许多虫媒传染病（例如，疟疾、血吸虫病、病毒性脑炎和登革热等）的传播过程。虽然由于社会经济发展和卫生系统采取有力的防控措施，全球疟疾发病率有所下降，但随着气候变暖，疟疾的发病正在向高海拔地区转移。此外，气候变异和气候变化及人口流动性与全球登革热、基孔肯亚病毒、莱姆病媒介、蜱传脑炎媒介等的增加呈显著的正相关。高温、暴雨和洪涝与受影响地区腹泻发病的增加有关，包括霍乱、其他胃肠道感染及沙门氏菌、弯曲杆菌等引起的食源性疾病。

如果没有额外的适应措施，在气候变化背景下，一些对气候敏感的食源性、水源性和病媒性疾病的负担预计将持续增加。疟疾的分布和传播强度在某些地区将减少，而在沿撒哈拉沙漠以南的非洲、亚洲和南美洲等流行地区的边缘区域将增加。在 RCP6.0 和 RCP8.5 情景下，各地登革热风险均将增加，且在亚洲、欧洲和撒哈拉沙漠以南的非洲地区的分布会更加广泛，将使 22.5 亿人面临额外的登革热风险。

2. 气候变化与非传染病

由于城市化的快速进程，极端高温的增加，以及人口老龄化，热浪暴露（热暴露）的健康风险与日俱增，温带地区暖季热相关死亡率较大程度上与观测到的人为气候变化有关，但热带地区还需要更多的证据。极端高温会对人群的心理健康、幸福感、生活满意度、认知能力和攻击性等多方面产生负面影响。一些慢性非传染性呼吸道疾病由于其暴露途径（如热、冷、灰尘、细颗粒物、臭氧、烟雾和过敏原）对气候高度敏感，继而也受到相应的影响。由于气候变化，中高纬度地区的春季花粉期提前，增加了过敏性呼吸系统疾病的风险。与气候变化相关的极端天气事件，如野火、风暴和洪水等，也增加了呼吸道感染的风险，还与暴露后人群的精神疾病发病率增加显著相关。此外，气候变化威胁粮食安全，可能导致包括营养不良、超重、肥胖等，对中低收入国家的人群的影响更加显著。暴露于极端天气和气候事件的人群可能会因摄入食物不足或摄入营养不足的食物，导致营养不良并增加疾病风险，儿童和孕妇受到的负面影响更大。

未来气候变化将增加人群对热浪的暴露程度。预测模型显示，在 RCP4.5 和 RCP8.5 情景下，热浪暴露的可能性分别增加了 16 倍和 36 倍。这表明在高排放情景下全球变暖的影响会被放大得更多。在气候变化背景下，未来由对气候敏感的疾病和环境条件恶化造成的健康危害和过早死亡将显著增加。预计到 2050 年，气候变化导致的全球每年死亡人数将超过 25 万人，而这仅仅包含由于炎热、营养不良、疟疾和腹泻引起的死亡，其中一半以上的超额死亡发生在非洲。气候变化将对民生福祉产生不利影响，并进一步威胁到心理健康。儿童和青少年，尤其是女孩，以及残疾人和老年人，将面临更高的精神健康风险。心理健康影响可能来自高温、极端天气事件、流离失所、营养不良、冲突、与气候相关的经济和社会损失，以及与对气候变化的担忧相关的焦虑和痛苦。由于气候变化，全球范围内（特别是非洲和亚洲）与饮食有关的风险因素和相关的非传染性疾病发病率都将升高，营养不良、发育不良和相关的儿童死亡率也将升高。

3. 气候变化与伤害

在运动和工作环境中，热暴露的影响更为显著，运动性热疾病会导致死亡和受伤。大多数与热相关的运动损伤（热损伤）研究在高收入国家开展，这些研究表明，随着运动参与度的增加和极端高温事件的频率增加，热损伤的数量正在增加。据报道，耐力型赛事（跑步、骑自行车、冒险比赛）、美式足球和田径运动的劳累性热病发病率最高。在极端高温下工作对健康、安全和生产的影响是普遍存在的。户外工作人员的职业性热疲劳表现为脱水、肾功能轻度下降、疲劳、头晕、精神错乱、大脑功能下降、注意力不集中等。

高温、洪水和火灾等导致的伤害，表现出明显的气候敏感性；职业环境中发生的一些伤害也是如此，但目前全球尚未对伤害因果路径中的气候敏感性进行全面评估。当地居民、儿童和老年人，受到伤害的风险更大。有研究表明，与极端降水、温度及沙尘暴相关的机动车事故风险增加；与极端温度（特别是极端高温）相关的创伤性职业伤害风险增加，可能是由精神疲劳和运动能力下降导致的。

极端天气事件造成了巨大的疾病负担，但与极端天气相关的总体伤害负担尚不清楚。近几十年来，亚太地区面临的极端天气造成的伤害负担最高。1998～2017 年，11 500 次极端天气事件导致 526 000 人死亡，十个受影响最严重的国家每年可归因于极端天气事件的全因死亡率为 3.5 例/10 万人；2017 年，波多黎各和多米尼加因极端天气导致的死亡率分别为 90.2 例/10 万人和 43.7 例/10 万人。并非所有的死亡都是受伤造成的，与受伤相关的死亡率和发病率因地区和风险而异。

1.3.3 气候变化对我国人群健康的影响

中国科学院与中国气象局合作，于 2021 年完成《中国气候与生态环境演变：2021》系列评估报告。该报告是目前国内最新和最为全面的气候与生态环境变化评估，可为国内及国际社会认识中国气候与生态环境变化过程、判识影响程度、寻求减缓途径提供重要的科学依据。在该报告第二卷上《领域和行业影响、脆弱性与适应》中介绍了气候变化对我国人群健康的影响[7]。

1. 气候变化与传染病

洪涝、台风、干旱等极端天气事件会导致水源性和食源性疾病的传播风险增加。洪涝灾害可破坏饮用水设施和消毒设施，使水源与食物受到污染，进而增加肠道、呼吸道传染病的传播风险。例如，Liu 等的研究表明，洪涝每增加一天细菌性痢疾发病率增加 8%[8]。除肠道传染病外，洪涝后自然疫源性疾病和虫媒传染病的发病风险也可能升高[9-10]。此外，台风还会增加麻疹、风疹、流行性腮腺炎和水痘等呼吸道传染病，以及腹泻、肺结核等疾病的发生风险[11-14]。干旱导致水资源匮乏，降低了居民生活的饮水卫生和环境卫生水平，进而导致卫生条件不佳，相关疾病和粪-口传播疾病的发病率增加[15-17]。研究表明干旱期间的气象因素（平均蒸发量、平均降水量和平均气压等）与消化道传染病、虫媒传染病、呼吸道传染病发病率均存在关联。

此外，高温可以增加感染性腹泻的发病风险。在浙江省、福建省、广东省等东南沿海地区，气温位于第 90 百分位数时，发病风险最大，相对危险度（relative risk，RR）为 1.17（95%CI：1.11～1.23）[18]。高温可能通过影响病原体活性，加速食物腐败，从而增加肠道疾病发病风险。气候变率也会影响虫媒的生长环境温度、病毒活性，从而间接影响疾病的发生，尤其是增加一些传染病（如登革热、手足口病、流行性腮腺炎等）的传播风险。

2. 气候变化与非传染病

热浪会显著增加呼吸系统、循环系统等疾病的死亡风险。一项纳入中国 272 个城市的研究显示，热浪导致死亡率增加 7%，其中心血管疾病、冠心病、脑卒中（缺血性脑卒中、出血性脑卒中）、呼吸系统疾病和慢性阻塞性肺疾病的死亡风险均显著增加[19]。热浪强度越高，对死亡的影响越大，且健康效应存在区域差异。此外，热浪也是呼吸、循环、泌尿、神经等系统多种疾病发生的重要诱因，其中呼吸系统和循环系统疾病更易受热浪的影响。热浪期间的医院门诊、急诊就诊人数和住院人数均显著增加。有研究表明，2019 年中国由热浪造成的过早死亡约 26 800 人，且近年来上涨趋势越来越明显[20]。未来气候变化情景下的高温相关健康风险会显著升高，城市化和人口老龄化将进一步加剧该风险。

寒潮同样会增加人群死亡风险。基于中国亚热带地区 15 个省份的 36 个区（县）的研究发现，在 2008 年寒潮期间死亡率上升 43.8%[21]。一项在中国 66 个区（县）寒潮期间的研究发现，寒潮导致人群非意外死亡的风险增加 28.2%[22]。寒潮也显著增加了心血管疾病、脑卒中、呼吸系统疾病、慢性阻塞性肺疾病等的死亡风险。

寒潮发生时，居民的入院就诊人数也显著增加。

干旱可造成粮食减产与质量下降，从而导致受灾人群营养不良，其中儿童是最脆弱的人群。干旱还会影响慢性非传染性疾病，增加食管癌死亡率，并与早期肾损害相关。此外，极端事件，如洪涝、台风、干旱等，都会对人群精神心理健康造成影响。

气候变化能够与空气污染产生交互作用，增强颗粒物的健康危害。高温与颗粒物污染的交互作用，主要体现在对非意外死亡、心血管疾病死亡、呼吸系统疾病死亡和肺功能的影响上。PM_{10}对非意外死亡、心血管疾病死亡和呼吸系统疾病死亡的影响，在高温时效应最强，在低温时效应最弱[23]。此外，气候变化可以影响花粉的产生、扩散、化学成分及影响产生花粉的植被的生长和分布，从而影响空气中花粉的浓度、空间分布和致敏性，导致更高的花粉浓度、更长的花粉周期、更远的传输距离和更高的致敏性，进而增加过敏性疾病的健康风险和疾病负担。

3. 气候变化与伤害

洪涝可直接造成大量人员伤亡。据统计，1950～2014年我国洪涝所致的年均死亡人数为4327人；而2000～2009年，仅江河洪水就造成我国年均5401人死亡，2010年甚至高达8119人[24]。洪涝所致死亡主要由溺水导致，其他原因包括由洪涝所致的触电、火灾、心脏病和身体创伤等意外伤害。儿童因活动能力有限及免疫系统未发育健全而成为洪涝灾害的脆弱人群。台风引起的房屋倒塌、玻璃碎片、漂浮物碰撞、高空坠落等会直接造成各种伤害和死亡，具有高致残率、高死亡率等特点。2008～2011年台风导致广州市越秀区居民、女性、婴幼儿、老年人的全因死亡率上升[25]。

1.4 气候变化健康风险评估方法

气候变化健康风险评估是指对气候变化对人类健康的潜在影响进行系统性评估和分析的过程。其目的是评估气候变化对不同地区、群体和个人健康的威胁程度，以便采取适当的预防和应对措施。本节将从研究设计、暴露评估、暴露-反应关系评价、归因风险评价、脆弱性评估和基于气候变化情景的未来风险预估几个方面进行介绍。

1.4.1 研究设计

现将气候变化健康风险评估中常用的环境流行病学研究设计特点进行总结[10]（表1-1）。

表 1-1 气候变化健康风险评估中常用的环境流行病学研究设计

研究设计	研究对象	暴露	健康结局	混杂因素	局限性	优点
横断面研究	群体水平	现况；特定时段内的暴露	发病率、死亡率等	难以识别	混杂因素过多且难以测量	适用于大样本人群；可掌握疾病的“三间”分布
时间序列研究	群体水平	特定时段内的暴露	发病率、死亡率等	难以识别	混杂因素过多且难以测量	捕捉长期趋势；检测周期变化；也适用于急性效应研究
病例交叉研究	个体水平；病例组与对照组	接近病例发生的短时段	疾病、伤害等	对可确定或测量的混杂因素进行控制	暴露数据采集时的信息偏倚；受随时间变化的特征的影响	适用于急性效应研究；采用自身对照，平衡个体因素对结局的影响
定组研究	总体或特定目标人群	同一样本在不同时间点连续观测	同一样本在不同时间点连续观测	易于测量	失访率高；重复测量产生信息偏倚；需保证测量仪器和方法的稳定性	适用于急性效应研究；可同时观察多个指标，排除个体混杂因素干扰
回顾性队列研究	个体水平；暴露组与非暴露组	历史资料或问卷回顾	历史测量资料如出生登记数据	由于回顾性难以避免；取决于获取的历史资料数据有效性	依赖于历史资料的完整性和真实性	相比于前瞻性队列研究省时、省钱、成本低；可研究已不存在的暴露因素
前瞻性队列研究	个体水平；暴露组与非暴露组	在研究开始前确定	在研究过程中测量	易于测量	费时、费力、成本高；可能引入未知变量；失访率高	可直接获得发病率；可研究多种暴露与疾病的关联；因果推断效力强

在生态学研究中，时间序列研究（time-series study）是最常见的研究设计，它可以捕捉气候敏感疾病变化趋势；监测气候敏感疾病的暴发和传播情况；预测和应对潜在的疾病风险；评估气候行动对气候敏感疾病传播和控制的效果；揭示疾病与环境因素之间的关系。

在评估气候变化的急性、亚急性健康风险时，时间序列研究、病例交叉研究（case-crossover study）和定组研究（panel study）各有优势。其中病例交叉研究采用自身对照，可平衡个体因素对结局的影响；定组研究为前瞻性研究，可同时观察多个指标，验证因果关系的效力更强。

在评估气候变化的长期健康风险时，广泛采用横断面研究（cross-sectional study）和队列研究（cohort study）。横断面研究可以帮助确定暴露和疾病在时间、空间及人群间的分布状况。前瞻性队列研究可以帮助确定因果关系，可同时研究多个感兴趣的暴露和结局，使研究者能够更全面地评估暴露与疾病之间的关联。回顾性队列研究则具有省时、省钱、成本低的优点，并且可研究已不存在的暴露因素。

1.4.2 暴露评估

暴露评估是气候变化与健康研究领域的核心问题之一。暴露评估的准确性，暴露误差的大小，可能会影响气候变化的健康效应评价结果的可靠性。

在气候变化健康影响研究中，往往基于气象数据（包括温度、湿度、降水等）进行暴露评估，这些数据通常由气象站点观测获得。基于气象站点获得的气象数据具有时间分辨率高、数据质量高等优点。在多数时间序列研究中，假定居住在同一城市内的个体在同一天的暴露水平完全相同。然而，对于北京、上海、广州等超大城市，城市内部不同区域的气象因素存在显著差异。因此，暴露评估需要充分考虑气象数据的空间差异，特别是城市内部的微小气候分布。

在一些研究中，研究者以邻近气象站点的气象数据作为研究个体的暴露指标的暴露评价方法。然而，空间分布稀疏的气象站点可能无法准确刻画真实的气象空间变异。这就要求我们在进行气候变化与健康研究时，尽可能获取精细尺度的气象数据。

为了解决缺乏高时空分辨率气象数据的问题，当前大多数的环境流行病学研究使用空间插值方法，基于已有气象观测值进行空间插值得到气象数据。这一方法认为气象数据在整个研究区内存在较强的空间自相关性，即不同位置的气象观测值不是独立分布的，距离越近的气象观测值越相似。基于空间插值模型生成气象空间连续表面，从而可以提取研究区内任何位置、任何时间的气象预测值。

近年来，随着遥感技术的快速发展，基于遥感反演的地表气象数据被作为协变量用于提升气象的预测精度。遥感的最大优势在于能够提供覆盖全球的高时空分辨率的地表气象数据，为更准确评价研究个体暴露水平提供了新的思路。

然而，上述的暴露评估方法往往忽略了个体存在的暴露差异。目前大部分环境健康研究使用在一个或多个固定地理位置测量的室外气象数据作为个体实际暴露的替代指标，并非真正意义上的个体暴露。个体暴露的定义为人体与室内或室外环境之间的实际接触。“个体”将暴露评估的重点从地点转移到人。个体暴露方法分为以下两类：①通过使用可穿戴传感器进行直接暴露评估；②结合高分辨率的环境数据和研究对象的时间-活动模式数据等间接评估个体暴露。通过减少在个体水平上的错误分类，并通过在更精细的空间尺度上测量气象暴露来提高精度，从而解决了当前暴露评估技术的局限性。

1.4.3 暴露-反应关系评价

1. 基于群体水平估计暴露-反应关系

时间序列分析方法是生态学研究中常用的方法，多采用时间序列数据建立天气变异与不良健康结局的关联，评估短期暴露对健康结局的影响。常用方法包括广义相加模型（generalized additive models，GAM）、分布滞后非线性模型（distributed lag non-linear models，DLNM）、断点时间序列模型等。

广义相加模型是一种建立在广义线性模型和加性模型基础上的非参数模型，可通过光滑函数拟合变量间的非线性关系，对非参数化的数据进行分析。GAM 得出的效应更容易解释，同时初学者也更容易学习和理解。在山西省临汾市的研究中，采用 GAM 分析低温寒潮对肺炎患者住院费用及住院时间的影响。

气候变化和极端天气事件的暴露具有“滞后效应”，即某一时刻的暴露可能会对未来一段时间内健康或疾病产生影响。DLNM 将暴露和滞后变量通过交叉基（crossbasis）组成一个二维变量，从而实现对“暴露-反应关系”和“滞后-反应关系”的同步评估。如在中国 66 个区（县）开展的一项研究中，研究者收集了气象和死亡等相关数据，基于 DLNM 探究中国气温与死亡的暴露-反应关系。此外，有研究者收集了广州市工伤保险数据，通过 DLNM 分析高温与工伤及保险索赔费用之间的暴露-反应关系，揭示高温造成的疾病负担。

断点时间序列模型适用于评价明确时间点发生的、对人群层面的健康产生具体效应的计划外事件。断点时间序列是一种拟随机试验方法，对混杂因素有较好的控制，因果关系推断效力高。在以 2016 年安徽省洪涝为例的一项研究中，基于断点时间序列模型，对洪涝和感染性腹泻的因果关系进行了有力论证。

基于时间序列开展的关联性研究方法能有效控制季节性变化、周期性波动和长期趋势等混杂因素，但该方法评估的是群体而非个体暴露-反应关系，属于关联性研究，难以识别气象因素导致健康风险的关键环节要素。

此外，不同于气候变化与死亡或发病的研究，传染病的流行常具有高度的空间相关性，在分析气候变化与传染病流行关系时要考虑空间权重影响，以期获得更可信的关联。时空分析方法能同时考虑时间和空间因素，可以用于环境因素对人群健康影响的评估。在珠江三角洲地区评估气象因素对登革热流行影响的一项研究中，采用贝叶斯条件自回归时空分析模型分析 9 个城市气温和降雨对登革热流行的影响，刻画了气温和降雨与登革热的暴露-反应关系，测算了气温和降雨对登革热流行的风险。

2. *基于个体水平估计暴露-反应关系*

基于群体水平的生态学研究设计可能存在生态学谬误，因此气候变化健康风险评估中也常基于个体水平估计暴露-反应关系，如时间分层病例交叉设计、基于队列研究的多变量回归模型。

时间分层病例交叉设计在传统病例对照研究（case-control study）的基础上，以病例自身作为对照，不仅避免了选择对照所引起的偏倚，而且可以避免各病例间难以测量、混杂的因素影响。作为病例对照研究的一种衍生类型，它尤为适合研究患病率较低的健康结局。在广东省肇庆市开展的一项研究中，以每日温度为暴露因素，以精神分裂症为结局，采用时间分层病例交叉设计，通过建立基于服从类泊松（quasi-Poisson）分布的统计模型探索温度对精神分裂症发病的影响。

回顾性队列研究依托于常规收集的健康数据，主要优点是能以较低的成本进行较大规模的研究。前瞻性队列研究则能够更加充分地获取个体因素和暴露的信息，有效地降低混杂因素和暴露错分对结果的影响，因此能产生较强的因果证据。在中国 8 个城市的 16 个区（县）开展的多中心前瞻性队列研究中，研究者通过 Meta 回归分析来探索极端温度在不同地区间是否存在差异及异质性的来源，以及长期暴露对早产的影响。

1.4.4 归因风险评价

归因风险代表潜在暴露的大小或重要性，从概念上讲，归因风险提供了一个估计，即如果减少某一高水平的特定暴露，可以减少不良健康结局的比例。归因风险将估计的暴露范围与相对风险结合在一起，形成一个单一的指数，以便按其对总资源的潜在影响程度，对被评估的暴露指标进行排序。

归因风险可以帮助决策者和管理者在应对气候变化健康风险时确定优先事项

和有限资源的分配及使用。政策制定者和决策者希望准确了解气候趋势和变化的区域和季节差异，以确定农业、供水、卫生、能源和其他部门的影响和适应决策。对于极端事件而言，他们希望获得相关影响因素的最佳可用科学证据，用于决策社会应如何投资于风险易发地区的关键基础设施，同时确保气候韧性。即使归因很难，也不够完美，但这是必要的。如果领导者不了解风险是什么，就无法评估他们是否在使用适当的资源来缓解风险。归因是风险评估的关键组成部分。

1.4.5 脆弱性评估

脆弱性是指系统容易遭受或无法应对气候变化（包括气候变率和极端气候事件）造成的不利影响的程度。脆弱性一方面受外界气候变化的影响，取决于系统对气候变化影响的敏感性和敏感程度；另一方面也受系统自身调节能力与恢复能力的制约，也就是取决于系统适应气候变化的能力。

在气候变化背景下，脆弱性评估能帮助公共卫生部门识别脆弱人群和脆弱地区，优先采取应对措施，从而实施更有针对性的公共卫生行动，以减少气候变化对人们的健康影响[26]。目前在健康脆弱性的评估方法、指标体系、数据收集、指标权重确定等方面仍存在较大的争议，尚未制定统一的技术规范，造成不同的研究结果之间无法对比，这不利于公共卫生部门制定应对气候变化的政策和计划。

当前有部分研究采用 IPCC 定义的健康脆弱性评估框架，该框架中脆弱性是暴露、敏感性和适应能力三项指标的综合指数。此外，许多研究者采用根据研究的数据特点自行开发的方法，没有统一的评估框架和路径，对指标体系的分类差别较大。

1.4.6 基于气候变化情景的未来风险预估

当前，气候变化已经造成了全球气温上升并引发了一系列极端天气与气候事件，据 IPCC 预测，未来气温将继续上升 1.4～5.8℃（至 21 世纪末），其他极端事件如强降水等发生的频率将越来越高。未来严峻的气候变化形势，可能会进一步加剧人群健康风险。系统性地预估气候变化对未来人群造成的健康风险，有助于决策者提前规划和制定缓解与适应战略，从而更高效地应对气候变化带来的健康问题。

预估气候变化对人群造成的健康影响，首先需要了解及预估未来气候变化情况。近年来，研究主要基于第五代及第六代耦合模式（CMIP5 及 CMIP6）比较计划下的未来气候模拟数据开展。基于不同的 RCP 或 SSP 情景，气象学家通过不同的全球气候模型（global climate model，GCM）开展未来气象数据的预估，以体现未来气候的不确定性。基于该模型，气象学家预估出不同情景下的不同 GCM 的未来气象预估数据。

预估气候变化对人群造成的健康影响，还需要了解未来人口的变化情况。如未来社会人口学结构及死亡率的变化等。IPCC 综合考虑人口、经济、能源技术利用等因素，提出了多种共享社会经济路径（SSP），包括可持续发展（SSP1）、中度发展（SSP2）、局部或不一致发展（SSP3）、不均衡发展（SSP4）、常规发展（SSP5）。

此外，我们需要从已发表的文献中获取或利用现实数据构建暴露-反应关系，并对结果进行合理的外推。基于上述估计的暴露-反应关系、未来气温数据、未来人口数据及设定的假设条件等，可定量评估未来气候变化对人群健康的影响。

参 考 文 献

[1] IPCC. Climate change 2021：The physical science basis. Contribution of working group I to the sixth assessment report of the Intergovernmental Panel on Climate Change[M]. Cambridge：Cambridge University Press，2021.

[2] 国家气候中心. 当前我国高温热浪事件综合强度已达 1961 年以来最强[EB/OL].（2022-08-17）[2023-06-22]. 2022. https://www.cma.gov.cn/2011xwzx/2011xqxxw/2011xqxyw/202208/t20220817_5038081.html.

[3] 中国气象局气候变化中心. 中国气候变化蓝皮书（2022）[M]. 北京：科学出版社，2022.

[4] IPCC. Climate change 2014：Impacts，adaptation，and vulnerability. Contribution of working group II to the fifth assessment report of the Intergovernmental Panel on Climate Change[M]. Cambridge：Cambridge University Press，2014.

[5] IPCC. Climate change 2022：Impacts，adaptation，and vulnerability. Contribution of working group II to the sixth assessment report of the Intergovernmental Panel on Climate Change[M]. Cambridge：Cambridge University Press，2022.

[6] 匡舒雅，周泽宇，梁媚聪，等. IPCC 第六次评估报告第二工作组报告解读[J]. 环境保护，2022，50（9）：71-75.

[7] 中国科学院，中国气象局. 中国气候与生态环境演变：2021[M]. 北京：科学出版社，2021.

[8] Liu K，Zhou H，Sun R X，et al. A national assessment of the epidemiology of severe fever with thrombocytopenia syndrome，China[J]. Scientific Reports，2015，5（1）：9679.

[9] 曹淳力，李石柱，周晓农. 特大洪涝灾害对我国血吸虫病传播的影响及应急处置[J]. 中国血吸虫病防治杂志，2016，28（6）：618-623.

[10] 高婷，苏宁. 2012 年北京雨洪灾害后传染病疫情风险评估与应对策略[J]. 中国公共卫生管理，2013，（6）：713-716.

[11] 陈廷瑞，谢海斌，倪成剑，等. 温州市台风灾后肠道传染病疫情风险的评估[J]. 中国预防医学杂志，2016，（10）：727-732.

[12] 康瑞华. 2013 年登陆广东、福建、海南的热带气旋对手足口病的影响[D]. 青岛：山东大学，2016.

[13] 康瑞华，姜宝法，荀换苗，等. 2006～2010 年浙江省热带气旋与流行性腮腺炎发病关系的初步研究[J]. 环境与健康杂志，2015，32（4）：307-311.

[14] 荀换苗，胡文琦，刘羿聪，等. 2009～2013 年广东省热带气旋对手足口病的影响[J]. 山东大学学报（医学版），2022，56（8）：50-55.

[15] 周丽森，付彦芬. 干旱对健康及卫生行为影响的研究进展[J]. 环境卫生学杂志，2013，3（3）：264-267.

[16] 王宁，黄金明，丁国永，等. 面板数据模型在湖南省干旱敏感传染病筛选中的应用[J]. 山东大学学报（医学版），2022，56（8）：70-75.

[17] 韩德彪，杨丽萍，姜宝法，等. 山东省干旱敏感传染性疾病的初步筛选[J]. 环境与健康杂志，2014，31（6）：499-503.

[18] 胡文琦，李昱颖，马伟. 2013年中国东南沿海地区气温对感染性腹泻的短期影响[J]. 中华预防医学杂志，2019，53（1）：103-106.

[19] Yin P，Chen R J，Wang L J，et al. The added effects of heatwaves on cause-specific mortality：A nationwide analysis in 272 Chinese cities[J]. Environment International，2018，121：898-905.

[20] Cai W，Zhang C，Suen H P，et al. The 2020 China report of the Lancet Countdown on health and climate change[J]. The Lancet Public Health，2021，6（1）：e64-e81.

[21] Zhou M G，Wang L J，Liu T，et al. Health impact of the 2008 cold spell on mortality in subtropical China：The climate and health impact national assessment study（CHINAs）[J]. Environmental Health，2014，13（1）：1-13.

[22] Wang L J，Liu T，Hu M J，et al. The impact of cold spells on mortality and effect modification by cold spell characteristics[J]. Scientific Reports，2016，6（1）：38380.

[23] Chen F，Fan Z W，Qiao Z J，et al. Does temperature modify the effect of PM_{10} on mortality? A systematic review and meta-analysis[J]. Environmental Pollution，2017，224：326-335.

[24] 刘昌东，万金红，马建明，等. 洪涝灾害人口损失研究进展[J]. 南水北调与水利科技，2012，10（4）：97-101.

[25] 王王鑫，荀换苗，康瑞华，等. 2008～2011年广州市越秀区台风对居民死亡率的影响及疾病负担研究[J]. 环境与健康杂志，2015，32（4）：315-318.

[26] Manangan A P，Uejio C K，Saha S，et al. Assessing health vulnerability to climate change[J]. Centers for Disease Control and Prevention，2015：1-23.

第2章 时间序列分析方法

鲍俊哲 陈仁杰

时间序列分析在研究不利气象条件和空气污染等环境暴露因素与人群健康之间的短期关联中广泛应用。本章首先介绍时间序列数据的特点、时间序列分析的主要应用，重点介绍用于关联性研究的时间序列分析相关的建模思路；然后介绍气候变化与健康研究中采用时间序列分析时常用的数据资源类型、获取途径和数据处理过程；最后分别介绍5种常用的时间序列分析方法和研究设计。

2.1 引 言

时间序列是按时间观测，特别是按等间隔时间单位观测的有序序列。时间序列广泛存在于各个领域，如商业领域中股票的日收盘价格、农业领域中农作物的年度产量、工业领域中电流和电压信号、气象学领域中每日气温和相对湿度、医学或社会学领域中年出生率和年死亡率等。按时间连续记录的时间序列称为连续时间序列，如电流和电压信号；按特定时间间隔记录的时间序列称为离散时间序列，如每日平均气温和年死亡率[1]。本节主要关注离散时间序列。

时间序列数据邻近观测值之间通常具有相关性，数据也可能存在一定的周期性。因此，建立在独立性假设基础上的常用统计学分析方法不再适用，应采用时间序列分析的方法。通过对时间序列数据进行分析，可探索序列生成的机制，进而进行预测，或者研究不同时间序列变量间的关联。时间序列分析最初用于经济学领域，且主要用于预测（如股票价格的预测）；后来引入到环境流行病学领域，多用于定量评估环境暴露（如气象因素、空气污染和花粉）和健康结局之间的短期关联[2-3]。本节首先介绍用于预测的常见时间序列分析方法，然后重点介绍气候变化与健康研究常用的研究短期关联的时间序列分析方法。

2.1.1 用于预测的时间序列分析

常见的时间序列分析方法可分为时域分析和频域分析，其中时域分析基于参数

鲍俊哲，郑州大学公共卫生学院副教授，硕士生导师。研究方向为气候变化和空气污染的健康风险及应对策略，卫生统计学方法及应用。

陈仁杰，复旦大学公共卫生学院教授，博士生导师。研究方向为大气污染物和气象、气候变化对人体健康的影响及其机制。

模型，本节主要介绍时域分析。差分自回归移动平均（autoregressive integrated moving average，ARIMA）模型是目前常用的时域分析方法，ARIMA 模型包括 p、d 和 q 3 个参数。建模时首先检验时间序列分布是否为平稳序列，如果为非平稳序列则需要进行差分，差分的阶数用 d 表示，p 代表自回归的阶数，q 代表移动平均的阶数，p 和 q 的数值可通过自相关函数（autocorrelation function，ACF）和偏自相关函数（partial autocorrelation function，PACF）分布图来选择。合格的 ARIMA 模型对应的残差分布应为白噪声序列，可通过赤池信息量准则（Akaike information criterion，AIC）和贝叶斯信息准则（Bayesian information criterion，BIC）来评价模型的拟合优度，数值越小对应的拟合优度越好，以及均方根误差（root mean square error）和平均绝对误差（mean absolute error）等评价模型的预测效果。如果时间序列数据存在季节趋势或周期性趋势，则需要采用季节性差分自回归移动平均（seasonal autoregressive integrated moving average，SARIMA）模型进行预测。常采用 ARIMAX 或 SARIMAX 等多变量时间序列统计预测方法，基于多个相关的时间序列数据对某个特定时间序列数据进行预测[4-5]。此外，支持向量机、人工神经网络等机器学习方法和 Prophet 模型等也常被用来对时间序列数据进行预测[6-7]。

2.1.2 用于关联性研究的时间序列分析

在气候变化与健康研究领域，相关的气象和健康结局数据属于时间序列分布数据。以英国伦敦连续多年日均气温与死亡人数的数据为例，该时间序列数据（气温、死亡人数）具有长期趋势（不同年份间分布特征）、季节趋势（不同月份间分布特征）和星期几效应（不同“星期几”间分布特征）的特征，以及排除这些特征后剩余的残差（图 2-1）；此外，邻近时间点的数据还具有相关性。排除这些“时间”因素的可能影响后，如果不利气象条件（低温、高温、气温变异等）的出现与死亡人数增加依然存在有统计学意义的关联，则认为该不利气象条件可能诱发人群死亡人数的增加。除“时间”因素外，模型中需要排除的还包括除气温外可能存在短期变化或波动且可能影响人群死亡风险的因素，如相对湿度和空气污染物浓度。对于性别、年龄、受教育程度和吸烟等在一般流行病学研究的统计模型中常纳入的混杂因素，由于这些因素不会在短期内（如每天或每周）有大的变化，而且它们的变化一般与环境暴露（如气温和空气污染）无关，因此，研究短期关联的时间序列分析往往不将这些因素作为混杂因素纳入模型。不过，往往会基于这些因素进行亚组分析，进而探索相关的脆弱人群特征。比如，基于性别或年龄进行分组，研究不同性别或年龄亚组内气温与死亡的关联效应，关联效应更高的亚组为可能的脆弱人群。

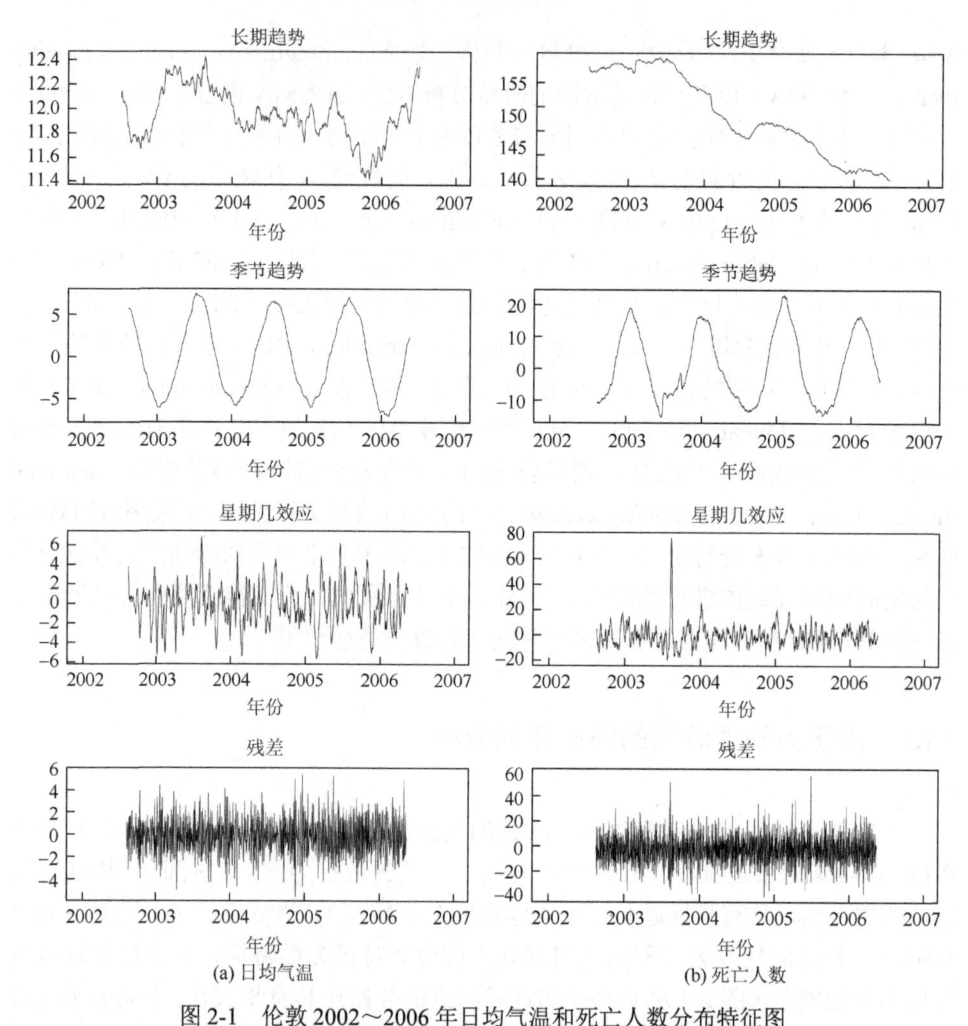

图 2-1 伦敦 2002～2006 年日均气温和死亡人数分布特征图

“长期趋势”纵坐标表示每 365 天的均值；其他 3 个特征的纵坐标代表相对数值而非实际数值，因此不做标注。

健康结局数据，如每日死亡或发病人数，往往服从泊松分布，因此，时间序列分析常采用泊松（Poisson）回归来拟合不利气象条件与健康结局之间的关联；如果健康数据的分布过于离散，则使用类泊松（quasi-Poisson）回归或负二项回归。空气污染和极端气温等不利气象条件的健康危害常常具有滞后性，即危害效应不单发生在暴露的当天，还会持续一段时间。2000 年，Schwartz 采用分布滞后的方法研究空气污染对人群死亡的影响，在分析模型中纳入滞后性，并排除相邻时间污染物的自相关性以减少共线性的影响[8]。空气污染与健康结局之间的暴露-反应关系常接近线性，但是，气温与健康结局之间的关联常呈现 U 型、V 型或 J 型等非线性关系，如低温和高温都可能诱发人群发病或死亡风险增加，而不冷不热的温度则健康风险较低[9]。因此，研究气温和健康结局关联时常采用广义相加模型结合样条函数来拟合二者的非线性关系[10]。2006 年，Armstrong 采用分布滞后非线性模型的方法研究气温与死亡的关联，在模型中综合考虑了气温对健康影响的滞后性和非线性[11]。2010 年，Gasparrini 等进一步优化了分布滞后非线性模型的方法，并在 R 软件中制作了“dlnm”软件包，极大推动了该分析方法在气候变化与健康领域的应用[12]。

时间序列数据常具有自相关性，以及长期趋势、季节趋势和星期几效应等特征，对于自相关性、长期趋势和季节趋势等特征，目前常采用样条函数搭配相应自由度（多结合 DLNM）对时间项进行调整，或者采用时间分层的病例交叉研究（time-stratified case-crossover study）进行调整。星期几效应一般通过设置哑变量的方式进行调整。时间序列分析领域的断点时间序列（interrupted time series，ITS）和双重差分（difference-in-differences，DID）方法可用来评估政策或干预措施的实施效果；单纯病例研究（case-only study）可用来探索影响环境暴露-健康结局关联的修饰效应因素。后文将分别对这些方法进行简要介绍。

2.2　时间序列分析常用数据资源

2.2.1　数据资源类型及获取途径

气象数据通常包含气温、相对湿度、风速、气压、降雨和日照时长等气象要素的数值，通常为每日平均值、最高值、最低值或每小时监测值。气象数据类型一般为气象站点监测数据或者格点数据，站点监测数据可联系当地气象局获取或者通过中国气象数据网（http://data.cma.cn）获取，数据格式一般为 excel 或 csv 格式，便于读取和分析。站点监测数据的缺点为空间分辨率较低，以国家级监测站为例，往往一个城市只有一个国家级气象监测站。如果采用该监测站数据，则认为全市不同区域的气象数据是完全一样的，没有考虑到气象因素的空间分布异质性，如热岛效应的存在。格点数据往往是基于高密度站点监测数据进行空间插值，以及结合气象模式、遥感数据等，得到较高空间精度的气象格点数据，常见为 nc 格式的文件。Python 和 R 等软件都有相关的包或函数用来处理气象格点数据，缺点为数据读取和处理不如站点监测数据方便，优点为空间分辨率较高。

健康结局数据通常包括人群死亡（总死亡、非意外死亡、特定疾病类别死亡等）、发病（医院门诊、急诊就诊情况和住院情况）和传染病（如登革热、流感和腹泻等）等数据类型，一般包含患者的性别、年龄和受教育程度等社会学和人口经济学特征，以及发病/死亡日期。死亡和传染病数据通常来自疾病预防控制中心的死因监测系统和传染病监测系统，发病数据通常来自医院的信息系统或医疗保险系统。

此外，在研究环境暴露-健康结局关联的修饰因素及开展脆弱性评估等研究时，常常涉及老年人口比例、GDP、每千人床位数等社会学和人口经济学数据，以及地表温度、绿地覆盖和水体指数等生态地理数据，前者可通过统计年鉴和人口普查数据等获取，后者可通过遥感影像提取。

2.2.2 数据处理

数据收集好后，首先需要进行异常值查询和处理，如检查气温数值范围，是否有–100℃以下的低温或100℃以上的高温；检查年龄范围，是否存在负值或200岁以上的年龄，年龄的单位是否统一为“岁”（有的是“月龄”）等。对于异常值，应与数据拥有方进行沟通和核对，进行更正。对于无法更正的异常值，可按缺失值处理或进行删除。

气候变化与健康领域的数据资源常常含有缺失值，因此在分析前需要对缺失值进行处理。最简单的缺失值处理方式是删除缺失值，或采用平均值、中位数进行填补，缺点是损失了相关信息，或者没有考虑数值分布的相关性和规律性。对于气温、空气污染等每日监测的连续型高相关性变量，如果缺失量不大且属于个别日监测值的缺失，可采用基于邻近日监测值取平均值的方法来进行填补。对于具有空间特征性的变量，如特定范围内不同地理单元的地表温度、植被覆盖度和气温监测等数据，如果缺失个别地理单元的数值，可通过空间插值的方式进行填补。此外，还可采用多重填补的方法对缺失值进行填补。如果对缺失值进行了填补，应进行敏感性分析，比较采取不同填补方式时分析结果的变化，需要确保分析结果的稳定性。

在开展分析前需要将气象数据与健康结局数据进行匹配，常常基于健康结局数据的发病/死亡日期与气象数据的日期进行匹配，以R软件为例，可通过merge函数来实现这种匹配。在开展时间序列分析时，匹配前常常需要统计特定时间内（如每天）的总发病/死亡人数，然后再与气象数据进行匹配。

2.3 常用分析方法和研究设计

2.3.1 分布滞后非线性模型

2010年，Gasparrini等以广义线性模型和广义相加模型等传统模型为基础，利用交叉基过程，阐述了DLNM的理论，并介绍了相关的R软件及分析代码[12]。

Gasparrini 随后进一步详细介绍了 R 软件中的“dlnm”包及相关的代码和应用示范[13]。DLNM 通过交叉基函数，同时处理不利气象条件健康危害的非线性与滞后性，交叉基函数包括非线性和滞后性两个维度，其中非线性多通过样条函数来进行拟合，如二次样条函数或三次（自然）样条函数，并匹配不同的自由度。如果主要研究气温的健康危害，则在分析模型中纳入气温的交叉基函数。时间序列数据的长期趋势和季节趋势可通过对“时间项”拟合样条函数来进行调节，以研究每日气温和人群死亡的暴露-反应关系为例，可采用自然样条函数对“时间项”进行处理，自由度多选择为 6～8。星期几效应和节假日效应可通过设置相关的哑变量来进行调整。交叉基函数和样条函数中自由度的选择主要参考既往研究的参数设置及当下研究的模型拟合优度来进行确定。

DLNM 是时间序列分析领域目前应用最多的模型之一[14-15]，借助 R 软件的“dlnm”包，可方便快捷地分析不利气象条件对人群健康的短期影响，综合考虑了滞后性和非线性，既可计算多个滞后时间内的累计效应，也可计算不同滞后时间下的单独效应，相关的作图也美观、便捷。缺点是模型中对时间因素的调整较为抽象，不便于理解，相关自由度的选择也尚无统一规范。目前在气候变化与健康领域的应用多属于生态学研究，主要针对群体而非个体，可能存在生态学谬误。

2.3.2 断点时间序列模型

除研究不利气象条件与健康结局的短期关联外，时间序列分析领域的断点时间序列分析常用来评估疫苗、新政策和使用防护措施等干预措施的效果，以及评估经济危机、气象事件等的健康危害[16-17]。断点时间序列分析需要明确干预措施或事件发生的时间点，分析模型除了控制长期趋势和季节趋势外，添加了代表干预措施或事件发生前后的哑变量，通过计算干预措施或事件发生前后健康结局发生风险的变化来反映干预措施的效果或事件导致的健康风险。

队列研究和病例对照研究等传统流行病学研究设计可为探索疾病的病因或危险因素提供重要参考，但这些都属于观察性研究，一般不涉及干预措施，也不能研究干预措施的效果。随机对照试验是常见的用于评估干预效果的标准设计，该设计一般在个体层面展开，不宜用来评估政策和方案等在人群层面的效果，而 ITS 则可以用来评估人群层面干预措施的效果。ITS 是分段回归（segmented regression）的一种，需要明确干预措施发生的时间节点，一般精确到具体的一天。基于时间节点之前的数据建模用来反映“干预前”的情况，基于时间节点之后的数据建模用来反映“干预后”的情况，通过“干预后”和“干预前”的比较，一般是计算 RR，用来反映干预效果的大小。DLNM 常用来研究不利气象因素暴露与健康结局的短期关联，对应的健康结局一般是相对急性发作的疾病或死亡，如心肌梗死或脑卒中，ITS 也适用于研究干预措施对急性发作疾病或死亡的影响，干预措施对所研究的健康结局的干预效果应较快出现，或者有较为清晰的滞后时间。对于一些病程很长的疾病，如癌症，ITS 可能并不适用。

为了保障检验效能，一方面，ITS 分析需要纳入一定量时间点（类似于样本量）的“干预前”和“干预后”数据，需要时间点的多少与数据变异大小、干预效果大小和数据的分布规律（如季节性和周期性）等有关，且“干预前”和“干预后”的时间点分布应尽量保持均衡[18]。另一方面，也不是时间点越多越好，应确保“干预前”的历史趋势没有出现显著变化[16]，“干预后”也应避免其他干预或干扰措施的影响。

2.3.3 双重差分方法

双重差分方法也可以用来评估干预措施的效果，如高温热浪干预措施的实施效果评价。Tarik 等采用 DID 结合时间序列分析研究加拿大蒙特利尔市高温行动计划的实施效果，将研究时间段分为高温行动计划实施前和实施后两组，且每组内划定夏季（6～8 月）的高温组（促发高温行动计划实施）和非高温组（未达到计划实施标准）。基于高温行动计划实施前的数据，采用时间序列分析方法建立模型，通过反事实假设，计算如果没有采取高温行动计划，预估每日死亡人数，并计算高温天气下预估死亡人数与实际死亡人数的差值，减去非高温天气下预估死亡人数与实际死亡人数的差值，即干预措施在高温天气下“减少”的死亡人数与非高温天气下“减少”的死亡人数的差值，该方法即为 DID。通过多重差分（differences-in-differences-in-differences，DIDID）方法，进一步比较了高温行动计划对不同性别、年龄和社会经济状态人群的干预效果差异，如计算高温行动计划导致死亡人数男性减少值与女性减少值的差值及其置信区间[19]。

DID 与 ITS 均可用来评价干预措施在人群层面的效果，ITS 常用来评价干预前后健康结局发生风险的变化，DID 可用来进一步评价干预措施对随时间变化的特定暴露危害（如高温，干预前和干预后均既有高温天又有非高温天）的效果，如 Tarik 等采用 DID 的方法发现高温行动计划可减少高温诱发的人群死亡。DIDID 可用来进一步研究在不同人群（如不同性别和年龄等）中干预措施对特定暴露危害的效果。同 ITS 一样，DID 也需要一定量的时间点数据用来保障检验效能，同时为了避免干预前和干预后暴露因素与健康结局的关联特征发生与干预因素无关的变化，时间点设置也不宜过长，如 Tarik 等的研究设定为高温行动计划实施前和实施后各 4 年的时间范围，减少人群对高温适应能力的变化及生活水平和基础设施等变化对高温-死亡关联的影响[19-20]。

除用来计算干预措施导致健康风险相关人数（如死亡人数）变化外，调整的双重差分方法也可用来研究空气污染物和不利气象条件暴露对人群死亡的影响[21-22]。Wang 等基于新泽西州不同人口普查区的死亡、空气污染物、气象因素、社会学和人口经济学数据，假设空气污染物暴露在不同普查区是随机分配的，采用双重差分的方法，以不同普查区的死亡人数为因变量，以不同普查区的空气污染物、社会学和人口经济学指标、年份、气象因素和总人口数等为自变量，建立模型，探索空气污染物长期暴露与人群死亡的因果关联[21]。

2.3.4　时间分层的病例交叉研究

与时间序列分析领域常用的泊松回归结合 DLNM 研究环境暴露的短期健康危害类似，时间分层的病例交叉研究也常用来分析空气污染物、气象因素等随时间变化的环境暴露因素与健康结局之间的短期关联。该研究以病例的发病时间为参考，通过对发病时间的前后延伸设置层，如把与发病时间所在的年份、月份和星期几相同的日期分到同一层，以该层内发病日期所在日为病例，其他日（相同的年、月和星期几，一般以 4d 或 3d）为对照，通过比较病例所在日期与对照日期的环境暴露因素（如空气污染物、气温）数值的差异，来研究环境暴露导致的短期健康风险。该研究设计属于自身对照，因此排除了患者的年龄、性别及其他个体因素的混杂作用[23]，并通过将病例和对照设置在一个组，进而排除了长期趋势、季节趋势和星期几效应，设计简洁易懂。病例交叉研究通常采用条件 logistic 回归的方法来计算环境暴露因素的健康效应，以 R 软件为例，模型构建和计算时会用到“survival”包和“coxph”函数。

许多研究将病例交叉研究与 DLNM 结合，既实现了从个体水平上研究环境暴露的短期健康危害，又考虑了相关的滞后性和非线性[24-25]。除了结合条件 logistic 回归外，病例交叉研究也可结合条件 Poisson 回归，此时通过在模型中设置年份、月份和星期几组成的层（stratum）来调节长期趋势、季节趋势和星期几效应，并进行匹配[26-27]。

基于条件 logistic 回归的病例交叉研究不能解决健康结局数据的过度离散问题和自相关问题，因此，Armstrong 等比较了基于条件 Poisson 回归模型和条件 logistic 回归模型的病例交叉设计分析结果，发现二者计算得到的效应非常接近，基于条件 Poisson 回归模型的病例交叉设计能够有效解决模型中健康数据过度离散和自相关的问题，而且分析代码更简洁，计算速度更快[28-29]。

2.3.5　单纯病例研究

在气候变化与健康领域，除了研究高温热浪、低温寒潮、降雨等不利气象条件对人群健康的危害效应外，研究哪些因素可能对它们的危害效应产生修饰效应，如年龄、受教育程度、疾病种类、绿地覆盖等对高温-死亡关联的修饰效应，有助于选出重要的修饰效应因素进而采取干预措施。研究修饰效应可通过分层分析和在模型中添加交互项等方式实现，但这些方式往往需要先构建较为复杂的模型，而且运算量较大。2003 年，Armstrong 将基因-环境领域应用的单纯病例研究引入空气污染和气候变化对人群健康影响研究领域，并应用该方法分析了人群的社会经济学特征对高温-死亡关联的修饰效应[30]。此后，该方法在气候变化与健康领域被广泛用来研究修饰效应[31]。该研究设计采用 logistic 回归的方法，其研究思路为：以绿地覆盖对高温-死亡关联的修饰效应为例，设定 logistic 回归中的因变量为绿地，高绿地覆盖区域设为 1，低绿地覆盖区域设为 0。以患者死亡日期当天是否属于高温天气为自变量，高温天气为 1，非高温天气为 0。如果绿地覆盖能减少高温的危害效应，则在高温天气死亡人群的高绿地覆盖区域与低绿地覆盖区域的人数比低于非高温天气，对应于 logistic 回归的结果是比值比（OR 值）小于 1。

2.4　小　　结

目前气候变化与健康领域的研究多存在暴露评估不准确的问题，如我国的很多研究采用国家级气象监测站的数据代表一个城市整体的气象暴露，可能存在暴露评估偏倚，未来应多借助高密度自动气象监测站的数据，实现更精准的气象暴露评估；目前的研究多采用室外气象因素暴露，现实情况是很多人大部分时间都是在室内度过的，未来可通过问卷调查和室内检测等途径更准确地评估个体的实际暴露情况；目前相关研究多基于死因监测、医院门诊住院等健康结局数据结合气象数据来开展研究，对受试者个体信息的考虑不足，如饮食、运动、身体状况等信息往往缺乏，相关信息一般也只有单次的数据，无法考虑个体相关指标的动态变化，未来可开展相关的队列研究或定组研究，结合问卷调查和实地检测等途径，获取受试者动态的较全面的数据信息，采用广义估计方程、广义线性混合效应模型等方法更深入地研究不利气象条件对健康的影响。

目前相关研究多为短期关联性研究，主要关注不利气象条件与人群死亡或发病的直接关联，对相关的影响路径、机理机制研究较少。以气温对哮喘发作的影响为例，除了不利气象条件直接诱发哮喘发作外，还可能通过影响花粉、尘螨等过敏原间接诱发哮喘的发作。采用贝叶斯网络、路径分析等方法研究不利气象条件对人群健康结局的直接和间接影响及关键节点，有助于厘清气候变化健康危害的路径和机理，为采取针对性干预措施提供参考。

参 考 文 献

[1] 魏武雄. 时间序列分析：单变量和多变量方法[M]. 北京：中国人民大学出版社，2021.

[2] Bhaskaran K，Gasparrini A，Hajat S，et al. Time series regression studies in environmental epidemiology[J]. International Journal of Epidemiology，2013，42（4）：1187-1195.

[3] Bhaskaran K，Hajat S，Haines A，et al. Short term effects of temperature on risk of myocardial infarction in England and Wales：Time series regression analysis of the Myocardial Ischaemia National Audit Project（MINAP）registry[J]. BMJ，2010，341：c3823.

[4] Song Z J，Jia X C，Bao J Z，et al. Spatio-temporal analysis of influenza-like illness and prediction of incidence in high-risk regions in the United States from 2011 to 2020[J]. International Journal of Environmental Research and Public Health，2021，18（13）：7120.

[5] Zha W T，Li W T，Zhou N，et al. Effects of meteorological factors on the incidence of mumps and models for prediction，China[J]. BMC Infectious Diseases，2020，20（1）：1-11.

[6] Luo Z X，Jia X C，Bao J Z，et al. A combined model of SARIMA and prophet models in forecasting AIDS incidence in Henan province，China[J]. International Journal of Environmental Research and Public Health，2022，19（10）：5910.

[7] Sylvestre E，Joachim C，Cecilia-Joseph E，et al. Data-driven methods for dengue prediction and surveillance using real-world and big data：A systematic review[J]. PLoS Neglected Tropical Diseases，2022，16（1）：e0010056.

[8] Schwartz J. The distributed lag between air pollution and daily deaths[J]. Epidemiology，2000，11（3）：320-326.

[9] Bao J Z，Wang Z K，Yu C H，et al. The influence of temperature on mortality and its lag effect：A study in four Chinese cities with different latitudes[J]. BMC Public Health，2016，16：1-8.

[10] Zanobetti A，Wand M P，Schwartz J，et al. Generalized additive distributed lag models：Quantifying mortality displacement[J]. Biostatistics，2000，1（3）：279-292.

[11] Armstrong B. Models for the relationship between ambient temperature and daily mortality[J]. Epidemiology，2006，17（6）：624-631.

[12] Gasparrini A，Armstrong B，Kenward M G. Distributed lag non-linear models[J]. Statistics in Medicine，2010，29（21）：2224-2234.

[13] Gasparrini A. Distributed lag linear and non-linear models in R：The package dlnm[J]. Journal of Statistical Software，2011，43（8）：1-20.

[14] Gasparrini A，Guo Y，Hashizume M，et al. Mortality risk attributable to high and low ambient temperature：A multicountry observational study[J]. The Lancet，2015，386（9991）：369-375.

[15] Chen R J，Yin P，Wang L J，et al. Association between ambient temperature and mortality risk and burden：Time series study in 272 main Chinese cities[J]. BMJ，2018，363：k4306.

[16] Bernal J L，Cummins S，Gasparrini A. Interrupted time series regression for the evaluation of public health interventions：A tutorial[J]. International Journal of Epidemiology，2017，46（1）：348-355.

[17] Zhang N，Song D D，Zhang J，et al. The impact of the 2016 flood event in Anhui province，China on infectious diarrhea disease：An interrupted time-series study[J]. Environment International，2019，127：801-809.

[18] Zhang F，Wagner A K，Ross-Degnan D. Simulation-based power calculation for designing interrupted time series analyses of health policy interventions[J]. Journal of Clinical Epidemiology，2011，64（11）：1252-1261.

[19] Benmarhnia T，Bailey Z，Kaiser D，et al. A difference-in-differences approach to assess the effect of a heat action

plan on heat-related mortality，and differences in effectiveness according to sex，age，and socioeconomic status（Montreal，Quebec）[J]. Environmental Health Perspectives，2016，124（11）：1694-1699.

[20] Petkova E P，Gasparrini A，Kinney P L. Heat and mortality in New York City since the beginning of the 20th century[J]. Epidemiology，2014，25（4）：554-560.

[21] Wang Y，Kloog I，Coull B A，et al. Estimating causal effects of long-term $PM_{2.5}$ exposure on mortality in New Jersey[J]. Environmental Health Perspectives，2016，124（8）：1182-1188.

[22] Yu W H，Guo Y M，Shi L H，et al. The association between long-term exposure to low-level $PM_{2.5}$ and mortality in the state of Queensland，Australia：A modelling study with the difference-in-differences approach[J]. PLoS Medicine，2020，17（6）：e1003141.

[23] Valent F，Brusaferro S，Barbone F. A case-crossover study of sleep and childhood injury[J]. Pediatrics，2001，107（2）：e23.

[24] Elser H，Rowland S T，Tartof S Y，et al. Ambient temperature and risk of urinary tract infection in California：A time-stratified case-crossover study using electronic health records[J]. Environment International，2022，165：107303.

[25] He Y L，Cheng L L，Bao J Z，et al. Geographical disparities in the impacts of heat on diabetes mortality and the protective role of greenness in Thailand：A nationwide case-crossover analysis[J]. Science of the Total Environment，2020，711：135098.

[26] Zhang S Y，Yang Y，Xie X H，et al. The effect of temperature on cause-specific mental disorders in three subtropical cities：A case-crossover study in China[J]. Environment International，2020，143：105938.

[27] Lu P，Xia G X，Zhao Q，et al. Temporal trends of the association between ambient temperature and hospitalisations for cardiovascular diseases in Queensland，Australia from 1995 to 2016：A time-stratified case-crossover study[J]. PLoS Medicine，2020，17（7）：e1003176.

[28] Armstrong B G，Gasparrini A，Tobias A. Conditional poisson models：A flexible alternative to conditional logistic case cross-over analysis[J]. BMC Medical Research Methodology，2014，14（1）：1-6.

[29] Sheng R R，Li C C，Wang Q，et al. Does hot weather affect work-related injury? A case-crossover study in Guangzhou，China[J]. International Journal of Hygiene and Environmental Health，2018，221（3）：423-428.

[30] Armstrong B G. Fixed factors that modify the effects of time-varying factors：Applying the case-only approach[J]. Epidemiology，2003，14（4）：467-472.

[31] Schwartz J. Who is sensitive to extremes of temperature? A case-only analysis[J]. Epidemiology，2005，16（1）：67-72.

第3章 地理信息分析方法

任周鹏　田怀玉

地理信息分析方法已成为分析健康数据的主流方法之一。本章介绍地理信息分析方法的基本概念与内涵，结合地理信息系统（GIS）、遥感技术、空间和时空统计模型在流行病学与公共健康研究中的进展，重点阐述地理信息分析方法在健康数据分析中扮演什么样的角色、发挥什么样的作用，为流行病学与公共健康领域的研究人员理解地理信息分析方法的基本原理与功能提供参考。从方法学角度对气候变化与健康研究中的典型应用进行评述和分析，总结地理信息分析方法在暴露评价方法、高风险聚集区识别、空间异质性与驱动因子识别三个方面的作用。

3.1 引　　言

随着地理信息系统、遥感技术、空间与时空统计模型在流行病学与公共健康领域的广泛应用，蕴含于疾病数据中的丰富的空间定位信息得以被充分挖掘和利用，为我们研究疾病、健康和卫生事件的空间分布规律，识别影响疾病流行的人口社会学、环境、社会经济等决定因素，为疾病预防与管控、健康促进、防控资源空间优化配置等提供了新的思路、方法、技术和工具[1-2]。地理信息分析方法可以看作是应用 GIS、遥感技术、空间和时空统计模型，实现对空间定位数据进行挖掘和分析的一类方法的总称。目前，国内外气候变化与健康研究领域积极吸纳地理信息分析方法，在暴露评价方法、高风险聚集区识别、空间异质性与驱动因子识别等研究方向取得了重要进展。地理信息分析方法应用于气候变化与健康研究，其最大的贡献在于能够充分利用疾病数据中蕴含的空间定位信息，从而能够更准确识别高风险地区，合理优化应急资源空间配置，制定更精准的干预措施，提高防控效率。

3.2 地理信息分析方法与健康研究进展概述

理解疾病在时间、空间、人群间的“三间”分布特征是流行病学的核心研究

任周鹏，中国科学院地理科学与资源研究所助理研究员。研究方向为地理信息分析与环境健康。

田怀玉，北京师范大学全球变化与公共健康研究中心教授，博士生导师。研究方向为疾病传染源演变和传播的数理模型。

内容之一。然而，长期以来由于缺乏有效技术和方法，传统流行病学研究往往忽略了疾病数据中蕴含的丰富的空间定位信息，从而导致我们在疾病空间分布格局识别、时空演变趋势挖掘、地理环境的健康作用机制认知等方面存在挑战。随着地理信息系统的兴起、遥感技术与时空分析方法的快速发展，地理信息分析方法在流行病学和公共健康领域得到广泛应用，极大提升了我们在疾病监测、疾病制图、疾病时空分布趋势分析及流行风险预测、卫生资源分配评估等问题的研究能力，为深入理解疾病的空间分布、推断疾病流行的源头、制定科学防控政策提供重要决策依据。

3.2.1 地理信息系统与健康研究

地理信息系统（geographic information system，GIS）是在计算机科学、数据库技术、地图学、地理学、测绘科学等多种学科和技术交叉融合的基础上发展起来的信息系统，能够实现地理空间数据的采集、存储、管理、分析、模拟和显示等功能，为地理空间数据的高效管理和深度挖掘提供重要技术支持。GIS 在健康研究中的作用主要表现在三个方面。

（1）健康数据采集、管理与处理。GIS 能够将带有地理位置信息的文本数据转为空间数据，常见的 GIS 数据包括点数据和面数据。例如，如果我们获取了登革热患者的居住地址信息，我们可以结合地图定位服务将地址转为地理坐标，从而将地址文本数据转为点状空间数据。GIS 还可以协助健康数据管理人员实现数据的编辑、更新等处理，从而保障数据的时效性。在获取了健康数据的地理位置信息后，借助 GIS 就可以实现对不同来源的空间数据的整合，能够提取影响健康的各种地理、环境、气象、生态等变量，为后期进行深入分析奠定基础。

（2）健康数据及分析结果的地图可视化。基于 GIS 提供的地图可视化功能，制作病例空间分布地图、各行政区的患病率空间分布地图、疾病流行风险预测地图等，从而能够以直观的形式展示健康数据中所蕴含的信息，为揭示病例的空间分布规律、提出潜在的研究假说、识别疾病高风险地区等提供重要技术方法。例如，1854 年伦敦发生霍乱疫情，John Snow 通过收集霍乱病人的居住地址信息，将霍乱病例的位置绘制到地图上后发现，布罗德（Broad）街的水井附近出现的霍乱病例远高于其他地区，从而推断出公用水源污染为霍乱疫情流行的根源，为有效控制疫情传播提供了重要决策依据。John Snow 的研究表明疾病分布专题地图不仅可以直观展示疾病分布的规律，也可以为提出科学假说提供重要线索。

（3）疾病预防与控制地理信息系统的构建与决策支持。通过整合病例及相关影响因素数据，基于单机版或 Web GIS 开发技术，构建疾病预防与控制地理信息系统，服务于疾病预防控制实际业务。系统除了提供相关数据管理、查询检索、可视化、地图制作、统计报表生成等功能外，还能够集成空间聚集探测等空间数据分析方法，为业务部门提供实时的疾病监测分析结果。

我国公共卫生领域研究人员在GIS与疾病预防控制交叉融合方面做了很多探索研究，推动了GIS在我国公共卫生领域的广泛应用。针对疾病监测的实际需要，李秀君等构建了全国霍乱预防控制GIS数据库，整合霍乱病例数据、监测点霍乱菌株分型数据、水产品霍乱菌株监测数据、环境水体监测数据及气候数据等，实现对霍乱病例及相关影响因素的集成与管理。结合GIS的空间分析功能及其他传统统计数据分析方法，从而能够进行全国、省（自治区、直辖市）、区（县）等不同空间尺度的霍乱发病率空间分布格局展示，分析霍乱发病率在不同统计单元的时间变化趋势，及时掌握各地区的霍乱疫情流行状况、霍乱弧菌变异情况，明确霍乱疫情高发地区及高发时段[3]。唐新元等收集了青海省1958～2009年的人间鼠疫病例并构建了GIS数据库，通过制作鼠疫病例空间分布地图，发现人间鼠疫主要出现在青海省黄南藏族自治州、果洛藏族自治州、玉树藏族自治州、海北藏族自治州、海南藏族自治州、海西蒙古族藏族自治州及西宁市、海东市的26个区（县），直观揭示出鼠疫在青海省流行的高发地区及流行趋势，为公共卫生部门的防治决策提供了明确的科学依据[4]。除了应用GIS的基础功能进行疾病监测与空间分布特征分析外，基于气象、地理、遥感等数据，结合疾病传播流行的数学方法，即可以实现对疾病流行区地理分布的预测。周晓农等采用联合国粮食及农业组织（FAO）CLIM数据库，结合温度、潜在蒸发指数、AVHRR植被指数、地表温度、高程等空间数据，用改良Malone公式计算血吸虫传播指数，从而实现血吸虫病流行地区的预测。研究发现，血吸虫传播指数（指数大于900）的分布基本上与中国南部地区的血吸虫流行区相吻合[5]。王丽萍等整合1997～2010年全国疟疾发病与死亡、媒介、气象、土地覆盖、植被指数、高程、社会经济等数据，构建疟疾专题GIS数据库，并采用Web GIS技术对疟疾病例及相关影响因素进行时空动态可视化分析，利用时空扫描统计量识别疟疾流行时空聚集区，为我国各级疾控用户分析疟疾传播风险提供了有力技术支持[6]。

综上所述，GIS在健康研究领域具有巨大潜力，地理信息系统为具有空间定位信息的疾病数据提供了存储、查询检索、处理、分析、地图可视化、空间分析（例如，缓冲区分析、叠置分析、网络分析、可达性分析）等技术支持，极大提升了对疾病数据中的空间定位信息的挖掘和利用，为我们深入理解疾病的空间分布格局、演变、聚集特征、危险因素识别、流行风险预测、医疗资源空间优化配置等提供了强大的数据分析工具。GIS增强了我们集成健康数据和制图过程的能力，使得流行病学家能够在任何尺度［例如，省（自治区、直辖市）、区（县）、个体、网格单元］上探究疾病的时空变化趋势，定量评价环境因子的健康效应，精准识别脆弱人群的空间分布，预测基线时期及未来任何空间研究单元上疾病流行风险。

3.2.2 遥感与健康研究

遥感（remote sensing）一般是指通过人造地球卫星、航空等平台上的传感器对地面目标的对地观测，实现对地表各种自然要素（例如，树木、草地、水体）和人文要素（例如，建筑、道路）无接触的远距离监测的一种探测技术。遥感为环境监测与评价等相关研究提供大量成本低廉、覆盖范围广泛、时效性强的遥感数据，同时也在环境健康研究中发挥着重要作用。总体而言，遥感技术为环境健康研究提供大量不同时空分辨率的遥感数据，能够用于度量绿度暴露、空气污染、地表温度、土地覆盖和土地利用等环境要素的健康效应。从健康结局的特征来看，早期的研究更多将遥感数据用于媒介传染病传播风险地理分布预测领域[7-10]，最新的一些研究也在慢性非传染性疾病方面进行了一些探索[11-16]。

在媒介传染病方面，遥感可以提供大范围、长时序的植被指数、土地覆盖、地表温度、水体指数等，用于刻画影响传播媒介栖息地质量和病媒生物种群动态的自然环境特征，为构建媒介传染病监测与传播风险预测模型提供重要数据源。例如，Addink 等基于野外调查数据与同时期高分遥感影像 QuickBird（空间分辨率达 0.61m）数据，采用面向对象的遥感分类方法实现大沙鼠潜穴系统分类。研究发现，用户精度和生产者精度分别为60%和 86%，表明高分辨率遥感影像能够用于大沙鼠潜穴系统自动化制图[8]。然而，病媒生物地理分布预测精度同时受遥感影像的空间分辨率和光谱分辨率影响。Brown 等采用 Hyperion（空间分辨率 30m）、ASTER（空间分辨率 15m）和 Landsat 5TM（空间分辨率 30m）三种卫星影像提取归一化植被指数（normalized difference vegetation index，NDVI）和疾病水体压力指数（disease water stress index），并结合 logistic 回归模型预测美国康涅狄格州湿地 *punctipennis* 按蚊的栖息地空间分布。结果表明，Hyperion 影像预测精度最高（AUC = 0.81），ASTER 影像预测精度次之（AUC = 0.80），Landsat 5TM 影像预测精度最低（AUC = 0.66）。与 Landsat 5TM 相比，Hyperion 的光谱分辨率（196 个波段）和 ASTER 的空间分辨率更高，能够为预测模型提供更丰富的地表环境信息，从而可以提升模型的预测精度。此外，该研究还表明，不同物种蚊虫的栖息地大小不同，预测其空间分布时应该选择合适尺度的遥感影像[9]。高时空分辨率的遥感影像数据，既能提升媒介传染病风险地理分布预测的精度，也可以更准确刻画病毒传播的动态过程。然而，遥感影像数据往往存在高空间分辨率和高时间分辨率不可兼得的情况。例如，ASTER 影像虽然具有较高的空间分辨率（15m），但其时间分辨率却较低（重访期 16d）。此外，受云的影响，环境健康在实际研究中无法选择时间连续的影像数据，从而无法精确刻画病毒传播的动态过程。MODIS 数据具有很高的时间分辨率（重访期 1d），但空间分辨率低（250～

1000m）。因此，在实际应用中可先对高时间分辨率遥感影像和高空间分辨率遥感影像进行融合，从而获得高时空分辨率的遥感影像。Liu 和 Weng 采用时空自适应反射率融合模型（STARFM），对 ASTER 和 MODIS 影像数据进行图像融合，从而获取了高空间、高时间分辨率的影像数据，并构建归一化植被指数、地表温度、归一化水体指数（NDWI），研究城市特征对西尼罗病毒（West Nile virus，WNV）传播的影响[10]。

在慢性非传染性疾病方面，基于遥感影像获取的土地利用/土地覆盖（例如，森林、公园等）、气溶胶光学厚度（aerosol optical depth，AOD）、地表温度、NDVI、归一化水体指数等数据，已被用于理解绿色和蓝色空间暴露、空气污染、高温暴露等多种环境暴露因素对人体健康的影响。Yue 等考虑了 NDVI、植被覆盖度、公园覆盖度、街景绿度等多种绿色空间暴露指标，基于多水平模型研究城市绿色空间暴露与老年人心理健康。在绿色空间暴露指标选择方面，该研究除了常见的 NDVI 外，还选择土地覆盖数据和街景图像数据。其中，植被覆盖度是基于 2020 年全球 30m 土地覆盖产品计算得到，表示各社区的草地、灌木、森林等植被覆盖面积占比。公园覆盖度是基于 2019 年大连市城市规划设计研究院提供的公园位置和形状数据，从而计算公园面积占比[12]。Chen 和 Yuan 基于 2018 年广州市问卷调查、遥感、街景、人口密度等数据，采用多水平线性回归模型、中介效应分析，从生物心理社会学路径与机制角度，研究蓝色空间暴露和老年人心理健康。具体而言，该研究基于 Landsat8 影像提取 NDWI，并将个体居住地周边 1km 缓冲区内 NDWI 的平均值作为蓝色空间暴露水平。此外，结合人口数据计算人均水体面积作为另外一个蓝色空间暴露水平。研究表明，蓝色空间暴露与老年人心理健康存在密切关系。环境危害减少、压力减少、社会接触在蓝色空间-心理健康的关系中扮演重要中介效应[11]。MODIS 提供的每日 AOD 数据已被广泛应用于空气污染物浓度空间预测[17-19]和心脑血管、糖尿病、高血压等多种慢性非传染性疾病效应研究中[13-16]。基于遥感反演的覆盖整个研究区的高时空分辨率的地表温度数据，可以作为关键辅助数据提升城市内部气温的预测精度，从而能够更准确评价研究个体气温暴露水平。地表温度数据可以弥补气象观测站点空间代表性不足的缺陷。Kloog 等基于 MODIS 地表温度、建成区百分比、植被指数、高程等数据，采用混合效应模型构建气象观测值与预测变量的统计关系，从而预测得到 1km×1km 高空间分辨率的气温数据，并用于估计孕产妇在不同孕期的温度暴露对早产、低出生体重等出生结局的影响[20]。

以上分析表明，遥感在健康数据分析中扮演重要角色，能够为环境暴露评价提供多角度、全方位的基础环境要素数据，未来应加强长时序、多空间尺度及多光谱遥感对地观测产品与健康数据的整合研究。

3.2.3 空间和时空分析与健康研究

空间和时空分析方法可分为空间统计、时空统计、机器学习方法等。空间统计分析是指应用空间统计学理论和方法对空间数据进行分析和建模的一类方法的总称。空间统计分析方法发展了经典统计分析方法，通过显式或隐式表达地理对象的空间相互作用关系，从而实现对空间数据特有的空间结构信息的定量表达，解决研究对象不符合经典统计学所要求的独立同分布假设的问题。空间回归模型最核心的特征是纳入研究对象的空间自相关性，即考虑研究对象在每个空间单元的取值受到其“邻居”的影响。时空回归模型可看作空间回归模型与时间序列模型的融合，不仅考虑了变量的空间自相关性，也考虑了时间自相关性。在公共卫生和流行病学领域，空间统计和时空统计主要用于探测和识别疾病空间分布格局，研究潜在危险因子与疾病的关联程度，预测当前和未来疾病风险空间分布，为深入理解疾病流行规律提供有力工具。机器学习方法是指让计算机从有限的数据中进行自动学习，从而实现疾病的空间分布及传播风险预测。为方便读者理解空间统计、时空统计、机器学习方法在健康研究中发挥的作用，以下先简要介绍空间自相关性、空间和时空泊松回归模型的基本原理，然后对相关应用案例进行梳理与分析。

1. 空间自相关性

空间自相关性是空间数据的基本特征，其表达的是空间上邻近的单个随机变量的观测值之间的相关性。地理学第一定律表明：任何事物都与其他事物存在相关，但邻近的事物更相似。因此，疾病数据同样存在空间自相关性。经典回归模型假设观测数据服从独立同分布，但由于空间数据普遍存在空间自相关性，从而导致经典回归模型在空间数据统计分析中失效（例如，参数估计存在偏差），影响疾病影响因子识别的准确性。因此，在进行空间统计建模之前（例如，回归分析、预测等），首先需进行空间自相关分析。空间自相关分析不仅是认知疾病空间分布特征的基础工作，也是进行空间回归模型分析的基础。

空间自相关分析包括全局分析和局部分析。全局空间自相关分析意味着空间权重矩阵 $\boldsymbol{W}$ 所有要素、所有空间单元都参与空间自相关计算。局部空间自相关分析则是评价一个或一部分特定空间单元的空间自相关性。这里的空间权重矩阵表达的是空间单元之间的邻近关系，是空间数据统计分析里非常重要的概念。具体而言，该矩阵中，每行和每列组成观测点对，当空间单元 i 和 j 相邻，权重矩阵中的要素 $\boldsymbol{W}_{ij}$ 取非零值（对于二值矩阵为 1）；否则取值为 0。

空间权重矩阵表达式为

$$W_{ij} = \begin{cases} 1, & \text{当空间单元 } j \text{ 与 } i \text{ 存在共同边时} \\ 0, & \text{其他} \end{cases}$$

目前，空间统计学家开发了多种指数定量评价全局和局部空间自相关性的大小，包括莫兰指数（Moran's I）、Geary'C、Getis-Ord Gi*、LISA 等。我们以最常用的全局 Moran's I 为例，介绍全局空间自相关性的检验方法。

全局 Moran's I 是最常用的度量面数据的全局空间自相关性的指标。Moran's I 的表达式为

$$I = \frac{n}{W_0} \frac{\sum_{i=1}^{n}\sum_{j=1}^{n} W_{ij}(z_i - \overline{z})(z_j - \overline{z})}{\sum_{i=1}^{n}(z_i - \overline{z})^2}$$

式中，n 表示研究区空间单元个数；z_i、z_j 分别表示第 i 和第 j 个空间单元的观测值；$\overline{z}$ 表示空间单元观测值 z 的平均值；W_{ij} 为空间权重矩阵；W_0 为归一化因子，具体为

$$W_0 = \sum_{i=1}^{n}\sum_{j \neq i}^{n} W_{ij}$$

全局 Moran's I 的取值范围为[−1，1]，当 $I>0$ 时，表示研究对象存在正空间自相关，即疾病发生率的高值与高值相邻，低值与低值相邻；当 $I<0$ 时，表示研究对象存在负空间自相关，即疾病发生率高值被低值围绕，低值被高值围绕；当 $I=0$ 时，表示研究对象呈现空间随机分布。I 的绝对值越大，表明空间自相关性越强。全局 Moran's I 可通过标准化 Z（I）进行显著性检验，当 Z（I）>1.96，表明疾病发生率存在显著空间自相关性。

2. 贝叶斯空间泊松回归模型

假定研究区由 N 个互不重叠的空间单元组成，y_i 表示第 i ($i = 1, 2, \cdots, N$)个空间单元的观测发病数，e_i 表示第 i 个空间单元的期望发病数，则有模型 1：

$$y_i \mid e_i, \theta_i \sim \text{Poisson}(e_i\theta_i)$$

$$\ln(\theta_i) = \alpha + s_i$$

式中，θ_i 为第 i 个空间单元的相对风险；α 为截距；s_i 为空间随机效应。将 s_i 分解为两部分：

$$s_i = u_i + \upsilon_i$$

式中，u_i 为结构化的空间随机效应（structured spatial random effects）；υ_i 为非结构化的空间随机效应（unstructured spatial random effects）。u_i 采用内在条件自回归（intrinsic CAR，iCAR）先验[21-22]，υ_i 采用可交换独立同分布高斯先验。

$$u_i \mid u_{-i} \sim N\left(\frac{\sum_{j=1}^{n} \boldsymbol{W}_{ij} u_i}{\sum_{j=1}^{n} \boldsymbol{W}_{ij}}, \frac{\tau^2}{\sum_{j=1}^{n} \boldsymbol{W}_{ij}}\right)$$

$$\upsilon_i \sim N(0, \sigma_\upsilon^2)$$

该模型表示空间随机效应 s_i 具有空间自相关和空间非结构效应的卷积，分别采用 iCAR 模型和零均值高斯收缩模型进行建模。

对未知参数设置先验分布。参考有关文献[23-24]，模型 1 中的 α 、τ 和 σ_υ 的先验分布可设定为

$$\alpha \sim N(0,1000)$$

$$\tau \sim \text{logGamma}(1,0.001)$$

$$\sigma_\upsilon \sim N_{+\infty}(0,10)$$

在模型 1 中增加协变量，则有模型 2：

$$\ln(\theta_i) = \alpha + s_i + \beta_1 x_i$$

式中，x_i 为协变量；β_1 为对应的回归系数。β_1 的先验分布设定为

$$\beta_1 \sim N(0, \sigma_\beta^2)$$

$$\sigma_\beta \sim N_{+\infty}(0,10)$$

模型 2 可用于评价气温、降雨、相对湿度等气象要素对疾病风险的影响。

3. 贝叶斯时空泊松回归模型

贝叶斯时空泊松回归模型对贝叶斯空间泊松回归模型进行了拓展，使得其可以加入时间项，并考虑时间趋势、时间自相关性、时空交互项等。该模型假设数据的时空变异可以分解为空间变异加时间变异。贝叶斯模型通过一系列自相关随机效应（autocorrelated random effects）对时空结构进行建模。目前，已开发了多种形式的模型表达时空结构。Knorr-Held 提出方差分解的方法，将数据的时空变异分解为空间格局、时间趋势、时空交互项，从而能够估计每个空间单元的平均时间趋势[25]。Li 等将时空变异分解为空间格局项、总体时间趋势、各空间单元时间趋势与总体时间趋势之差[23]。

若 y_{it} 表示第 i ($i = 1, 2, \cdots, N$)个空间单元第 t ($t = 1, 2, \cdots, T$)个时期的观测发病数，e_{it} 表示第 i 个空间单元第 t 个时期的期望发病数，则有模型 3：

$$y_{it} \mid e_{it}, \theta_{it} \sim \text{Poisson}(e_{it}\theta_{it})$$

$$\ln(\theta_{it}) = \alpha + s_i + b_0 t + v_t + b_{1i} t + \varepsilon_{it}$$

式中，θ_{it} 为第 i 个空间单元第 t 个时期的相对风险。α 为截距。s_i 为空间随机效

应，用来描述从 $t=1$ 到 $t=T$ 期间相对风险的总体空间格局，其为通过 T 时期观测疾病所呈现出来的“稳定”的空间格局，从而能够用于死亡风险、发病风险的高值区和低值区。$s_i>0$，表示第 i 个空间单元的相对风险高于整个研究区的平均值；相反地，$s_i<0$，则表示第 i 个空间单元的相对风险低于整个研究区的平均值。在实际应用中，可以对 s_i 进行划分，用于识别高风险地区、低风险地区。b_0t+v_t 表示整个研究区所有空间单元的总体时间趋势，假定其为线性趋势 b_0t 与非线性趋势 v_t 之和。实际应用中还可以考虑时间自相关性，用一阶无规行走（random walk）或 AR 进行表达，从而实现对相对风险更复杂的时间变化趋势建模。$b_{1i}t$ 用来估计每个空间单元的时间变化趋势，其表达的是第 i 个空间单元相对风险的变化趋势与整个研究区相对风险变化趋势的差值。b_0 为正，表示整个研究区相对风险逐渐增加；$b_{1i}>0$ 时，表示第 i 个空间单元的相对风险增加趋势比整个研究区相对风险更快。ε_{it} 表示未被考虑的变异。

模型 3 加入协变量，则有模型 4：

$$\ln(\theta_{it})=\alpha+s_i+b_0t+v_t+b_{1i}t+\beta_1x_{it}+\varepsilon_{it}$$

式中，x_{it} 为协变量；β_1 为对应的回归系数。如果需要加入多个协变量，则需要注意多重共线性问题。可以采用方差膨胀因子（variance inflation factors）对潜在协变量进行检验，选择相关性较小的协变量加入最终模型。此外，实际应用中可能会构建多个模型，可以根据偏差信息准则（deviance information criterion，DIC）值进行模型选择。DIC 值越小，表示该模型对数据的拟合越好。贝叶斯时空泊松回归模型的未知参数的先验分布设置，可参考模型 1。

目前，贝叶斯空间泊松回归模型可以使用 WinBUGS 和 CARBayes 两个软件实现，贝叶斯时空泊松回归模型可以使用 WinBUGS 和 CARBayesST 实现。需要注意的是，WinBUGS 对使用者的统计学基础要求更高，对于初学者有一定难度。但 WinBUGS 可以编写模型实现的具体代码，对使用者深入理解贝叶斯统计模型有益。

4. 基于机器学习与统计模型的疾病制图

疾病制图就是采用统计、机器学习等多种模型方法，估计各空间单元的传染病或慢性非传染性疾病风险的过程。疾病制图是空间和时空统计模型在疾病数据分析中的基础应用，原始疾病数据经过统计建模分析后，能够充分挖掘蕴含在原始疾病数据中的信息，从而实现对疾病空间分布规律的深入认识。疾病制图的核心作用是突出显示需要重点关注的疾病高风险地区，即风险较高的空间单元。在实际应用中，用于描述疾病风险的度量指标包括疾病发生概率、相对风险等。因此，通过检验每个空间单元的相对风险（或疾病发生概率）是否显著大于 1（或显著大于某个阈值，如疾病发生概率大于 0.5），即可识别该空间单元是否具有较高的疾病流行风险。一般来说，可根据能够获取的数据类型选择合适的度量指标。如果只能获取疾病发生的位置信息（点数据），则可以考虑采用疾病发生概率进行度量；如果可以获取各空间统计单元的病例个数（计数数据），则可以选择相对风险进行度量。对于点数据，我们以病媒生物出现点数据建模分析为例进行说明，主要介绍物种分布模型的典型应用。对于计数数据，我们以山西省某县神经管缺陷（NTD）病例数据为例，主要介绍贝叶斯空间泊松回归模型的典型应用。

物种分布模型是建立在生态位理论基础上，根据物种出现点分布，结合气候、土地利用等环境变量，预测物种出现概率地理分布的一类模型的总称。物种分布模型估计物种出现点和对应环境变量的关系，已被广泛用于疾病制图领域[26]。疾病制图不仅可以反映基线时期传染病分布范围及流行状况，也可用于反映未来气候变化影响下疾病或传播媒介的分布变化研究[27-28]。疾病制图的一般过程是，基于研究对象（病媒生物或其传播疾病）出现点数据、环境变量（例如，气温、降雨、土地利用、城市化等）数据，采用机器学习或空间统计模型，预测研究对象在地理空间上的出现概率，生成表达研究对象连续地理分布的风险地图。生物气候变量（表 3-1）已被广泛用于预测病媒生物和媒介传染病地理分布研究中。与传统气候变量（年平均气温、年降水量等）相比，生物气候变量是更具有生物性意义的气候变量。例如，暖月最高气温、冷月最低气温能够刻画极限温度对病媒生物地理分布的限制作用，能够提高模型的预测精度。在实际应用中，首先获取病媒生物或媒介传染病的出现点地理位置（图 3-1），然后结合生物气候变量构建预测模型，从而预测出病媒生物或媒介传染病在整个研究区内的出现概率（图 3-2）。

表 3-1　生物气候变量列表

变量	定义	单位
Bio1	年平均气温（annual mean temperature）	℃
Bio2	平均温差（mean temperature difference）（每月最高温度与最低温度差值的平均值）	℃
Bio3	等温性（isothermality）（Bio2/Bio7× 100）	—
Bio4	气温季节性（temperature seasonality）（标准差×100）	—
Bio5	暖月最高气温（max temperature of warmest month）（8 月）	℃
Bio6	冷月最低气温（min temperature of coldest month）（2 月）	℃
Bio7	气温年较差（annual temperature range）（Bio5–Bio6）	℃
Bio8	湿季平均气温（mean temperature of wettest quarter）（6～8 月）	℃
Bio9	干季平均气温（mean temperature of driest quarter）（2～4 月）	℃
Bio10	暖季平均气温（mean temperature of warmest quarter）（6～8 月）	℃
Bio11	冷季平均气温（mean temperature of coldest quarter）（12～2 月）	℃
Bio12	年降水量（annual precipitation）	mm
Bio13	湿润月降水量（precipitation of wettest month）（7 月）	mm

续表

变量	定义	单位
Bio14	干燥月降水量（precipitation of driest month）（3 月）	mm
Bio15	降水季节性（precipitation seasonality）（变异系数）	—
Bio16	湿季降水量（precipitation of wettest quarter）（6～8 月）	mm
Bio17	干季降水量（precipitation of driest quarter）（2～4 月）	mm
Bio18	暖季降水量（precipitation of warmest quarter）（6～8 月）	mm
Bio19	冷季降水量（precipitation of coldest quarter）（12～2 月）	mm

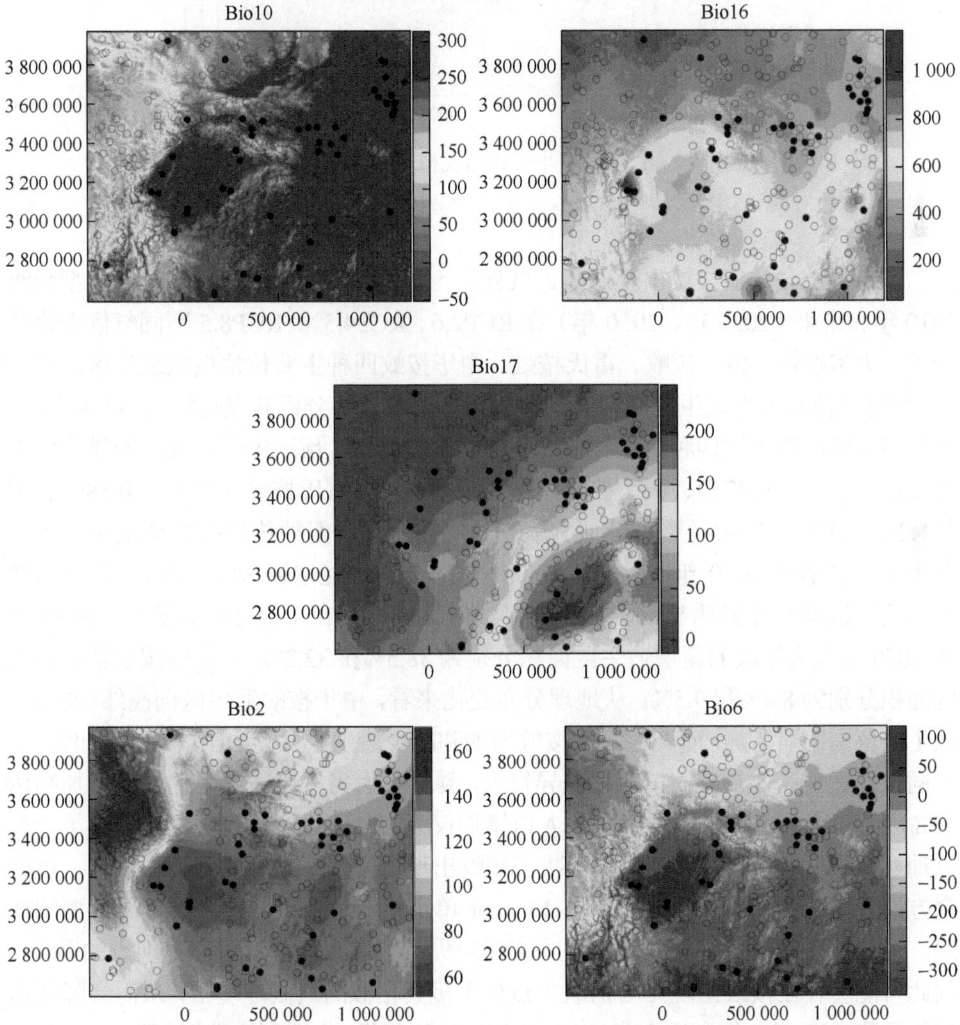

图 3-1　生物气候变量与中华按蚊出现点、伪缺失点空间分布

横纵轴分别代表地理位置 X、Y 轴，右侧色柱及数值表示取值；黑色实心点表示中华按蚊出现点，空心点表示伪缺失点。

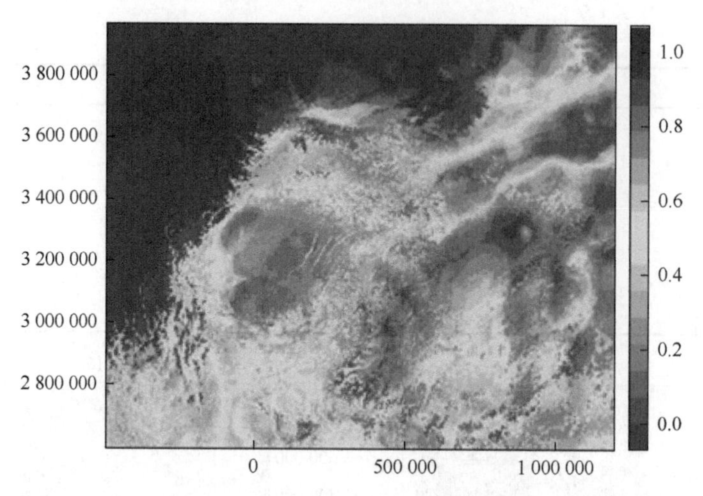

图 3-2　中华按蚊出现概率预测结果

横纵轴分别代表地理位置 X、Y 轴，右侧色柱代表中华按蚊的出现概率。

Ren 等结合传疟按蚊出现位置、气候、土地利用数据，基于 Maxent 模型预测 2010 年和未来（2030 年、2050 年）在 RCP2.6、RCP4.5 和 RCP8.5 不同气候变化情景下，大劣按蚊、微小按蚊、雷氏按蚊、中华按蚊四种主要传疟按蚊适生区地理分布，估算当前和未来适生区面积大小和暴露人口数量并分析其变化特征。结果表明，该模型能够准确预测四种传疟按蚊适生区的地理分布，预测精度由高到低排序为大劣按蚊（AUC = 0.977）、微小按蚊（AUC = 0.941）、雷氏按蚊（AUC = 0.889）、中华按蚊（AUC = 0.846）[27]。该研究表明，气候变化对四种传疟按蚊适生区产生显著影响，预估到 2030 年四种传疟按蚊适生区面积可能增加 8%～49%，但不同按蚊的适生区变化差异明显。例如，与基线时期相比，在 RCP2.6 情景下，2030 年和 2050 年大劣按蚊的新增适生区面积分别为 38.5%和 32.2%，而中华按蚊新增适生区面积分别为 8.4%和 9.5%。从地理分布变化来看，中华按蚊适生区向高纬度扩张，适生区范围明显增加，而其他三种按蚊增加和减少适生区并存，但总体以增加为主。不同按蚊适生区内暴露人口变化差异很大，暴露于大劣按蚊适生区的人口增加高达 37%，而暴露于中华按蚊适生区的人口增加仅为 3%。此外，该研究还提出了一种点抽样（point sampling）技术，解决了按蚊出现点位置不确定的问题。然而，该研究方法存在两个问题：①只采用了 Maxent 单个模型进行预测，由于单个模型的缺陷，可能无法获得更优的预测结果。②伪缺失点的选择没有考虑与出现点的距离，因此可能会存在按蚊出现点与伪缺失点处于极其相似的气候环境中，从而会降低模型的预测精度。Liu 等利用大劣按蚊出现点、生物气候、土地利用数据，基于 Maxent、增强回归树和随机森林模型预测当前和未来在 RCP4.5 和 RCP8.5 情景下，印度、东南亚国家和西太平洋地区国家的大劣按蚊适生区空间分布，并量化当前和未来适生区面积变化和人口暴露变化[28]。该研究基于 3 个模型的精确率召回率曲线下面积（AUC-PRC）对预测结果进行加权集成，从而得到集成预测结果，解决单个模型预测精度偏低的问题。此外，距按蚊出现点不同距离生成多个伪缺失点数据集，通过模型精度评价最终选择距离出现点 250km 外的伪缺失点进行最终预测。研究结果表明，大劣按蚊适生区的新增与减少并存，大劣按蚊未来适生区有向高纬度地区扩张的趋势，但总体上大劣按蚊适生区减少面积更大。如果不采取气候变化减缓措施（RCP8.5 情景），预测到 2050 年，研究区有 17.37 万 km^2 土地成为新增的大劣按蚊适生区，其中，印度将新增大劣按蚊适生区面积达 10.13 万 km^2，远远超过泰国、缅甸、越南等国家。然而，在相同情景下，预测到 2050 年，研究区有 97.42 万 km^2 土地不再适合大劣按蚊生存，其中，泰国、越南、缅甸减少的大劣按蚊适生区面积位列前三。此外，气候变化减缓措施（RCP4.5 情景）对适生区和暴露人口的作用不同，不能显著减少适生区增加，但可以大幅度减少暴露于新增适生区的人口数量。因此，从消除疟疾的角度来看，该研究表明，气候变化将导致东南亚和西太平洋地区大劣按蚊更不宜栖息，有利于该地区消除疟疾。

计数数据是一种最常见的疾病数据，在空间统计分析领域一般是指按照空间单元汇总病例个数，因此，当空间单元的范围较小时，居住人口或患病人数一般都很小，特别是对于患病率小的疾病（罕见疾病），有些空间单元的患病人数为 1～2 人，甚至出现患病人数为 0 的情况。在疾病制图研究中，这种数据也被称为小区域计数数据（small area count data）。此时，如果直接用粗患病率（小区域的患病人数与居住人数的比值）度量各空间单元的疾病流行水平将变得非常不可靠，该指标将无法客观反映各空间单元的疾病流行水平差异。粗患病率一般直接用每个空间单元的病例个数除以该空间单元的常住人数，但这样的计算方法面临较高的随机变异。此外，罕见疾病的空间分布规律研究往往比较复杂，基于粗患病率或相对风险这样的指标研究罕见疾病的地理分布规律往往具有误导性。因此，在实际应用中，需要采用模型对疾病数据进行建模分析，推断出稳健的相对风险估计值，量化疾病流行水平的空间差异。为了解决这一问题，疾病制图领域往往采用贝叶斯层次模型（例如，贝叶斯空间泊松回归模型），通过对粗患病率或者相对风险进行平滑（smoothing），从而获得较稳定的粗患病率或相对风险估计值。例如，Wu 等应用贝叶斯空间泊松回归模型估计山西省某县各行政村的神经管缺陷相对风险，证实了贝叶斯层次模型通过“借力”可以获取稳健的相对风险[29]。实际上，贝叶斯层次模型正是“借力”各空间单元的“邻居”记录的观测发病数，基于空间平滑（spatial smoothing）的思想估计得到稳健的（stable）的相对风险，从而可以更准确地识别高风险地区[30]。

5. 空间聚集探测

疾病空间聚集探测是识别疾病流行高风险地区的常用方法。疾病的空间聚集区（热点）探测一直是公共健康研究关注的基础问题，能够为病因研究和危险因素识别提供重要线索。当疾病在研究区内呈现聚集分布时，表明局部环境或社会经济特征可能会增加疾病流行风险。因此，对于决策者与公共卫生政策制定者而言，识别疾病空间聚集区有助于明确实施干预措施的精确位置，提高疾病防控效率。常见的空间聚集探测模型包括局部（local）Moran's *I*、Getis-Ord Gi*及空间扫描统计量。

局部 Moran's *I* 和 Getis-Ord Gi*都是常用的局部空间自相关度量指标，同时也被用于空间聚集探测，一般适用于服从高斯分布的变量。Wang 和 Ren 基于 2010 年中国各区（县）预期寿命、粗死亡率、婴儿死亡率、5 岁以下儿童死亡率数据，采用局部 Moran's *I* 对这 4 个指标数据进行了空间聚集区分析，结果表明，粗死亡率高值区主要分布在我国东部沿海、四川盆地、青藏地区。婴儿死亡率和 5 岁以下儿童死亡率均呈现东部低、西部高的格局[31]。Ma 等采用 Getis-Ord Gi*对四川省乡镇级先天性心脏病患病率进行了空间聚集探测，发现最大空间聚集区分布在长江以西和沱江流域，包括内江、自贡、眉山、乐山等市。先天性心脏病患病率低值区主要分布在长江以东，与高值区呈对称分布格局[32]。

Kulldorff 空间扫描统计量（SaTScan）模型主要用于计数数据、二值数据（0/1 数据）、多分类数据空间聚集探测。SaTScan 的基本原理是首先设定一个搜索窗口（圆形、椭圆、不规则多边形），计算窗口内外观测病例数 O 和期望病例数 E 并计算对数似然比（log-likelihood ratio，LLR），然后通过不断移动搜索窗口计算得到多个 LLR，最后根据 LLR 对候选聚集区进行排序，LLR 最大的被定义为最可能的聚集区。当某些空间单元的 $O>E$ 时，这些空间单元被定义为高风险聚集区；相反地，某些空间单元的 $O<E$，被定义为低风险聚集区；如果 $O=E$ 表示没有检测到显著聚集区。Freitas 等基于 Kulldorff 空间扫描统计量模型，分别探测巴西 Pernambuco 的伊蚊传播疾病（寨卡病毒病、登革热、基孔肯雅热）和小头症的低风险和高风险聚集区，并识别到 11 个伊蚊传播疾病的高风险聚集区和 3 个小头症的高风险聚集区[33]。

6. 基于空间回归的影响因素分析

影响因素分析主要基于生态学研究设计，采用空间回归模型、时空回归模型研究哪些因素对发病率、患病率、死亡率、相对风险等存在显著影响。在实际应用中，需要根据指标的数据类型选择合适的模型。

对于发病率、患病率、死亡率等连续型变量，可选择空间滞后模型和空间误差模型分析。空间滞后模型和空间误差模型是在经典回归模型基础上进行扩展的，使得其可以考虑发病率、患病率、死亡率等存在的空间自相关性，从而避免由于空间自相关性导致参数估计存在偏差产生影响因素识别不准确的问题。Wang 和 Ren 基于 2010 年中国各区（县）预期寿命、粗死亡率、婴儿死亡率、5 岁以下儿童死亡率数据，采用空间滞后模型和空间误差模型对影响各健康指标的主要社会经济影响因素进行识别。研究结果表明，4 个健康指标均呈现显著空间自相关。在控制空间自相关性后，一般公共预算支出、居民收入与预期寿命存在显著正相关，一般公共预算收入与预期寿命存在显著负相关；固定资产投资、一般公共预算支出、居民收入与粗死亡率存在显著正相关，一般公共预算收入与粗死亡率存在显著负相关[31]。

对于计数数据可采用空间泊松回归模型进行分析。Mohebbi 等采用空间泊松回归模型分析了伊朗 Babol 地区的食管癌发病数据，采用广义线性混合模型框架，比较了非空间泊松回归（模型 1）、基于离散空间自相关结构（基于邻居的空间自相关结构）的空间泊松回归（模型 2）、基于连续空间自相关结构（基于距离的空间自相关结构）的空间泊松回归（模型 3）三种模型的分析结果，发现两种空间泊松回归模型回归系数点估计和区间估计结果相似，与非空间泊松回归模型结果差异较大。从模型拟合度来看，空间泊松回归模型（基于邻居：AIC = 347.1；基于距离：AIC = 370.5）明显优于非空间泊松回归模型（AIC = 388.5）[34]。

7. 基于多水平模型的影响因素分析

层次结构或嵌套结构是疾病数据的一个重要特征，即很多疾病数据是多水平数据。例如，经过多阶段抽样［按照区（县）—乡镇—村—家庭—个体抽样］获得的疾病数据存在层次结构，若干家庭同属于某一个村，若干村同属于某一个乡镇或区（县）。在分析多水平数据时，如果不考虑数据的层次结构（观测值之间往往存在自相关性），可能会产生生态学谬误的问题。因此，采用多水平模型的意义主要体现在两个方面：①多水平模型是分析层次结构数据的优先选择，能够修正由观测值之间的非独立性导致的回归系数标准误差估计的偏倚，从而得到合理的估计结果，避免生态学谬误和“原子谬误”[35-36]；②多水平模型能够分析不同水平影响因素对健康结局的作用及跨水平交互作用，特别是能够定量估计个体居住地区相关因素（人口密度、医疗资源服务能力等）对健康结局的影响[35, 37]。

目前，多水平模型在出生缺陷、居民健康素养、自评健康等方面进行了应用。Ren 等采用生态学研究设计，基于多水平模型定量分析了山西省某县神经管缺陷（NTD）比率在村庄和土壤类型两个不同水平的空间变异特征，并定量估计了医生数量、化肥使用量、蔬菜摄入量、净收入、杀虫剂使用量对 NTD 比率的影响。结果表明，虽然绝大多数变异归因于村庄因素，但仍然有 21.8%的变异可由土壤类型解释，表明土壤类型的某些指标（污染水平、重金属含量等）对于 NTD 的发生具有不可忽视的作用[36]。齐力等采用多水平 logistic 回归模型对北京市 15～69 岁居民健康素养水平进行了分析，结果表明，居民健康素养在居（村）委会水平上存在聚集性，且多水平模型的拟合度显著优于单水平模型。此外，单水平模型识别的影响健康素养的影响因素与多水平模型明显不同，单水平模型分析结果表明城乡差异、性别、年龄、文化程度、自评健康状况等与健康素养有关，但多水平模型结果表明自评健康状况与健康素养无关[38]。Lin 等基于 2015 年社会调查数据库，采用多水平随机斜率模型分析了来自 130 个区（县）10 968 名城市和农村居民的自评心理健康数据，结果表明农村居民自评心理健康 14.56%的变异归因于区（县）水平的差异，而城市居民自评心理健康 12%的变异归因于区（县）水平的差异。社会资本对中国农村和城市居民自评心理健康的影响存在明显城乡差异。个体水平的社会资本对农村和城市居民自评心理健康都具有显著正相关；区（县）水平的社会资本对农村居民自评心理健康存在显著正相关，与城市居民自评心理健康不存在显著关系[39]。Zhang 等基于 2007 年夏威夷健康调查数据，采用多水平模型探讨了受教育程度、社会福利与自评生理和心理健康的关系。研究表明，个体受教育程度能够促进心理健康，且其作用很大程度上受到就业状况和社会福利的调节作用。此外，对生理健康而言，个体和社区水平的受教育程度指标都能够促进生理健康，并且其效应受经济福利（economic well-being）、社会整合（social integration）和社会和谐（social coherence）的影响。该研究表明，个体和社区水平的受教育程度对生理健康都存在独立效应，受教育程度和社会福利对夏威夷居民的生理和心理健康都具有重要作用[40]。

8. 时空趋势与影响因素分析

随着疾病数据的长期积累，我们获得了大量包含详细时间（年、月、日）和空间［区（县）、乡镇、社区］信息的数据，为深入研究疾病的发生、流行的空间格局及动态演化规律提供了条件。从统计学特征来看，疾病时空数据往往同时存在空间依赖和时间依赖特征，因此，需要构建能够同时考虑疾病数据时空特征的时空统计分析模型。贝叶斯时空层次模型是目前最常用的时空数据分析模型，广泛应用于环境健康研究领域。

本节采用贝叶斯时空层次模型，分析全球 134 个国家 1960～2016 年预期寿命的时空变化趋势，并定量估计人均 GDP、空气污染（人口加权 $PM_{2.5}$ 浓度）及两者交互对预期寿命的影响。此外，该研究还对传统时空统计模型进行改进，使得其可以估计影响因素对预期寿命的作用在不同地理分区（美洲、欧洲、非洲及西太平洋、东南亚、东地中海地区）的差异，考虑了经济增长、空气污染对预期寿命效应的空间异质性。贝叶斯时空层次模型能够将时空变异分解为时间趋势、空间格局及时空交互项（各国家总体时间变化趋势）。从时间趋势看，1960～2016 年全球 134 个国家的预期寿命呈现线性增长趋势，平均每年增长 0.31 年（图 3-3）。从空间格局看，在整个研究时期内，预期寿命远低于全球平均水平的国家主要分布在非洲（图 3-4），澳大利亚、美国、加拿大等预期寿命高于全球平均水平。从各国家总体时间变化趋势看，除津巴布韦外，其他国家预期寿命均呈现增长趋势，但全球各国家增长幅度不同。例如，美国、加拿大、澳大利亚等预期寿命每年增长小于 0.3 年；秘鲁、尼泊尔及中东地区国家等预期寿命每年增长大于 0.5 年；中国、印度、孟加拉国等预期寿命增长幅度高于全球增长幅度；俄罗斯、乌克兰增长幅度低于全球平均水平。经济增长与空气污染均与预期寿命存在显著关系。从全球尺度来看，经济增长显著增加预期寿命，而空气污染对预期寿命产生明显负效应（表 3-2）。具体而言，人均 GDP 每增加 1 个单位，预期寿命增加 8.137 年；人口加权 $PM_{2.5}$ 浓度每增加 1 个单位，预期寿命减少 4.350 年。然而，经济增长和空气污染对预期寿命的作用大小存在区域差异。例如，人均 GDP 对预期寿命的影响在非洲和美洲高于其他地区，人口加权 $PM_{2.5}$ 浓度在东南亚地区、非洲的作用更大[24]。

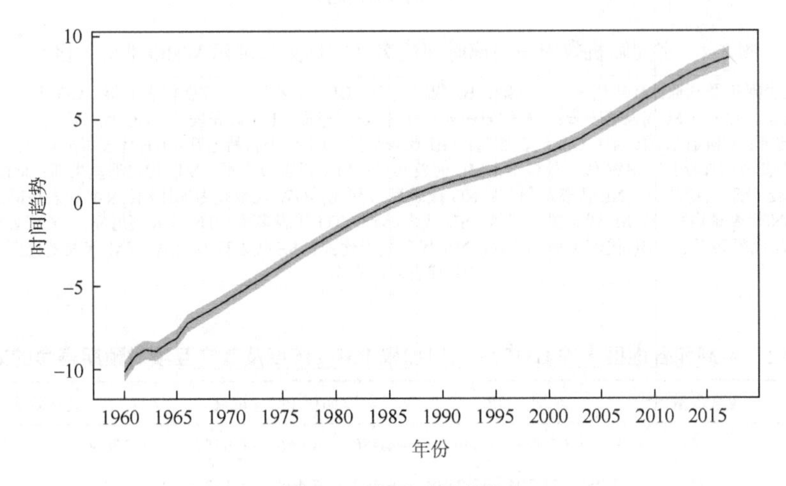

图 3-3　全局时间趋势

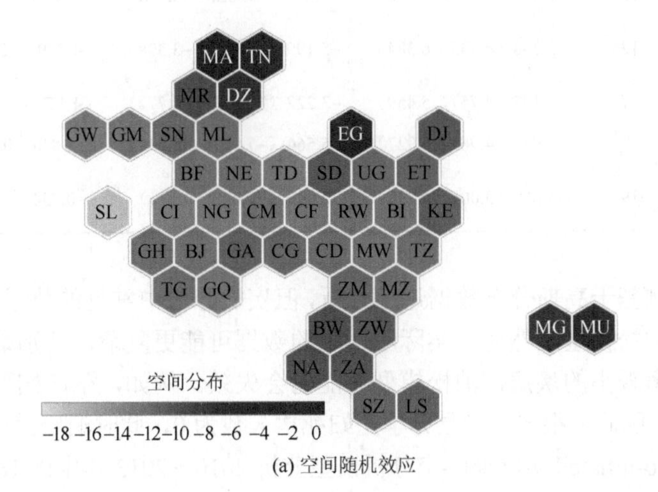

(a) 空间随机效应

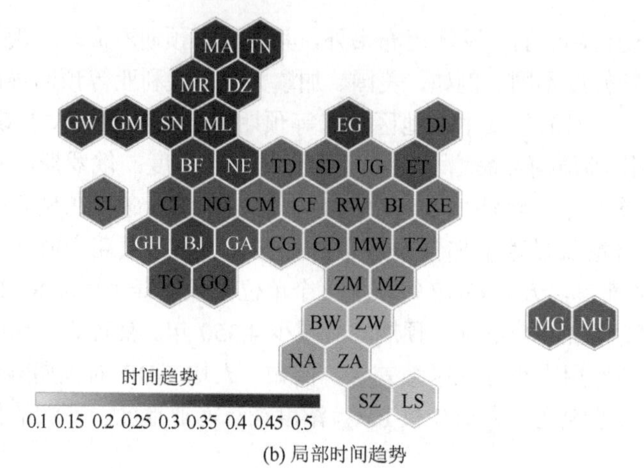

(b) 局部时间趋势

图 3-4 空间随机效应与局部时间趋势（本结果只展示 WHO 非洲地区）

注：DZ 代表阿尔及利亚；BW 代表博茨瓦纳；BJ 代表贝宁；BI 代表布隆迪；TD 代表乍得；CG 代表刚果（布）；CD 代表刚果（金）；CM 代表喀麦隆；CF 代表中非；DJ 代表吉布提；EG 代表埃及；GQ 代表赤道几内亚；ET 代表埃塞俄比亚；GM 代表冈比亚；GA 代表加蓬；GH 代表加纳；CI 代表科特迪瓦；KE 代表肯尼亚；LS 代表莱索托；MG 代表马达加斯加；MW 代表马拉维；ML 代表马里；MA 代表摩洛哥；MU 代表毛里求斯；MR 代表毛里塔尼亚；MZ 代表莫桑比克；NE 代表尼日尔；NG 代表尼日利亚；GW 代表几内亚比绍；RW 代表卢旺达；ZA 代表南非；SN 代表塞内加尔；SL 代表塞拉利昂；SD 代表苏丹；TG 代表多哥；TN 代表突尼斯；TZ 代表坦桑尼亚；UG 代表乌干达；BF 代表布基纳法索；NA 代表纳米比亚；SZ 代表斯威士兰；ZM 代表赞比亚；ZW 代表津巴布韦。

表 3-2 全局和各地区人均 GDP 和人口加权 $PM_{2.5}$ 浓度及其交互项对预期寿命的效应

区域	国家数量/个	人均 GDP	人口加权 $PM_{2.5}$ 浓度	交互效应
全球	134	8.137（7.828，8.446）	−4.350（−4.646，−4.055）	−0.776（−1.090，−0.462）
非洲	38	11.759（11.304，12.213）	−6.297（−7.408，−5.188）	−1.403（−2.123，−0.689）
美洲	31	6.411（5.864，6.958）	−0.011（−0.525，0.504）	1.270（0.646，1.895）
东地中海地区	12	5.358（4.335，6.384）	−5.199（−7.008，−3.398）	−1.829（−3.192，−0.524）
欧洲	27	5.108（4.757，5.459）	−3.222（−4.667，−1.772）	−1.179（−2.154，−0.219）
东南亚地区	7	5.948（4.968，6.927）	−5.564（−7.107，−4.034）	1.830（0.866，2.812）
西太平洋地区	19	3.650（3.001，4.298）	0.049（−0.472，0.570）	−0.254（−0.633，0.125）

以上案例基于高斯分布数据进行分析，但疾病分析中常见的数据为计数数据，此时需采用泊松模型。然而，实际应用中的数据可能更复杂，特别是对于罕见疾病或发生概率较小的疾病，泊松模型可能也会失效。例如，孕产妇死亡在我国为小概率事件，因此，很多区（县）孕产妇死亡人数为 0，此时泊松模型已不适用。Li 等基于 zero-inflated 贝叶斯时空分析模型分析 2010～2013 年中国 1832 个区(县)

（东部沿海省份除外）孕产妇死亡风险的时空趋势，并定量估计住院分娩率、5 次产检率、人均收入对孕产妇死亡风险的影响，探讨了各影响因素对孕产妇死亡风险的作用是否存在空间异质性，并估计了 2205 个区（县）①的孕产妇死亡率。研究表明：①空间格局，925 个区（县）（42.0%）被识别为孕产妇死亡率高值区，主要分布在中国西部及西南部分地区；764 个区（县）（34.6%）被识别为孕产妇死亡率低值区，主要分布在东部地区。②时间趋势，从全国整体来看，孕产妇死亡率呈现逐年下降趋势。③降低幅度存在空间差异，新疆维吾尔自治区南部、西藏自治区、内蒙古自治区东北部及安徽省、河北省、吉林省孕产妇死亡率降低幅度低于全国平均降低幅度。从国家尺度看，医疗干预措施（住院分娩率和 5 次产检率）与孕产妇死亡率存在显著负相关，与人均收入不相关。住院分娩率和 5 次产检率每增加 1.0%，孕产妇死亡率分别降低 1.787%和 0.623%（每十万活产数）。各地区主要影响因素存在差异，我国西部和西南地区孕产妇死亡率的主要影响因素是 5 次产检率，东部地区则是人均收入[41]。

3.3　暴露评价方法

暴露评价是量化气候变化对健康影响的基础。暴露评价的准确性，暴露误差的大小，可能会影响气候变化的健康效应评价的可靠性[42]。然而，由于数据收集困难，目前气候变化与健康研究中的暴露评价方法往往忽略了居住在同一个地区或城市中的个体存在的暴露差异。例如，在气温与死亡风险研究中，多数研究采用时间序列研究设计，假定居住在同一城市内的个体在同一天的暴露水平完全相同。但对于北京市、上海市、广州市等超大城市，城市内部不同区域的气温存在显著差异，特别是受热岛效应的影响，城区与郊区在白天和夜晚的气温差异明显。因此，气温暴露评价需要充分考虑气温的空间差异，特别是城市内部的气温分布。这就要求我们在进行气候变化与健康研究时，需要尽可能获取精细尺度的气温数据。

环境温度或近地表空气温度（气温）是气候变化与健康研究中最重要的环境要素。现有研究中常用的气温是距离地面 2m 高度的空气温度，通常基于气象站点观测获得。基于气象站点获得的气温数据具有时间分辨率高、数据质量高等优点，但气象站点的空间分布极不均匀，特别是农村、欠发达地区，气象站点相对较少。此外，由于城市受热岛效应的影响，城市市中心的气温显著高于周边农村地区，因此，空间分布稀疏的气象站点可能无法准确刻画城市内的真实气温空间变异。如果以较大的地理区域（如省）作为分析单元，以中心站点观测的气温值作为每个研究个体的暴露指标，同样存在暴露误差。如何最大可能降低暴露误差，

① 2205 个区（县）包含 1832 个有原始数据的区（县）及缺失原始数据的区（县）。

避免较大暴露误差严重影响气候变化的健康效应估计，是当前气候变化与健康领域需要重点关注的一个问题[42]。此外，如果缺乏空间分辨率气温数据，将导致研究气温的健康效应只能局限于气象站点周边人群，这将使得研究结果无法代表研究区所有人群。

有研究试图解决缺乏高时空分辨率气温数据的问题，但大多数研究使用空间插值方法，基于已有气象站点观测值进行空间插值得到气温数据。气温空间插值的基本原理是认为气温在整个研究区内存在较强的空间自相关性，即不同位置的气温观测值不是独立分布的，距离越近的气温观测值越相似。基于空间插值模型生成气温空间连续表面，从而可以提取研究区内任何位置、任何时间的气温预测值。然而，不同模型的预测精度差异较大，特别是当气象站点较稀疏但研究区较大时，仅利用气温观测值的空间自相关进行空间插值，估计误差较大，从而影响气温对健康结局的评价结果。

近年来，随着遥感技术的快速发展，基于遥感反演的地表温度数据被作为协变量用于提升气温的预测精度。遥感的最大优势在于能够提供覆盖全球的高时空分辨率的地表温度数据，为预测城市内部高分辨率气温，更准确评价研究个体气温暴露水平提供了新的思路。通过构建气象站点气温观测值与对应位置地表温度的统计关系，充分考虑气温的空间自相关性，基于空间统计模型、机器学习模型、土地利用回归等，预测高空间分辨率、高时间分辨率、时空连续的气温分布，有效提升了气温预测的精度。由于篇幅限制，本节仅以一个案例对如何融合遥感数据进行气温预测进行详细介绍。该案例基于 Aqua 和 Terra 卫星搭载的中分辨率成像光谱仪（MODIS）地表温度数据、气象站点监测数据、土地利用数据、植被指数、高程，采用混合效应模型预测美国马萨诸塞州 1km×1km 气温，并将预测结果用于气温-出生结局关联研究[43]。该方法的主要优势在于，充分利用全覆盖的地表温度数据作为辅助数据，并结合建成区百分比、高程、归一化植被指数等预测变量，构建线性混合效应回归模型，量化气象站点观测气温（Ta）与地表温度（Ts）的统计关系。模型表达式为

$$Ta_{ij} = (\alpha + u_j) + (\beta_1 + v_j)Ts_{ij} + \beta_2 \text{Percent urban}_i + \beta_3 \text{Elevation}_i + \beta_4 \text{NDVI}_{ij} + \varepsilon_{ij}$$

式中，Ta_{ij} 是第 i 个气象站点第 j 天的观测气温；α 和 u_j 分别是固定截距和随机截距；Ts_{ij} 是第 i 个气象站点第 j 天所在格网的地表温度；$\beta_1 \sim \beta_4$ 和 v_j 分别是固定斜率和随机斜率；Percent urban_i 是第 i 个气象站点所在格网的城区的百分比；Elevation_i 是第 i 个气象站点的高程；NDVI_{ij} 是第 i 个气象站点第 j 天所在月份的 NDVI 月平均值。

通过拟合模型后，在理想情况下，结合覆盖整个研究区的地表温度数据即可

预测得到空间预测气温数据。然而，由于雪、云、地表温度数据反演错误等影响，实际应用的地表温度数据往往存在很多缺失值，因此导致基于遥感反演的地表温度数据也无法完整预测整个研究区的气温。为解决该问题，Kloog 等提出利用混合效应模型预测得到的网格单元气温预测值（基于 *Ts*）和周边监测站 *Ta*、邻近网格单元气温预测值的关系，预测地表温度缺失的区域的气温[43]。模型结果表明，在存在和缺失地表温度数据的情况下，平均 R^2 分别达到 0.947 和 0.940，表明该模型预测精度很高，且具有良好的适应力。

此外，Kloog 等还比较了气温暴露指标的选择，是否会影响气温对出生体重的效应估计结果。分别采用空间预测气温与最近站点气温进行气温对出生体重的影响的差异分析。结果表明，空间预测气温与出生体重存在显著负相关，与早产、低出生体重发生风险存在显著正相关。而采用邻近气象站点气温均未发现显著效应。该研究很好地说明了气温暴露水平的度量方法对气温与出生结局研究有重大影响[20]。Kloog 的实证研究表明，融合遥感数据（例如，MODIS 地表温度）能够显著提升气温预测精度，生成高时空分辨率的气温预测数据，从而可以显著提升气候变化与健康研究中气温暴露精度，减少暴露误差所导致的健康效应估计偏倚。因此，遥感数据在气候变化与健康研究中潜力巨大。

除了结合遥感数据提高暴露精度外，未来还可以结合人口移动（population movement）轨迹估计更接近实际情况的暴露水平。在地理信息分析研究领域，已有一些研究探讨如何利用 GPS 设备记录参与人员的每天移动轨迹，从而在短期暴露（空气污染、高温、低温）研究中，更好地评价人体暴露的时空变异[44]。目前，安装 GPS 或北斗全球定位系统的智能手机已被作为获取短期移动（short term mobility）数据的重要工具。未来，气候变化相关暴露评价中应充分吸纳这些新技术。

3.4　高风险聚集区识别

识别高风险聚集区是从地理学视角研究气候变化与健康问题的基本思路。准确识别高风险聚集区，有助于“瞄准”高风险聚集区，将有限资源优先配置在最急需的区域，提升干预措施的效率，最大程度保护公众健康。然而，目前探讨极端高温与死亡关系的研究，多数基于时间序列研究设计，忽略了城市内部气温-死亡关系的空间异质性，因此无法明确城市内部的高风险聚集区。本节通过梳理少量相关文献，介绍如何应用空间分析方法识别高风险聚集区。

从研究方法来看，识别高风险聚集区的常用方法包括空间扫描统计量（SaTScan）、局部 Moran’s *I*、Getis-Ord Gi*等。其中，SaTScan 是研究高温热浪期间高风险聚集区的最常用方法。Benmarhnia 等基于法国巴黎 2004～2009 年 65 岁以上老年人每天死亡人数，利用空间扫描统计量（SaTScan）模型，识别热浪发生期间老年人死亡的高风险聚集区。该方法巧妙地应用了常用的空间聚集探测模型，并融入了流行病学常用的病例对照研究设计，以热浪发生期间的死亡人数作为“病例”，以热浪未发生期间的死亡人数作为“对照”，通过 SaTScan 伯努利模型即可确定研究区内是否存在显著空间聚集区[45]。Vaneckova 等基于 1993～2004 年澳大利亚悉尼 65 岁以上老人死亡登记数据，采用 SaTScan 模型识别高温热浪期间悉尼死亡高风险聚集区。结果表明，高温热浪期间，65 岁以上老人死亡率存在明显空间异质性，居住在悉尼CBD西部及距其西南5～20km的地区的老人更脆弱[46]。Bishop-Williams 等基于加拿大南安大略省农村地区极端高温相关的急诊室访问量，选择高温热浪发生日期之前 3 周和之后 3 周作为对照期，采用 SaTScan 模型对高温热浪发生期间高风险聚集区进行了识别。研究发现，高温热浪发生期间，急诊室访问量约为非高温热浪期间的 1.11 倍，并识别出 1 个高风险聚集区。高风险聚集区内相对风险数值是聚集区外的 3.8 倍[47]。此外，双变量局部空间关联指标也可用于识别高风险聚集区。例如，Thach 等采用双变量局部空间关联指标分析了生理等效温度（度量人体热舒适度）与不同死因的年龄标准化死亡率的空间关联关系。结果表明，生理等效温度和年龄标准化死亡率之间存在显著空间聚集特征，但生理等效温度与全死因（BI = 0.16，$p = 0.002$）、心血管疾病（BI = 0.15，$p = 0.003$）、呼吸系统疾病（BI = 0.07，$p = 0.093$）的年龄标准化死亡率的全局双变量 Moran's I 存在差异，表明生理等效温度与心血管疾病存在共同空间聚集区，而与呼吸系统疾病不存在共同空间聚集区[48]。Heo 等以冷却度日（cooling degree-day）表达夏季气温状况，采用 Getis-Ord Gi*空间统计指标，将研究区划分为热、中等、凉爽三个亚组。研究发现，与 1996～2000 年相比较，2008～2012 年热聚集区所有类型的死亡风险均增加，而凉爽聚集区死亡风险降低。该研究表明居住在高风险聚集区内的人群，死亡风险也呈现增加趋势[49]。

3.5 空间异质性与驱动因子识别

空间异质性是气候变化与健康研究中需要关注的一个问题。空间异质性的表现形式主要包括两种：①健康结局相关度量指标（发病率、死亡率）在研究区内存在区域差异；②气象要素-健康结局的关系（例如，气温-死亡风险）在不同地理区域存在差异。空间异质性的产生，可能与不同区域环境暴露水平（极端高温地理分布）、人口学特征（年龄、性别、受教育程度）、社会经济脆弱性（失业率、单亲家庭占比、平均收入指数、独居人员占比）有关。第一种形式的空间异质性直观揭示健康结局相关度量指标的区域差异，反映各地区气候变化、人群特征，在社会经济条件下的综合影响后果。第二种形式的空间异质性，反映不同区域人群对于气候变化的敏感性存在差异，其背后往往与各区域的自然和社会经济条件对气候变化的调节作用的差异有关。以高温热浪为例，多个研究发现，由于城市内部自然和社会经济非均衡分布，高温热浪期间城市内部不同区域的死亡风险存在显著空间异质性。研究健康结局相关度量指标的空间异质性，能够为优化相关医疗资源空间布局提供重要支持信息；揭示气象要素-健康结局关系的空间异质性，识别能够调节该关系的自然和社会经济因素，为制定因地制宜的干预措施提供决策依据。本节通过介绍气候变化与健康研究中探讨空间异质性的典型研究，帮助读者直观理解空间异质性及驱动因子识别的基本方法。

基于 2007～2011 年澳大利亚布里斯班 158 个统计区的医院住院登记数据，Hondula和Barnett采用贝叶斯层次模型估计城市尺度和城市内部气温-住院风险的关系[50]。该研究构建了 3 个模型，分别用于：①估计城市尺度气温-住院风险的关系；②估计各统计区的气温-住院风险的关系；③识别哪些统计区水平的变量能够调节气温-住院风险的关系。Phung 等采用同样的方法，基于 2010～2013 年越南湄公河地区 132 个区（县）的住院登记数据，采用贝叶斯层次模型估计全局尺度和区（县）尺度气温对住院风险的影响。从全局尺度来看，平均气温每升高 5℃，住院率增加 6.1%。从区（县）尺度来看，气温对住院风险的影响程度在 130 个区（县）存在显著空间异质性，平均气温每升高 5℃，各区（县）的住院风险变化幅度非常大，从降低 55.2%到增加 24.4%。该研究表明，由于不同区（县）人口统计学和社会经济脆弱性的差异，不同地区的人群对于气温波动的敏感性存在很大差异，表现为气温-住院风险存在显著空间异质性[51]。Ho 等基于 1998～2014 年加拿大温哥华死亡登记数据，结合地表温度、气温、体感温度、剥夺指数、高中以下学历占比、失业率、单亲家庭占比、平均收入指数、房屋租住占比、55 岁以上人口密度、独居人口密度、1970 年之前房屋密度等共计 14 个变量，采用时空分层病例交叉研究设计和条件 logistic 回归，估计日平均气温变化与死亡风险的关系，从而实现气温-死亡关系的空间划定，识别高温热浪发生期间高风险和低风险地区，明确气温-死亡关系的空间异质性特征，为未来环境健康评价和应急管理与规划提供科学决策支持[52]。

综上所述，这些研究均证实即使在城市尺度，高温热浪期间发生死亡风险、住院风险在城市内部依然存在显著空间异质性，并且气温-住院风险、气温-死亡风险在城市内不同区域存在显著差异。

3.6　小　结

本章简要梳理了地理信息分析方法（GIS、遥感技术、空间与时空统计）在健康研究中的主要进展，总结了地理信息分析方法在健康数据分析中发挥的重要作用，从健康数据的管理与可视化表达、环境因子的获取、疾病制图、空间聚集探测与影响因素分析、时空趋势与影响因素分析等方面阐述了地理信息分析方法在流行病学与公共健康研究领域的重要贡献；从暴露评价方法、高风险聚集区识别、空间异质性与驱动因子识别三个方面对地理信息分析方法在气候变化与健康研究领域的重要进展进行总结，探讨地理信息分析方法对气候变化与健康研究领域的独特贡献，为气候变化与健康相关研究人员提供方法学参考。

参考文献

[1] 周晓农，杨国静，杨坤，等. 中国空间流行病学的发展历程与发展趋势[J]. 中华流行病学杂志，2011，32（9）：854-858.

[2] Elliott P，Wartenberg D. Spatial epidemiology：Current approaches and future challenges[J]. Environmental Health Perspectives，2004，112（9）：998-1006.

[3] 李秀君，方立群，王多春，等. 霍乱预防控制地理信息系统的设计与实现[J]. 中华流行病学杂志，2012，33（4）：431-434.

[4] 唐新元，王梅，王虎，等. 地理信息系统在青海省人间鼠疫空间分布中的应用[J]. 中华地方病学杂志，2014，33（5）：508-510.

[5] 周晓农，洪青标，孙乐平，等. 地理信息系统应用于血吸虫病的监测I.应用预测模型的可能性[J]. 中国血吸虫病防治杂志，1998，10（6）：321-324.

[6] 王丽萍，方立群，曾令佳，等. 疟疾防控地理信息系统设计与开发[J]. 中国数字医学，2011，6（11）：34-37.

[7] Benali A，Nunes J P，Freitas F B，et al. Satellite-derived estimation of environmental suitability for malaria vector development in Portugal[J]. Remote Sensing of Environment，2014，145：116-130.

[8] Addink E A，De Jong S M，Davis S A，et al. The use of high-resolution remote sensing for plague surveillance in Kazakhstan[J]. Remote Sensing of Environment，2010，114（3）：674-681.

[9] Brown H E，Diuk-Wasser M A，Guan Y，et al. Comparison of three satellite sensors at three spatial scales to predict larval mosquito presence in connecticut wetlands[J]. Remote Sensing of Environment，2008，112（5）：2301-2308.

[10] Liu H，Weng Q H. Enhancing temporal resolution of satellite imagery for public health studies：A case study of West Nile virus outbreak in Los Angeles in 2007[J]. Remote Sensing of Environment，2012，117（15）：57-71.

[11] Chen Y J，Yuan Y. The neighborhood effect of exposure to blue space on elderly individuals' mental health：A case study in Guangzhou，China[J]. Health & Place，2020，63：102348.

[12] Yue Y F，Yang D F，Van Dyck D. Urban greenspace and mental health in Chinese older adults：Associations across different greenspace measures and mediating effects of environmental perceptions[J]. Health & Place，2022，76：102856.

[13] Qiu H，Schooling C M，Sun S Z，et al. Long-term exposure to fine particulate matter air pollution and type 2 diabetes mellitus in elderly：A cohort study in Hong Kong[J]. Environment International，2018，113：350-356.

[14] Jalali S，Karbakhsh M，Momeni M，et al. Long-term exposure to $PM_{2.5}$ and cardiovascular disease incidence and mortality in an eastern Mediterranean country：Findings based on a 15-year cohort study[J]. Environmental Health，2021，20：1-16.

[15] Yang B Y，Guo Y M，Bloom M S，et al. Ambient PM_1 air pollution，blood pressure，and hypertension：Insights from the 33 communities Chinese health study[J]. Environmental Research，2019，170：252-259.

[16] Zhang Z L，Dong B，Li S S，et al. Exposure to ambient particulate matter air pollution，blood pressure and hypertension in children and adolescents：A national cross-sectional study in China[J]. Environment International，2019，128：103-108.

[17] Lin C Q，Li Y，Lau A K H，et al. Estimation of long-term population exposure to $PM_{2.5}$ for dense urban areas using 1-km MODIS data[J]. Remote Sensing of Environment，2016，179（15）：13-22.

[18] Zhang D L，Du L L，Wang W H，et al. A machine learning model to estimate ambient $PM_{2.5}$ concentrations in industrialized highveld region of South Africa[J]. Remote Sensing of Environment，2021，266：112713.

[19] Wei J，Li Z Q，Li K，et al. Full-coverage mapping and spatiotemporal variations of ground-level ozone（O_3）pollution from 2013 to 2020 across China[J]. Remote Sensing of Environment，2022，270：112775.

[20] Kloog I，Melly S J，Coull B A，et al. Using satellite-based spatiotemporal resolved air temperature exposure to study the association between ambient air temperature and birth outcomes in Massachusetts[J]. Environmental Health Perspectives，2015，123（10）：1053-1058.

[21] Besag J，York J，Mollié A. Bayesian image restoration，with two applications in spatial statistics[J]. Annals of the Institute of Statistical Mathematics，1991，43：1-20.

[22] Lee D. CARBayes：An R package for Bayesian spatial modeling with conditional autoregressive priors[J]. Journal of Statistical Software，2013，55（13）：1-24.

[23] Li G Q，Haining R，Richardson S，et al. Space-time variability in burglary risk：A Bayesian spatio-temporal modelling approach[J]. Spatial Statistics，2014，9：180-191.

[24] Wang S B，Ren Z P，Liu X L，et al. Spatiotemporal trends in life expectancy and impacts of economic growth and air pollution in 134 countries：A Bayesian modeling study[J]. Social Science & Medicine，2022，293：114660.

[25] Knorr-Held L. Bayesian modelling of inseparable space-time variation in disease risk[J]. Statistics in Medicine，2000，19（17-18）：2555-2567.

[26] Hay S I，Battle K E，Pigott D M，et al. Global mapping of infectious disease[J]. Philosophical Transactions of the Royal Society B（Biological Sciences）2013，368（1614）：20120250.

[27] Ren Z P，Wang D Q，Ma A，et al. Predicting malaria vector distribution under climate change scenarios in China：Challenges for malaria elimination[J]. Scientific Reports，2016，6：20604.

[28] Liu X，Song C，Ren Z P，et al. Predicting the geographical distribution of Malaria-associated *anopheles dirus* in the Southeast Asia and Western Pacific regions under climate change scenarios[J]. Frontiers in Environmental Science，2022，10：841966.

[29] Wu J L，Wang J F，Meng B，et al. Exploratory spatial data analysis for the identification of risk factors to birth defects[J]. BMC Public Health，2004，4：1-10.

[30] MacNab Y C. Bayesian disease mapping：Past，present，and future[J]. Spatial Statistics，2022，50：100593.

[31] Wang S B，Ren Z P. Spatial variations and macroeconomic determinants of life expectancy and mortality rate in China：A county-level study based on spatial analysis models[J]. International Journal of Public Health，2019，64：773-783.

[32] Ma L G，Zhao J，Ren Z P，et al. Spatial patterns of the congenital heart disease prevalence among 0-to 14-year-old children in Sichuan Basin，P. R China，from 2004 to 2009[J]. BMC Public Health，2014，14：1-12.

[33] Freitas L P，Lowe R，Koepp A E，et al. Identifying hidden Zika hotspots in Pernambuco，Brazil：A spatial analysis[J]. Transactions of the Royal Society of Tropical Medicine and Hygiene，2023，117（3）：189-196.

[34] Mohebbi M，Wolfe R，Jolley D. A Poisson regression approach for modelling spatial autocorrelation between geographically referenced observations[J]. BMC Medical Research Methodology，2011，11：1-11.

[35] 王骁，刘肇瑞，黄悦勤. 多水平模型在社区成人精神障碍现况及服务利用研究的应用（综述）[J]. 中国心理卫生杂志，2022，36（1）：13-22.

[36] Ren Z P，Wang J F，Liao Y L，et al. Using spatial multilevel regression analysis to assess soil type contextual effects on neural tube defects[J]. Stochastic Environmental Research and Risk Assessment，2013，27：1695-1708.

[37] Merlo J，Ohlsson H，Lynch K F，et al. Individual and collective bodies：Using measures of variance and association in contextual epidemiology[J]. Journal of Epidemiology and Community Health，2009，63（12）：1043-1048.

[38] 齐力，石建辉，徐露婷，等. 北京市居民健康素养水平影响因素多水平模型分析[J]. 中国慢性病预防与控制，2022，30（5）：332-335.

[39] Lin X M，Lu R D，Guo L，et al. Social capital and mental health in rural and urban China：A composite hypothesis approach[J]. International Journal of Environmental Research and Public Health，2019，16（4）：665.

[40] Zhang W，Chen Q，McCubbin H，et al. Predictors of mental and physical health：Individual and neighborhood levels of education，social well-being，and ethnicity[J]. Health & Place，2011，17（1）：238-247.

[41] Li J M，Liang J，Wang J F，et al. Spatiotemporal trends and ecological determinants in maternal mortality ratios in 2205 Chinese counties，2010-2013：A Bayesian modelling analysis[J]. PLoS Medicine，2020，17（5）：e1003114.

[42] Armstrong B G. Effect of measurement error on epidemiological studies of environmental and occupational exposures[J]. Occupational and Environmental Medicine，1998，55（10）：651-656.

[43] Kloog I，Nordio F，Coull B A，et al. Predicting spatiotemporal mean air temperature using MODIS satellite surface temperature measurements across the northeastern USA[J]. Remote Sensing of Environment，2014，150：132-139.

[44] Ma J，Tao Y H，Kwan M P，et al. Assessing mobility-based real-time air pollution exposure in space and time using smart sensors and GPS trajectories in Beijing[J]. Annals of the American Association of Geographers，2020，110（2）：434-448.

[45] Benmarhnia T，Kihal-Talantikite W，Ragettli M S，et al. Small-area spatiotemporal analysis of heatwave impacts on elderly mortality in Paris：A cluster analysis approach[J]. Science of the Total Environment，2017，592（15）：288-294.

[46] Vaneckova P，Beggs P J，Jacobson C R. Spatial analysis of heat-related mortality among the elderly between 1993 and 2004 in Sydney，Australia[J]. Social Science & Medicine，2010，70（2）：293-304.

[47] Bishop-Williams K E，Berke O，Pearl D L，et al. A spatial analysis of heat stress related emergency room visits in rural Southern Ontario during heat waves[J]. BMC Emergency Medicine，2015，15：1-9.

[48] Thach T Q，Zheng Q S，Lai P C，et al. Assessing spatial associations between thermal stress and mortality in Hong Kong：A small-area ecological study[J]. Science of the Total Environment，2015，502：666-672.

[49] Heo S，Lee E，Kwon B Y，et al. Long-term changes in the heat-mortality relationship according to heterogeneous regional climate：A time-series study in South Korea[J]. BMJ Open，2016，6（8）：e011786.

[50] Hondula D M，Barnett A G. Heat-related morbidity in Brisbane，Australia：Spatial variation and area-level predictors[J]. Environmental Health Perspectives，2014，122（8）：831-836.

[51] Phung D，Chu C，Tran D N，et al. Spatial variation of heat-related morbidity：A hierarchical Bayesian analysis in multiple districts of the Mekong Delta region[J]. Science of the Total Environment，2018，637-638：1559-1565.

[52] Ho H C，Knudby A，Walker B B，et al. Delineation of spatial variability in the temperature-mortality relationship on extremely hot days in greater Vancouver，Canada[J]. Environmental Health Perspectives，2017，125（1）：66-75.

第4章　基于DLNM方法分析气温对多地区人群死亡的影响

马文军　赵　琦

全球气候变化的健康威胁不容忽视，量化气温对人群死亡的影响，可为制定以健康为导向的气候变化应对策略提供依据。分布滞后非线性模型广泛应用于室外大气环境因素的健康效应评估，该模型同时考虑了暴露因素的滞后效应和非线性暴露-反应关系，为量化气温的健康风险提供方法学基础。本章将从方法学的现状与进展角度，详细介绍 DLNM 在探索气温与死亡的暴露-反应关系中的应用，并以全国 66 个区（县）的研究为案例，解析基于 DLNM 方法分析气温对多地区人群死亡的影响的详细步骤。

4.1　引　　言

以极端气温事件愈加频发为主要特征的气候变化已经成为世界范围内重要的环境、社会和公共卫生问题，是 21 世纪人类面临的最大威胁之一[1]。大量研究显示，气温与人群死亡之间通常呈 U 型、J 型或反 J 型曲线关系，相较于最适宜气温，即最低死亡温度（minimum mortality temperature，MMT），低温和高温均能显著增加人群的死亡风险[2-4]。高温和低温对死亡的影响有所不同，低温效应滞后时间长，最长可达数周；而高温效应滞后时间较短，可能仅持续 1～3d[2, 5]。

既往研究发现，气温的健康效应存在人群异质性，老年人和女性是受气温影响的脆弱人群[6]。老年人对气温更为敏感的现象可能与老年人群体多数患有慢性疾病、体温调节能力随年龄增长而降低等有关，也可能受到获取医疗服务途径有限、社会支持不足等宏观条件的影响[7]。相比男性，女性暴露于极端气温的健康风险更高，这可能与两性在环境暴露、生理反应、生活方式和行为等因素的差异有关[8]。此外，气温的健康效应也存在地区异质性。我国气候带类型多样，不同

马文军，暨南大学基础医学与公共卫生学院教授，博士生导师。研究方向为环境流行病学和传染病流行病学。

赵琦，山东大学公共卫生学院教授，博士生导师。研究方向为环境流行病学，空间流行病学和传染病流行病学。

地区的“气温-死亡”的暴露-反应关系在MMT和冷热效应上存在差异：随着纬度的增加，MMT有逐渐降低的趋势[9]；南方冷效应强于北方，而北方热效应大于南方[2]；亚热带区域气温的冷效应远大于热效应[10]。这些可能与不同地区人群的敏感性和适应能力存在差异有关，如高纬度地区居民通常在冷环境中生活的时间较长，更适应低温。

因此，在不同的时空和人群维度开展研究，评估气温对人群死亡的影响，有利于全面明确气候变化背景下气温的健康效应，可为制定以健康为导向的气候变化应对策略提供依据，这对促进人群健康具有重要的公共卫生学意义。

4.2 方法学现状与进展

气温的健康风险一直是不容忽视的公共卫生问题。早期的研究主要聚焦在探究不同环境温度下的死亡分布情况，初步提出高温和低温均可能引起更高死亡风险的观点[11-12]。此后，一些学者基于时间序列设计，发现气温与死亡存在非线性关系，且气温对死亡的影响具有滞后效应[13-15]和死亡替代（mortality displacement）现象[16-17]。死亡替代指暴露于高温或低温天气的当下或短时间内，人群死亡率升高，但之后一段时间可能死亡率低于预期值。死亡替代与收获效应（harvesting effect）有关，为滞后效应时间的选择提供了理论基础，也为完善评估气温对死亡的效应提供了重要依据。因此，在模型中同时考虑非线性暴露-反应关系和滞后效应对准确评估气温的健康影响尤为关键。

分布滞后非线性模型是目前评估气温的健康效应使用最广泛的模型之一，同时考虑了暴露因素与结局变量的非线性暴露-反应关系和滞后效应。DLNM由经济学领域常用的分布滞后线性模型（distributed lag linear model，DLM）演化而来，在20世纪末至21世纪初逐渐应用于环境健康风险的定量评估，但不同研究的具体应用过程仍存在差异。2010年，Gasparrini等以广义线性模型为基础，将利用二维函数生成的交叉基矩阵纳入模型，以此估计因变量随自变量变化的分布[18]。此外，Gasparrini开发了R语言包（“dlnm”软件包）[19]，在统一的理论框架下进一步确定了DLNM应用的技术方法。

DLNM的基本结构可概括为

$$g[E(Y)] = \alpha + \beta \cdot \boldsymbol{CB}[f(x); L] + \sum_{j=1}^{J} \gamma_i \mu_j$$

式中，$E(Y)$表示结局变量的期望值；$g(\cdot)$是广义线性模型的连接函数，由Y的分布决定（如高斯分布、泊松分布、伽马分布等）；α表示截距；$\boldsymbol{CB}[f(x);L]$表示因素x通过基函数$f(\cdot)$和定义滞后时间L建立的交叉基矩阵；β为矩阵的系数；

$\sum_{j=1}^{J}\gamma_i\mu_j$ 为线性项，通常为混杂因素；μ_j 表示线性因素；γ_i 表示线性因素的系数。

交叉基矩阵包括自变量维度和滞后维度，由两个维度分别进行基函数转化后交叉合并生成[18]。在自变量维度上，需结合自变量数据类型、研究目的和假设选择合适的基函数。基函数过程可概括为

$$f(x;\beta)=\boldsymbol{Z}^{\mathrm{T}}\beta$$

式中，$\boldsymbol{Z}$ 表示自变量 x 经函数转化后的矩阵，维度为 $n\times v_x$，n 表示自变量 x 的数据量，v_x 表示生成的变量数；$\boldsymbol{Z}$ 可纳入模型用于估计决定自变量和因变量关联的参数 β。不同的数据类型对应的基函数及其在“dlnm”软件包中的参数形式见表4-1。在滞后维度上，将单纯的分布滞后矩阵直接纳入模型可能产生严重的共线性问题，因此通常会对分布滞后进行限制，定义滞后效应服从一定的分布，如在效应随滞后时间的变化呈现样条平滑的假设下，可对滞后维度采用样条函数转化。

表4-1 数据类型、基函数和软件包参数

数据类型	基函数	软件包参数
连续型变量	自然三次样条函数	“ns”
连续型变量	B样条函数	“bs”
连续型变量	惩罚样条函数	“ps” “cr”
连续型变量	多项式函数	“poly”
连续型变量	线性函数	“lin”
分类变量	分层函数	“strata”
分类变量	高、低或双线性阈值函数	“thr”
分类变量	整数型函数	“integer”

DLNM框架较为灵活，可应用于不同的研究设计，包括时间序列研究[2, 5]、病例交叉研究[20]、横断面研究[21]、队列研究[22]和定组研究[23]等。其中，时间序列研究的应用最为普遍，主要思路是根据量化两个时间序列（例如，每日气温和每日死亡人数）之间存在的关联。研究人员通常首先构建气温和死亡的时间序列数据库，通过建立DLNM评估气温对死亡的急性效应。时间序列研究应用于地区水平的数据，既往常见的个体混杂因素（如个体性别、个体年龄、体重指数等）难以收集和匹配，且在短期内不会在人群中发生改变，因此通常不考虑这些因素的影响。但时间序列研究也有一些特殊的混杂因素需要考虑：①时间序列本身的趋势噪声，主要包括季节趋势和长期趋势，通常在模型中纳入时间变量用于分解时间趋势波动对暴露和结局的影响。周末和节假日引起的出行模式变化，也可能影响暴露和结局，因此也常作为混杂因素控制。②随时间变化的混杂因素，即除了

暴露与结局外其他随着时间变化的因素，例如在评估气温-死亡关系研究中需控制湿度和空气污染的影响。

在 DLNM 的时间序列数据应用中，主要包括单一阶段分析方法和二阶段分析方法。单一阶段分析方法是基于同质地区（如单一城市）的暴露与健康结局的时间序列数据建立模型，在控制混杂因素的基础上，量化暴露-反应关系。例如，杨军等[24]利用广州市 2003～2007 年全人群逐日死亡人数的时间序列资料，结合同期气象资料，采用 DLNM 分析气温对人群死亡的滞后效应和累积效应。二阶段分析方法则应用于多个非同质地区的数据，该方法将分析分为 2 个阶段：第一阶段，在控制混杂因素的基础上，建立模型获得每个地区的暴露-反应关系；第二阶段，使用 Meta 分析方法，将第一阶段获得的不同地区的暴露-反应关系进行合并，获得总体的平均暴露-反应关系。例如，Gasparrini 等[25]利用 13 个国家的 384 个城市的时间序列数据，基于 DLNM 建立二阶段分析，探究高温和低温引起的死亡风险。

相比于单一阶段分析方法，二阶段分析方法的优势在于：①合并多个地区的数据增加了模型的统计效能，更有利于发现风险因素[26]；②将计算过程分为 2 个步骤，减轻了模型的运算负荷，使其更适用于多个人群的大型数据集[27-28]；③有利于探究不同地区暴露-反应关系的异质性及其影响因素。

随着经济发展和社会进步，环境领域和健康领域的监测体系更加系统、全面和精细，这为进一步评估气温对死亡的影响提供了数据基础。目前在气温-死亡关联的研究中，基于 DLNM 的二阶段分析方法更为常用。因此，4.3 节将以中国 66 个区（县）为例，利用二阶段分析方法，探究气温与死亡的暴露-反应关系。

4.3 基于多地区数据评估全国气温与死亡的非线性关系研究

4.3.1 案例简介

本节以全国 66 个区（县）作为案例，收集气象和死亡等相关数据，探究中国气温与死亡的暴露-反应关系，该研究于 2015 年 2 月在 *Environmental Research* 发表[2]。结合案例，从数据收集、数据描述、模型参数、建立模型等方面介绍基于 DLNM 方法分析气温对人群死亡影响的过程。

4.3.2 数据收集

时间序列研究以时间为依据，将相关的数据进行整合。本案例收集了 2006 年 1 月 1 日～2011 年 12 月 31 日全国 66 个区（县）的数据，建立分析数据集，主要包括每个区（县）的行政区划代码、区（县）所属区域、每日非意外死亡人数、每日气象数据（平均气温和相对湿度）、时间变量和星期几变量。数据集说明及整理标准和举例格式见表 4-2 和表 4-3。

在构建数据集的过程中，需要注意以下几点内容：①数据基于地区水平整理，一行数据表示一个时间单位的总数据，而不是个案数据。本案例以“日”作为时间单位，但需要注意时间序列分析不一定要在日尺度上进行，可根据实际情况调整为年度、月度、每周的时间尺度，甚至可以建立小时尺度的时间序列。②每个时间单位健康结局应具有一定的数量，且呈波动变化趋势（即不为常数）。本案例以死亡作为研究结论，为保证模型拟合中有足够的日死亡人数，所有纳入分析的区（县）均要求符合“人口规模超过 20 万”的条件。③若需要分析亚组（性别、年龄、具体死因等）的暴露-反应关系，需对每个变量构建时间序列，根据地区和时间合并到数据库中。若是按照地区属性划分亚组，可根据属性增加变量，如地区经济水平、受教育程度、气候带、行政区划等。④考虑到混杂因素的作用，应纳入时间变化混杂因素。本案例由于死亡数据较早（2006～2011 年），我国尚未开展空气污染全面监测，因此难以匹配相关的空气污染数据，仅纳入相对湿度数据。

表 4-2　全国 66 个区（县）气温-死亡研究数据集说明及整理标准

数据类别	变量代码	变量含义	来源	标准
地区属性数据	ID	每个区（县）的行政区划代码	—	每个区（县）的唯一编码，用于识别不同区（县）
	region	区（县）所属区域	可根据研究需要自行分类	用于区（县）分类
时间序列变量	death	每日非意外死亡人数	全国疾病监测系统	①筛选非意外死亡个案，依据为 ICD10 编码：A00～R99；②汇总每个日期的非意外死亡人数
	tm	每日平均气温	中国气象数据网	将研究期间多个气象站点监测数据转换为每个日期的日平均气温和日平均相对湿度
	rh	每日相对湿度	中国气象数据网	
	time	时间变量	根据研究时间设定	$t = 1, 2, 3, 4, \cdots$
	dow	星期几变量	根据研究日期转化	分类变量：星期一至星期日

表 4-3　全国 66 个区（县）气温-死亡研究数据集举例

地区	区域	日期	死亡人数/人	气温/℃	相对湿度/%	时间变量	星期几变量
110101	北方	2006 年 1 月 1 日	13	−1.4	71	1	星期日
110101	北方	2006 年 1 月 2 日	8	−0.2	55	2	星期一
…	…	…	…	…	…	…	…

续表

地区	区域	日期	死亡人数/人	气温/℃	相对湿度/%	时间变量	星期几变量
120106	北方	2006年1月1日	11	–2.4	79	1	星期日
120106	北方	2006年1月2日	15	–3.8	93	2	星期一
…	…	…	…	…	…	…	…
130227	北方	2006年1月1日	3	–2.3	70	1	星期日
130227	北方	2006年1月2日	4	–1.2	58	2	星期一
…	…	…	…	…	…	…	…
140107	北方	2006年1月2日	6	–5	81	2	星期一

4.3.3 描述性分析

描述性分析可用基本的图表对数据的概况进行描述。对于单个地区的时间序列数据，可绘制研究期间暴露（气温）和结局（死亡人数）的时间分布图（如散点图、线图、柱状图等），用于初步了解二者的关联及季节趋势等信息。对于多地区时间序列，可汇总后绘制总体的时间分布图。汇总后可能忽略了地区的异质性，但仍有助于了解数据基本情况。本案例每日平均气温与平均死亡人数如图 4-1 所示。

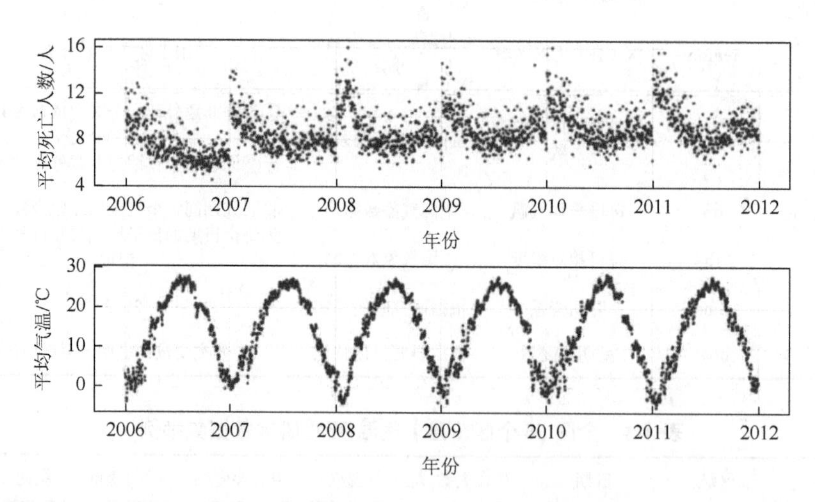

图 4-1　2006～2011 年全国 66 个区（县）每日平均死亡人数和平均气温时间分布

此外，汇总统计、协变量相关矩阵和缺失数据的探索等也是描述性分析应该开展的内容。汇总统计表格没有固定形式，应按照研究目的呈现相应的数据概况。

本案例数据基本特征见表 4-4。案例中无数据缺失情况，若有数据缺失，应在数据整理或分析中进行处理。

表 4-4　2006～2011 年全国 66 个区（县）平均死亡人数、平均气温和相对湿度基本情况

区域	区（县）数/个	平均死亡人数/人	平均气温/℃	相对湿度/%
东北	7	8（3～16）	7.4（4.6～11.3）	63.8（59.1～71.3）
北部	8	6（3～11）	10.5（6.5～13.4）	53.0（45.5～62.0）
西北	8	4（2～6）	10.4（6.1～16.1）	59.1（50.7～73.6）
东部	16	8（2～14）	15.5（8.9～17.8）	70.8（64.3～78.1）
中部	9	11（4～19）	16.9（13.9～18.7）	70.6（66.6～73.1）
西南	11	10（2～23）	16.4（9.7～18.8）	72.8（34.2～82.3）
南部	7	11（6～18）	21.9（20.3～22.9）	74.3（71.8～79.3）
全国	66	8（2～23）	14.4（4.6～22.9）	67.2（34.2～82.3）

注：括号内为所在区域不同区（县）的平均值范围。

4.3.4　确定基本模型和参数

在基于每个地区数据建立 DLNM 之前，需根据研究目的、现有数据和研究方案确定统一的模型公式。本案例旨在探究气温与死亡的关系，结合数据集变量，模型公式可表示为

$$\mathrm{Log}[E(Y_t)] = \alpha + \beta \boldsymbol{T}_{\mathrm{basic}} + ns(\mathrm{rh}, df) + ns(\mathrm{time}, df) + \mathrm{dow}$$

式中，$\mathrm{Log}(\cdot)$表示泊松连接函数，连接函数需要根据结局变量的数据类型进行选择，本案例的结局变量为计数资料（每日的死亡人数），故采用泊松连接函数。$E(Y_t)$表示每日的期望死亡人数。$\boldsymbol{T}_{\mathrm{basic}}$表示气温-滞后交叉基，是由暴露维度和滞后维度的基函数转化生成的矩阵，暴露维度可根据暴露的数据类型选择合适的基函数（如光滑样条函数、自然样条函数、B 样条函数、阈值函数等），本案例暴露变量为每日气温，为连续型变量，选用自然三次样条（natural cubic spline）函数，参数应用温度分布的 5 个等距位置作为内部节点；滞后维度需结合滞后时间和基函数进行设置，本案例参考以往研究结论，将滞后时间初步定为 28d，基函数选用自然三次样条函数，选择标度对数转换的 3 个等距位置作为内部节点。$ns(\mathrm{rh}, df)$表示经自然三次样条函数转化的相对湿度，df 为自由度，相对湿度与死亡人数可能为非线性关系。$ns(\mathrm{time}, df)$表示经自然三次样条函数转化的时间变量。dow 为星期几变量，为分类变量形式。

模型中，基函数的参数（如节点等）和协变量的自由度，可以参考以往的研究进行设定，也可以基于模型的赤池信息量准则或贝叶斯信息准则进行选择。本案例

以自由度为例，在每个地区建立模型，通过计算模型 AIC 获取最合适的自由度：

$$\mathrm{AIC} = 2 \times k + n \times \ln(\mathrm{RRS} / n)$$

式中，k 表示参数的数量；n 表示观测数；RRS 为残差平方和。

基于 AIC，本案例将相对湿度的 df 确定为 3，长期趋势与季节趋势的 df 确定为 9（本案例为 6 年的时间序列数据，总 df 为 $9\times6=54$ 年）。

4.3.5 基于 DLNM 的二阶段分析方法

二阶段分析方法应用于多个地区的数据，第一阶段是在每个地区建立DLNM，获得每个地区的暴露-健康结局的关联；第二阶段是利用 Meta 分析方法，将各个地区的暴露-健康结局的关联进行汇总，获得总体的关联。一般情况下，可先进行滞后模式分析，确定滞后时间；随后确定最终模型。

1. *滞后模式分析*

滞后模式分析用于探究气温对死亡影响的分布滞后，可根据滞后模式确定模型的滞后时间。考虑到气温与死亡的非线性关系，滞后模式应包括高温和低温的分析，高温一般定义为气温分布第 90、95、97.5 或 99 百分位数的温度，低温则为第 10、5、2.5 或 1 百分位数的温度。本案例将高温和低温分别定义为气温分布第 95 和第 5 百分位数的温度，分析滞后模式。

（1）第一阶段分析。在确定参数的基础上，建立每个地区的模型，模型同 4.3.4 节。由于 $\boldsymbol{T}_{\mathrm{basic}}$ 为暴露维度和滞后维度的基函数转化生成的矩阵，所获得系数也包括了暴露-滞后两个维度。为了减少参数合并的不确定性，可将模型的参数降维为仅在滞后维度上定义的参数（即一维系数）。在本案例中，我们提取出每个地区高温和低温的一维系数和协方差矩阵。

（2）第二阶段分析。首先，将第一阶段分析获得的每个地区的一维系数和协方差矩阵，利用 Meta 合并，获得总体的系数和协方差矩阵。其次，基于所有地区的气温范围，创建一个温度序列，根据第一阶段分析中 $\boldsymbol{T}_{\mathrm{basic}}$ 的参数设置，生成总体交叉基。考虑到第一阶段提取的系数为滞后维度的系数，需将交叉基转为滞后维度的预测变量。最后，由于在第一阶段建模过程中，使用的是 $\boldsymbol{T}_{\mathrm{basic}}$，获得的总体系数并不能直接用于评估滞后的风险，需要通过一个预测函数，结合预测变量和模型（等同于系数和协方差矩阵）对每个滞后的风险进行还原。

本案例高温和低温的滞后模式如图 4-2 所示。高温（急性）效应，通常在暴露当天出现并达到峰值，持续 2～3d；低温效应出现得相对缓慢，持续时间可达到 21d。根据滞后模式分析，综合考虑高温和低温的滞后，本案例选择 21d 作为分析的滞后时间。

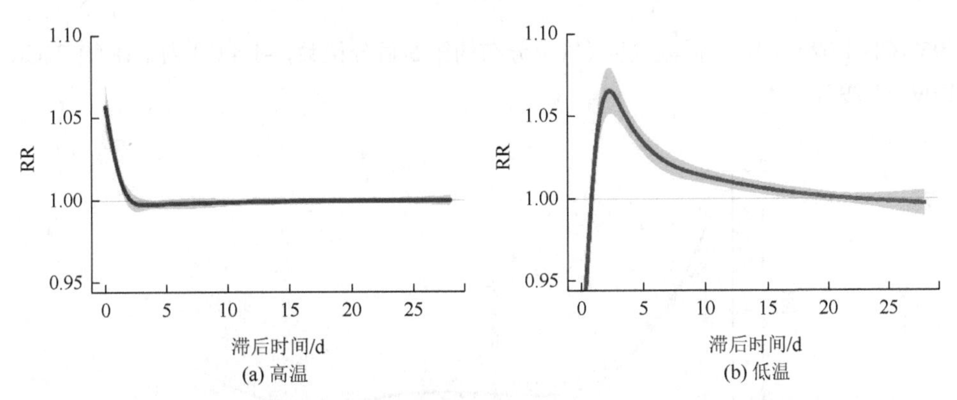

图 4-2　2006～2011 年全国 66 个区（县）高温和低温死亡效应的滞后模式

2. 最终模型建立

（1）第一阶段分析。根据前面几个步骤的分析，基本确定了建立最终模型所需要的参数和滞后时间，因此可基于这些参数和滞后时间构建每个地区的交叉基和模型。在模型构建中，需评价模型合理性，如查看模型的残差分布。本案例绘制了每个地区的模型残差分布，通过观察残差的分布评估模型合理性（残差应均匀分布在 0 上下两侧）。也可以通过残差正态性检验、*Q-Q* 图等方法进行评估。此外，可使用拟合优度指标评价模型的拟合效果。由于模型本质上是一个泊松回归模型，R^2 系数并不适用，可使用广义线性模型通用的可解释残差比例 D^2 指标进行评价。本节汇总了每个地区的实际值和模型拟合值，使用“modEvA”包的 Dsquared 计算得到整体 D^2 为 0.70，表示模型整体拟合效果相对较好，但仍有提升的空间。

模型最终是为了获得气温与死亡的暴露-反应关系，为减少系数合并的不确定性，本阶段可将模型的参数降维为仅在暴露维度上定义的参数。

（2）第二阶段分析。此处与滞后模式第二阶段分析相似，首先，将每个地区的系数进行汇总。其次，创建一个温度序列，根据 $\boldsymbol{T}_{\text{basic}}$ 的参数设置，生成总体交叉基。不同的是，这里需要将交叉基转为暴露维度的预测变量。最后通过预测函数将每个气温的风险进行还原。

在获得总体的气温与死亡的暴露-反应关系曲线后，需提取出曲线的最低点，定义为 MMT，随后以 MMT 为参照，重新预测曲线。本案例的 MMT 为 23.8℃，其他气温值的风险效应均是相对于 MMT 的相对危险度，气温与死亡的暴露-反应关系曲线如图 4-3 所示，其中实线为总体平均暴露-反应关系曲线，虚线为各个区（县）的暴露-反应关系曲线。

此外，还可根据高温和低温的定义，从曲线中提取高温和低温死亡风险效应。本案例以总体死亡为例，高温效应（气温分布的第 95 百分位数，27.6℃）为 1.06

（95%CI：1.02～1.10）；低温效应（气温分布的第 5 百分位数，–1.4℃）为 1.18（95%CI：1.09～1.29）。

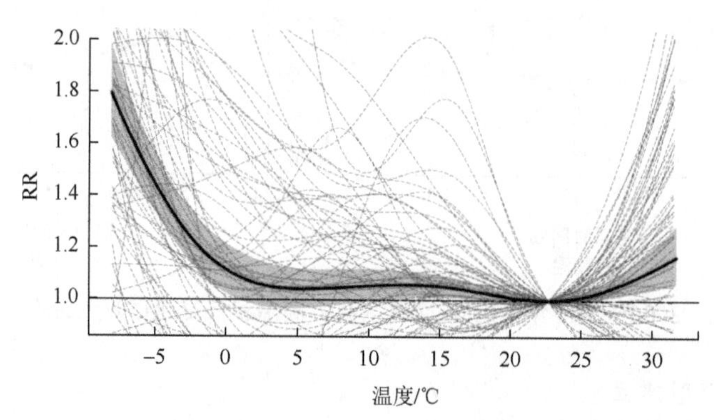

图 4-3　全国 66 个区（县）气温与死亡的暴露-反应关系曲线

（3）最佳线性无偏预测。图 4-3 不仅展示了本案例总体的气温与死亡的暴露-反应关系曲线，也展示了各个地区的曲线。然而 DLNM 对数据量要求较高，导致许多人口较少地区的曲线不稳定，不利于对该地区开展极端气温的健康风险评估。在这种情况下，可以利用最佳线性无偏预测（best linear unbiased prediction，BLUP）方法，允许每日死亡率较小或序列较短的地区（通常表现为估计得不准确）从具有相似特征的人口较多的地区中借用信息，在每个地区的曲线和汇总曲线之间进行权衡，改善人口较少地区暴露-反应关系曲线的稳定性。BLUP 方法不改变总体的曲线。本案例经 BLUP 后的曲线如图 4-4 所示。

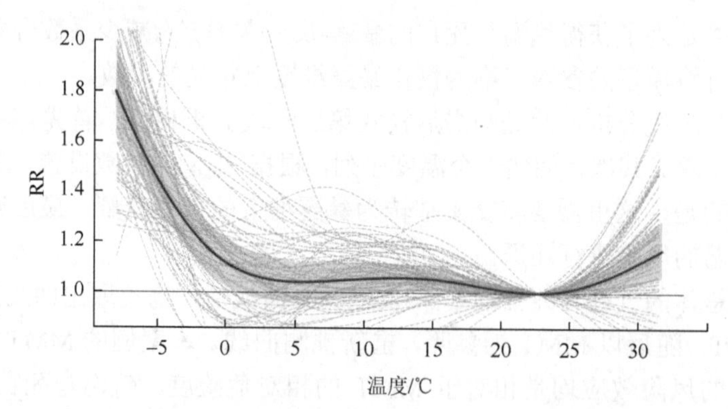

图 4-4　全国 66 个区（县）经 BLUP 后的气温与死亡的暴露-反应关系曲线

3. 分层分析和敏感性分析

可根据具体的研究目的开展分层分析，如不同的地区、不同性别、不同年龄、不同死因等。分层分析可用于探索气温敏感地区和敏感人群，为精确制定气候变化应对措施提供重要依据。

模型还应进行敏感性分析，以诊断现有模型是否稳健。若是不同参数下的暴露-反应关系曲线波动较大，模型对参数敏感，可能很难捕捉到真正稳定的温度效应，研究结果需谨慎解释。敏感性分析通常包括调整滞后时间、自由度、协变量（如空气污染）等。本案例通过调整时间变量的 *df*、滞后时间（lag）进行敏感性分析，结果如图 4-5 所示，气温与死亡的暴露-反应关系较为稳健。

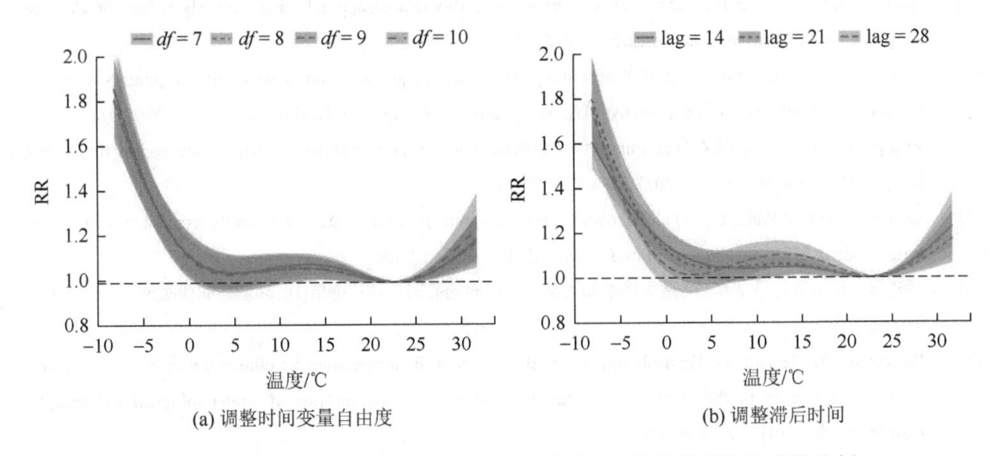

图 4-5　全国 66 个区（县）气温与死亡的暴露-反应关系的敏感性分析

4.4　小　　结

基于 DLNM 的二阶段分析方法适用于多个地区的数据，既增强了统计效能，又降低了运算负荷，并且有利于进一步开展更深入的研究，如异质性分析、效应的影响因素探索和未来关联预估等。然而，该方法目前也存在一些不足。第一，该方法对数据量有一定的要求，小样本分析或者分层分析易造成模型不稳定，零值过多的数据无法拟合。第二，该方法尚不能考虑到空间自相关性，因此健康结局多局限于慢性病和死亡数据，对于传染病作为健康结局的数据分析存在一定缺陷。第三，结局指标为每日的健康结局（如死亡、住院和传染病发病）总数，登记数据质量可能影响到气温与死亡的暴露-反应关系的准确性。第四，通常以短期室外温度作为暴露，但实际暴露可能受到适应能力及日常活动模式的影响，如空调使用、室内外停留时间等，可能由此造成分类偏倚。第五，DLNM 的二阶段分析的气温与死亡联系，并不能充分阐述二者之间的因果关联。

在未来的研究中，一方面，要从模型的角度出发，在继续发挥 DLNM 框架灵活性的同时，考虑空间自相关性，完善模型方法，使其更适用于各类研究数据。

另一方面，可从暴露的角度对当前的研究加以完善，采用多学科交叉融合的方式更加精确评估气温等环境因素的暴露，如参考地区人群的移动轨迹建立室内外分布，评估人群的更实际气温暴露。

参 考 文 献

[1] Costello A，Abbas M，Allen A，et al. Managing the health effects of climate change：Lancet and University College London Institute for Global Health Commission[J]. The Lancet，2009，373（9676）：1693-1733.

[2] Ma W J，Wang L J，Lin H L，et al. The temperature-mortality relationship in China：An analysis from 66 Chinese communities[J]. Environmental Research，2015，137：72-77.

[3] Li M M，Zhou M G，Yang J，et al. Temperature，temperature extremes，and cause-specific respiratory mortality in China：A multi-city time series analysis[J]. Air Quality，Atmosphere & Health，2019，12：539-548.

[4] Zhang Y Q，Yu C H，Bao J Z，et al. Impact of temperature on mortality in Hubei，China：A multi-county time series analysis[J]. Scientific Reports，2017，7（1）：45093.

[5] Chen R J，Yin P，Wang L J，et al. Association between ambient temperature and mortality risk and burden：Time series study in 272 main Chinese cities[J]. BMJ，2018，363：k4306.

[6] 胡建雄，何冠豪，马文军. 高温热浪增加人群死亡风险的脆弱性理论框架[J]. 环境与职业医学，2022（3）：240-246.

[7] Bunker A，Wildenhain J，Vandenbergh A，et al. Effects of air temperature on climate-sensitive mortality and morbidity outcomes in the elderly；a systematic review and meta-analysis of epidemiological evidence[J]. EBioMedicine，2016，6：258-268.

[8] Son J Y，Liu J C，Bell M L. Temperature-related mortality：A systematic review and investigation of effect modifiers[J]. Environmental Research Letters，2019，14（7）：073004.

[9] Luan G J，Yin P，Wang L J，et al. The temperature-mortality relationship：An analysis from 31 Chinese provincial capital cities[J]. International Journal of Environmental Health Research，2018，28（2）：192-201.

[10] 王琛智，张朝，周脉耕，等. 低温对中国居民健康影响的空间差异性分析[J]. 地球信息科学学报，2017，19（3）：336-345.

[11] Bull G M，Morton J. Environment，temperature and death rates[J]. Age and Ageing，1978，7（4）：210-224.

[12] Enquselassie F，Dobson A J，Alexander H M，et al. Seasons，temperature and coronary disease[J]. International Journal of Epidemiology，1993，22（4）：632-636.

[13] Kunst A E，Looman C W N，Mackenbach J P. Outdoor air temperature and mortality in the Netherlands：A time-series analysis[J]. American Journal of Epidemiology，1993，137（3）：331-341.

[14] Saez M，Sunyer J，Castellsagué J，et al. Relationship between weather temperature and mortality：A time series analysis approach in Barcelona[J]. International Journal of Epidemiology，1995，24（3）：576-582.

[15] Alberdi J C，Díaz J，Montero J C，et al. Daily mortality in Madrid community 1986-1992：Relationship with meteorological variables[J]. European Journal of Epidemiology，1998，14：571-578.

[16] Saha M V，Davis R E，Hondula D M. Mortality displacement as a function of heat event strength in 7 US cities[J]. American Journal of Epidemiology，2014，179（4）：467-474.

[17] Hajat S，Armstrong B G，Gouveia N，et al. Mortality displacement of heat-related deaths：A comparison of Delhi，Sao Paulo，and London[J]. Epidemiology，2005，16（5）：613-620.

[18] Gasparrini A，Armstrong B，Kenward M G. Distributed lag non-linear models[J]. Statistics in Medicine，2010，

29（21）：2224-2234.

[19] Gasparrini A. Distributed lag linear and non-linear models in R：The package dlnm[J]. Journal of Statistical Software，2011，43（8）：1-20.

[20] Fu S H，Gasparrini A，Rodriguez P S，et al. Mortality attributable to hot and cold ambient temperatures in India：A nationally representative case-crossover study[J]. PLoS Medicine，2018，15（7）：e1002619.

[21] Khan A M，Finlay J M，Clarke P，et al. Association between temperature exposure and cognition：A cross-sectional analysis of 20687 aging adults in the United States[J].BMC Public Health，2021，21：1484.

[22] Liu X，Xiao J P，Sun X L，et al. Associations of maternal ambient temperature exposures during pregnancy with the risk of preterm birth and the effect modification of birth order during the new baby boom：A birth cohort study in Guangzhou，China[J]. International Journal of Hygiene and Environmental Health，2020，225：113481.

[23] Xu D D，Zhang Y，Wang B，et al. Acute effects of temperature exposure on blood pressure：An hourly level panel study[J]. Environment International，2019，124：493-500.

[24] 杨军，欧春泉，丁研，等. 广州市逐日死亡人数与气温关系的时间序列研究[J]. 环境与健康杂志，2012，29（2）：136-138.

[25] Gasparrini A，Guo Y M，Hashizume M，et al. Mortality risk attributable to high and low ambient temperature：A multicountry observational study[J]. The Lancet，2015，386（9991）：369-375.

[26] Armstrong B G，Gasparrini A，Tobias A，et al. Sample size issues in time series regressions of counts on environmental exposures[J]. BMC Medical Research Methodology，2020，20：1-9.

[27] Gasparrini A，Armstrong B，Kenward M G. Multivariate meta-analysis for non-linear and other multi-parameter associations[J]. Statistics in Medicine，2012，31（29）：3821-3839.

[28] Berhane K，Thomas D C. A two-stage model for multiple time series data of counts[J]. Biostatistics，2002，3（1）：21-32.

第 5 章　基于广义相加模型分析极端天气事件对人群发病的影响

林华亮　艾思奇　阚海东

气候变化及极端天气事件已成为当下及未来人类面临的最大的公共卫生威胁之一。气候变化导致极端天气事件的强度和频率不断增长，对人类造成了巨大的健康危害和经济损失。气象因素对人类健康的影响日益受到重视，现有大量研究关注极端天气事件对人群发病的影响，然而，研究极端天气事件对人群发病影响的方法和模型各异，各种方法和模型适用的场景也各不相同，因而本章将介绍广义线性模型、广义相加模型及分布滞后非线性模型在气候变化和极端天气事件对发病影响相关研究中的应用，并以极端天气事件（低温寒潮、高温热浪）对人群发病的影响为例，详细介绍如何用广义相加模型分析极端天气事件对人群发病的影响，以便使环境流行病学领域的初学者能够快速了解并掌握各种有关气候变化与极端天气事件对人群发病影响研究的方法，以助其顺利开展相关的研究和工作。

5.1　引　　言

近 100 年来，由于社会工业化进程的不断推进及人类生产活动的不断增多，全球气候和环境变化日益加剧，高温热浪、低温寒潮、暴雨洪涝等气候异常事件日益增多，气候变化和极端天气事件不仅造成了对全球生态环境的严重破坏，还对人类健康和生产生活产生了巨大的影响[1]。研究表明，2000~2024 年因气候变化造成的累计死亡人数将超过 400 万，气候变化已成为当下和未来人类最大的健康威胁之一[2]。在第 26 届联合国气候变化大会上，面对全球气候变化对人类的生存和发展产生的深远影响，各国首脑达成共识，认为气候变化深刻影响人类的生存和发展，承诺共同应对气候变化带来的风险和挑战。

气候变化不但包括其后平均状态的变化，也体现在极端天气事件的频率和强

林华亮，中山大学公共卫生学院教授，博士生导师。研究方向为环境因素与基因易感性交互作用对慢性病发生发展的影响和机制。

艾思奇，深圳市宝安区公共卫生服务中心助理研究员，研究方向为气候变化与健康。

阚海东，复旦大学公共卫生学院教授，博士生导师。研究方向为空气污染与健康，全球气候变化与健康。

度的变化上。研究显示气候变化驱动全球高温热浪和低温寒潮的频率和强度持续增长，给世界各国、各地区造成巨大的健康危害和经济损失[3]。近 50 年来，我国东南和长江中下游地区洪涝灾害愈发严重，东北和华北地区干旱情况不断恶化，对人民生命和财产安全造成巨大的威胁和挑战[4]。同时，现有研究发现，极端天气事件对人类健康的各个方面都会产生有害影响，例如，极端天气事件不仅能造成突发公共卫生事件（如洪灾、干旱、霜冻等）发生，直接导致死亡；还能间接影响慢性病和传染病的发生和流行，增加不良妊娠结局风险，降低劳动生产率，甚至影响心理健康[5]。一项高温热浪对人群死亡影响的 Meta 分析研究发现，热浪对中国人群心血管疾病和呼吸系统疾病死亡的相对危险度分别为 1.26（95%CI：1.14～1.38）和 1.17（95%CI：1.07～1.28）[6]。另外一项芝加哥的研究发现，相对于非热浪时期，热浪期间因呼吸系统疾病而住院的人数增加了 13%[7]。研究气候变化与极端天气事件对人群发病影响的方法和模型因学科不同而有所差异，即使在同一领域使用相同的研究方法和模型，也会因数据处理方法、模型参数设置、变量选择等不同使结果产生较大差异。本节以极端天气事件（低温寒潮、高温热浪）对人群发病的影响为例，介绍公共卫生领域常用的方法和模型。

5.2　方法学现状与进展

在流行病学中，研究方法的选择取决于最初的研究设计和所得资料类型，环境流行病学也不例外。流行病学研究方法包括观察法、实验法和数理法三大类，其中以观察法最为重要。观察法即描述流行病学，包括横断面调查和生态学研究，这类方法的主要特点为以观察为主要的手段，不对研究对象采取任何的干预措施；在研究开始时，一般不设立对照组。在气候变化和极端天气事件的研究中，由于个体环境气象因素暴露较难精准测量并且在同一人群中差异较小，而生态学数据资料的获得可节省时间、人力和物力等，因此，生态学研究应用广泛。生态学研究是以群体（如国家、城市、学校等）为观察和分析单位的一类研究，应用于生态学资料的分析方法包括两大类：时间属性数据的分析和空间属性数据的分析，本节主要介绍时间属性数据的分析。

时间属性数据的分析指的是使用时间序列数据进行数据分析的一类方法，时间序列是指将反映研究变量的指标按照时间先后顺序排列而成的序列，例如，某地区某疾病的每日发病人数时间序列、某地区某疾病的每日住院人数时间序列、某地区气象因素平均暴露时间序列等。在气候变化与极端天气事件的研究中，研究者常用某地区反映气候变化与极端天气事件的各种指标的时间序列资料，例如，某地区日/月最高温度、最低温度、平均温度、降水量、风速、日照等时间序列。然而上述指标通常可以直接用于反映气候变化，而不能直接用于反映极端天气事件，因此研究者通常通过上述指标衍生出一系列新的指标来反映某时间段、某人群极端天气事件的暴露。极端天气事件是指一定地区在一定时间内出现的历史上罕见的气象事件，如高温热浪、低温寒潮、暴雨洪涝、雷暴、野火等[8]。本节重点以较为频发并广受关注的高温热浪和低温寒潮为例，介绍极端天气事件指标的选择和构建。在高温热浪和低温寒潮的初始研究资料中，应用最广泛的时间序列资料为平均温度、日最高温度及日最低温度。有研究者认为平均温度代表了所研究地区人群整日的暴露水平，且使用平均温度制定的公共卫生相关的政策和决策易于理解和实施，因而许多研究者选择平均温度时间序列数据构建高温热浪和低温寒潮指标；此外，相比于平均温度，日最高温度和日最低温度时间序列资料更能代表某地区人群的极端暴露，所得研究结果更能反映在极端天气条件下的人群健康效应，因而日最高温度和日最低温度时间序列资料在极端天气事件指标的构建中应用也较广泛[9]。由于高温热浪及低温寒潮事件受到地理、经济、人群适应能力等因素影响，加之研究方法的不同，世界各国和地区并无严格的统一标准，主要依照其对人体产生影响或危害的程度而制定[10]。当前多是考虑高温和低温的强度及持续时间来进行定义（表 5-1），以热浪为例，世界气象组织定义日最高气温＞32℃，持续 3d 以上的天气过程为热浪；荷兰皇家气象研究所认为热浪为日最高气温＞25℃且至少持续 5d 的（其间 3d 以上温度＞30℃）的天气过程；中国气象局规定高温热浪的标准为日最高气温≥35℃并且持续 3d 以上[11]。而在具体的研究中，由于所选择的研究地区不同，受地形、地势、气候带等的影响，国际上或者我国对于极端天气事件的定义并不能完全适用于所选择的研究地区人群，因而，在现有研究中，研究者们大多使用百分位数来替换温度的绝对值，由此避免了绝对温度不适用于所选地区的问题。因此，现有高温热浪的定义的强度指标大多选用第 90、92、95、97 百分位数等，低温寒潮的强度指标则为第 3、5、7、10 百分位数等，持续时间大多为 2d、3d、4d、5d，即定义热浪/寒潮为一个温度指标超过强度和持续时间则为 1，反之为 0 的二分类变量[12]。

表 5-1　国际组织和部分国家的热浪的定义标准

组织/国家	测量指标	标准
世界气象组织（WMO）	日最高气温与持续时间	日最高气温＞32℃且持续 3d 以上
荷兰皇家气象研究所	日最高气温与持续时间	日最高气温＞25℃且至少持续 5d（其间 3d 以上温度＞30℃）
美国、加拿大、以色列等	温度和湿度的复合指标（显温/热指数）	连续 2d 3h＞40.5℃或在任意时间＞46.5℃
德国	人体生理等效温度	人体生理等效温度＞41℃

在气候变化与极端天气事件对疾病发病的影响的研究中，反映疾病发病的时间序列资料也十分丰富，因此，现有研究对于结局变量的选择尚不一致。最为传

统的指标为以发病数和发病率为基础的指标（疾病发病数、住院数、发病率、住院率等），例如，某地区某疾病每天的发病数或住院数，这类指标应用于评估极端天气事件对疾病发病的健康效应时，调查难度低，易于统计分析，且分析结果较为简单直观，易于读者理解，可较为直接地展示极端天气事件对人群发病的影响程度，如有研究分析了 2003 年法国热浪对于心血管疾病发生率的影响[13]。然而现有这类研究较多，但创新性不足。有些研究侧重于急性恶性事件的研究，因而选择急救事件的发生数作为反映疾病发病的指标，在具体的研究中大多用急诊、门诊接诊数，急救车派遣数或急救电话呼叫数等指标体现急救事件的发生，如有研究关注英国极端天气事件对急救车派遣数的影响[14]。若研究者的研究兴趣在于评估极端天气事件对于某些慢性疾病再发病或再住院的影响，还可将研究结论的重点放于患有基础病人群的继发疾病数或再住院数，如脑卒中病人再住院数。另外，最近的一些研究尝试使用一些较为综合的指标，如住院费用和住院时间，这些指标加入了经济学的考量，从而能够同时反映气候变化和极端天气事件对疾病发病和疾病负担的综合影响，这两类的研究目前相对较少[15]。因此，研究者可根据自己的研究目的和可获得的数据选择合适的研究指标。

在时间序列资料中，由于相邻时间点的观测值彼此相关，传统的基于样本间相互独立假设的统计分析方法并不适用，应进行时间序列分析。时间序列的波动往往呈现趋势性、季节性和随机性的特点，时间序列分析的主要任务是构建各种函数和模型刻画时间序列，从而有效分离出趋势项和周期项，使时间序列平稳波动。时间序列分析的其中一项任务是刻画时间与观测变量之间的关系，其中包含描述平稳的时间序列和非平稳的时间序列两个方面，对于平稳的时间序列来说，常用 ARIMA 模型，包括自回归（autoregressive，AR）模型、移动平均（moving average，MA）模型和自回归移动平均（autoregressive moving average，ARMA）模型等；对于非平稳的时间序列，通常的处理方法则是先用差分或对数转换等方式将非平稳的时间序列转换成平稳的时间序列，再用 ARIMA 模型等进行分析。此类型的分析较多应用于气候变化相关的研究，而在极端天气事件中应用较少，例如，研究某地区某温度指标某段时间的变化，构建分析其时间序列的特性，以用于气候变化的描述和未来气候变化的预测分析。

除了随时间变化，呈时间序列分布的数据还受许多其他因素的影响。例如，某疾病发病数不仅随时间变化，还受气象因素、空气污染、人口学因素、社会活动等的影响。因此，时间序列分析的另一项重要任务是刻画时间及其他因素与观测变量之间的关系，对应于本节主题——极端天气事件对疾病发病的影响的研究来说，则是在控制相关混杂因素的前提下，刻画极端天气事件与疾病发病之间的关系。为此，研究者将回归模型引入时间序列模型，从而实现时间和其他因素对观测变量双重影响的刻画。常用的模型有广义线性模型（generalized linear model,

GLM）、广义相加模型（generalized additive model，GAM）、分布滞后非线性模型及处理零膨胀数据（zero-inflated data）的模型等。

广义线性模型是对经典线性回归模型的直接推广，将经典线性回归模型中因变量的正态分布条件扩展到指数型分布族，并且通过“连接函数”将模型的随机部分与系统部分相连接（如表 5-2），从而极大地拓展了其应用范围。依照因变量指数型分布族的不同，GLM 可分为线性回归、logistic 回归、泊松回归、负二项回归等。在极端天气事件对疾病发病的影响的研究中，上述几种回归模型都可以使用，选择哪种模型主要取决于结局变量类型（即发病指标），若发病指标为正态分布的连续型变量（如住院时间、住院花费等），则选用线性回归；若发病指标呈二项分布，则选择 logistic 回归；若发病指标呈泊松分布（发病人数、住院人数等），则选择泊松回归。在极端天气事件对疾病发病影响的相关研究中，拟合泊松回归模型时，经常存在异常值、自相关及变量遗漏等现象，从而出现方差大于均数的过度离散（over-dispersion）现象，可用类泊松回归（quasi-Poisson regression）或负二项回归等进行拟合，以降低过度离散的影响[16]。

表 5-2　常见的概率分布和连接函数

分布	连接函数	$f(Y)$
正态分布	Identity	Y
二项分布	Logistic	Logistic(Y)
泊松分布	Log	Log(Y)
γ 分布	Inverse	$1/(Y^{-1})$
负二项分布	Log	Log(Y)

广义相加模型（GAM）是一种建立在 GLM 和加性模型的基础上的非参数模型，可通过样条函数拟合变量间的非线性关系，对非参数化的数据进行分析。近年来，GAM 已被广泛应用于环境流行病学研究中。GAM 公式为

$$g(\mu_i)=\alpha+f_1(x_{1i})+f_2(x_{2i})+f_3(x_{3i})+\cdots+\varepsilon$$

式中，$g(\mu_i)$代表连接函数，可为任意指数型分布族中的一种，常见概率分布及连接函数可见表 5-2，连接函数的选择方法与 GLM 中的选择方法一致。f_1、f_2 等代表了不同的函数形式，可以是参数拟合，也可以是非参数拟合；x_{1i}、x_{2i} 等代表与结局变量有关的自变量。

相比于 GLM，GAM 特点在于：①通过多种非参数平滑功能（如样条函数、惩罚样条函数、自然三次样条函数、多项式等）来控制某因素的非线性混杂效应，如气象变量、长期趋势、季节趋势等；②可拟合结局变量与预测变量的非线性关系；③当预测变量与结局变量间的关系不明确时，可通过作图进行探索性分析。

因此，基于上述优点，相较于GLM，GAM在极端天气事件与疾病发病关系的研究中的应用更为广泛且灵活[17]。

GAM的模型基础是样条函数，样条函数大致可分为三种类型：①B样条（B-spline）；②局部回归样条（loess spline）；③光滑样条（smoothing spline）。样条函数可以理解为多个基本函数的线性组合，适用于估计和预测，并由于其计算简便性在实际研究中应用广泛。样条函数通过在邻近单元中拟合加权回归，产生比平均值回归更平滑的曲线，然后通过最小惩罚平方和来估计样条函数。广义相加模型中各种参数的设置均会影响模型的拟合效果，因而根据数据类型和变量分布选择合适的参数十分重要。在广义相加模型的样条函数中，若设置的自由度过大，可能使条件过于严格，造成混杂因素控制过度，效应减少；若设置的自由度过小，则可能导致混杂因素控制不充分。通常情况下，可以通过经验法和指标法两种方法来确定自由度。经验法即广泛地阅读文献，参考既往研究确定自由度。空气污染的自由度一般设为3～6。时间趋势的控制方法多样，自由度选择也比较复杂，一般而言，每个季度的自由度设置为1.5，每年的自由度设置为5～9；若结局是相对长期效应，如死亡、疾病负担等指标，每年的时间趋势的自由度选择7；若结局是急诊接诊数量、救护车呼叫量等急性指标，每年的时间趋势的自由度选择6。常用来评价模型拟合优度的指标有广义交叉验证（generalized cross validation，GCV）、赤池信息量准则、最小残差自相关等。变换模型中的自由度，计算不同的模型对应的评价拟合优度的指标值，一般来说，上述指标值越小，所得的模型拟合得越好。研究者可以通过指标值的大小来确定模型的参数。

GAM不仅能单独应用于极端天气事件对发病的影响研究中，还能广泛地和其他模型联合使用，增加模型适用的广度和宽度。最为常见的为和DLNM联合使用，在非参数的控制混杂因素的基础上，增加极端天气事件滞后效应的影响。有研究将GAM与Meta分析或贝叶斯分层分析结合，减少不同地区差异带来的影响，提高研究的适用性。还有研究将广义相加模型与聚类分析或主成分分析相结合，以减少混杂因素之间共线性的影响，如在分析极端天气事件对疾病发病的影响时，可使用聚类分析或主成分分析控制多种污染物带来的混杂效应，调整多种污染物之间共线性的影响[18]。

近年来，分布滞后非线性模型在环境流行病学中广泛应用。正如第4章所介绍的，气候变化和极端天气事件的暴露具有滞后效应，即某一时刻的暴露可能会对未来一段时间内的健康或疾病产生影响。为了更加方便地评估这种滞后效应，Gasparrini开发了R软件的DLNM，将暴露和滞后变量通过交叉基组成一个二维变量，从而实现对“暴露-反应关系”和“滞后-反应关系”的同步评估，使得环境暴露与健康结局间的关系评估更为准确[19]。与DLNM相比，GAM的维度较单一，但在探索更高维度时得出的效应更容易解释，同时也为初学者学习和理解提供了方便;DLNM通过建立交叉基使暴露效应和滞后效应融合在一个高维变量里,然而，这种高维变量在提供方便的同时也增加了探索更高维度分析（如交互效应和效应修饰作用）的复杂性。除此之外，一项关于 DLNM 和 GAM 的对比研究发现，在模型拟合方面，DLNM 的拟合指数（AIC、BIC 和 R^2）更优，而 GAM 预测的标准误差则更低[20]。这两种模型并不是完全割裂的，DLNM 融合 GAM 是广为流传的一种方式，即 DLNM 在建立交叉基后拟合回归模型时选择 GAM 回归，在一定程度上两者优势互补。综上所述，在气候变化与极端天气事件对疾病发病影响的研究中，DLNM 和 GAM 应用最为广泛。

5.3 低温寒潮对山西省大同市肺炎患者住院费用及住院时间影响的研究

本节以山西省大同市 2017～2019 年肺炎患者住院费用及住院时间资料为例，分析低温寒潮对该地居民呼吸系统疾病（肺炎）发病的影响，介绍 GAM 在气象相关资料中的应用及其在 R 软件中的实现。

5.3.1 确立研究目的

不同于病例对照研究、队列研究等以个体为研究单位的流行病学研究，时间序列分析属于生态学研究，即所有的分析、推断都是在群体单位上进行的，所以存在不可避免的生态学谬误，即个体水平上的混杂因素难以控制。正因如此，在做因果推断时应格外慎重，应当结合相应的实验证据。因此，研究目的的确定应建立在广泛查阅文献的基础上，考虑与暴露变量的生物学合理性，进行合理的病因假设。本案例基于既往文献，考虑低温有可能通过氧化应激过程、与污染物协同作用等途径影响呼吸道病变，从而假设低温寒潮是呼吸系统疾病的危险因素，在此基础上估计其关联性大小[21-22]。

5.3.2 确定研究现场和研究时间

在时间序列分析中，决定样本量大小的要素有两个：研究区域的空间尺度和研究的时间尺度。如果空间尺度太小，就会造成发病/死亡人数样本量过小（如存在大量零值），或者产生过度离散现象（发病数随时间变异度过大），这会导致标准误差过大，参数估计不准；如果时间尺度太短，也会造成样本量过小，影响模型稳定性及结果的可信性。反之，如果空间尺度过大，可能会造成该地环境暴露变量无法覆盖到所有人群，即产生暴露错分偏倚；如果时间尺度过长，则有可能引入新的混杂变量，从而影响估计的精度。在实际应用中，通常选择地级市/区/县尺度，因其气象/空气监测站具有良好的代表性，并且能确保足够数量的发病/死亡人数。Bhaskaran 等认为当采用日尺度数据时，研究时间至少设为三年并且每日发病数达到数十例时，相应的住院费用和时间才能保证较好的估计精度和效能[23]。

在本案例中，研究区域为山西省大同市，研究时间为 2017 年 2 月 1 日到 2019 年 11 月 30 日。因为分析的暴露变量为低温寒潮，故只选取有可能发生此事件的时段——寒冷季节（11 月至次年 4 月）进行分析。

5.3.3　数据来源和资料整理

1. 呼吸系统疾病数据

2017 年 2 月 1 日至 2019 年 11 月 30 日的发病数据来源为山西省大同市二级和三级甲等医院的电子病例。住院患者信息来自医院住院部收治的患者，不在山西省大同市居住的患者被排除在外。患者信息包括性别、出生日期、家庭地址、门（急）诊就诊日期、初步诊断、住院费用和住院时间等。在获得病例信息后，根据第 10 版《国际疾病分类》(International Classification of Diseases 10th Revision，ICD-10）筛选肺炎（J18）。

2. 气象因素数据

研究期间每日气象因素数据源自 ERA5-Land 数据（https://cds.climate.copernicus.eu）[24]。变量包括日平均温度（℃）和日平均相对湿度（%）。时间序列研究的本质是生态学研究，因此既往研究都用集体单位（市、县、街道）的暴露代表每个个体的暴露，也就是认为一个集体单位中每个个体的暴露都是相同的。然而事实上不同的病例因为所处的地理位置的不同，所受到的气温和相对湿度的暴露水平是具有差异的。因此，我们将数据转换成栅格数据后，使用一种在个体水平上暴露评估的方法——双线性插值（bilinear interpolation），得到每个住院患者个体水平的暴露。双线性插值是基于栅格数据的一种暴露评估方法，我们通过和地图匹配得到患者家庭住址的经纬度数据后，患者的家庭住址则变为地图上可以标识的观测点，结合山西省大同市气象因素的栅格数据，我们已知每个观测点（家庭住址）所处的栅格四角的暴露，再基于距离加权的方法，计算出每个个体的暴露。本研究为基于群体（山西省大同市）的时间序列研究，我们将研究期间山西省大同市每日住院患者的暴露平均，得到该日大同市的暴露水平。

3. 空气污染数据

空气污染数据来源于山西省大同市空气监测站，包含可吸入颗粒物（PM_{10}）、细颗粒物（$PM_{2.5}$）、臭氧（O_3）、二氧化硫（SO_2）和二氧化氮（NO_2），将空气污染数据转换成栅格数据后，我们同样使用双线性插值进行暴露评估。为了避免具有相关性的多种污染物造成的共线性问题，经过相关性分析，本案例回归分析中仅纳入 SO_2 作为混杂变量进行控制。

在完成上述资料的收集后，通过 R 软件进行数据导入、数据整理及清洗。数据整理主要涉及数据整合、数据筛选等，包括将分散的数据集（气象、空气污染和发病数据）合并为大的数据文件（时间序列资料），在此基础上建立新变量（如时间变量“time”、星期几变量“dow”等），然后通过数据筛选选取需要的行变量或列变量（如研究时间限定在某个时段等），从而确保初始的时间序列资料连续而完整。此过程涉及到的函数为 join、mutate、subset 等。为保证数据质量的真实可信，还需要对数据资料进行数据质量评估，主要包括缺失数据处理和异常值排查。在实际情况下，数据集往往存在缺失数据，在 R 中以 NA（not available）显示，可通过 is.na 函数判断是否有缺失值，通过 na.omit 函数删除含缺失值的观测。需要注意的是，删除含缺失值的观测是处理缺失数据的若干手段之一，适用于含极少数缺失值或缺失值存在于小部分观测中的情况。若数据中缺失值较多（缺失比例大于 10%），则不能再用删除观测的方式处理了，因为这样会剔除相当比例的数据，直接改变数据真实性。应当视数据情况采用推理法、非随机插补、多重插补等更为高级的方法进行处理。异常值排查是为了排除明显不符合实际的值（如年龄为 201 岁），通常为极大值或极小值，如不剔除可能会对数据质量造成较大影响。可通过 summary 或 order 等函数发现异常值。

通过以上步骤导入数据、合并数据、处理缺失数据、检查并校正异常值后，最终整理成我们分析所需要的时间序列资料（表 5-3）。数据集按照时间顺序依次排列，一行代表一条观测，为某日的所有暴露与结局变量的观测值；一列代表一个变量的时间序列。

表 5-3　2017～2019 年山西省大同市环境因素和肺炎患者住院费用和住院时间的时间序列资料（部分）

日期	二氧化硫浓度/（μg/m^3）	平均温度/℃	相对湿度/%	住院费用/10^3 元	住院时间/d
2017 年 2 月 1 日	74.83	−7.07	19.48	216.27	288
2017 年 2 月 2 日	127.85	−3.22	41.20	190.40	245
2017 年 2 月 3 日	130.44	−1.37	55.25	295.68	450
…	…	…	…	…	…
2019 年 11 月 28 日	32.37	−5.40	59.68	186.75	290
2019 年 11 月 29 日	55.96	−2.57	66.47	184.13	276
2019 年 11 月 30 日	53.79	−2.61	52.08	129.42	188

5.3.4　描述性分析

在时间序列研究中，通常采用时间序列图（即时间与观测变量的散点图）直观地展示资料的时间序列特点（可采用 ggplot2 包进行绘制），并利用表格描述资料的平均值、标准差、最大值、最小值、中位数、第 25 百分位数等统计量。由图 5-1 可见，气象因素与呼吸系统疾病的发病具有明显的季节性和周期性，发病高峰集中在每年的 12 月。如表 5-4 显示，平均温度、相对湿度、住院时间、住院费用和 SO_2 的平均值分别为 4.15℃、42.32%、218.85d、190.75×10^3 元和 34.45μg/m^3。

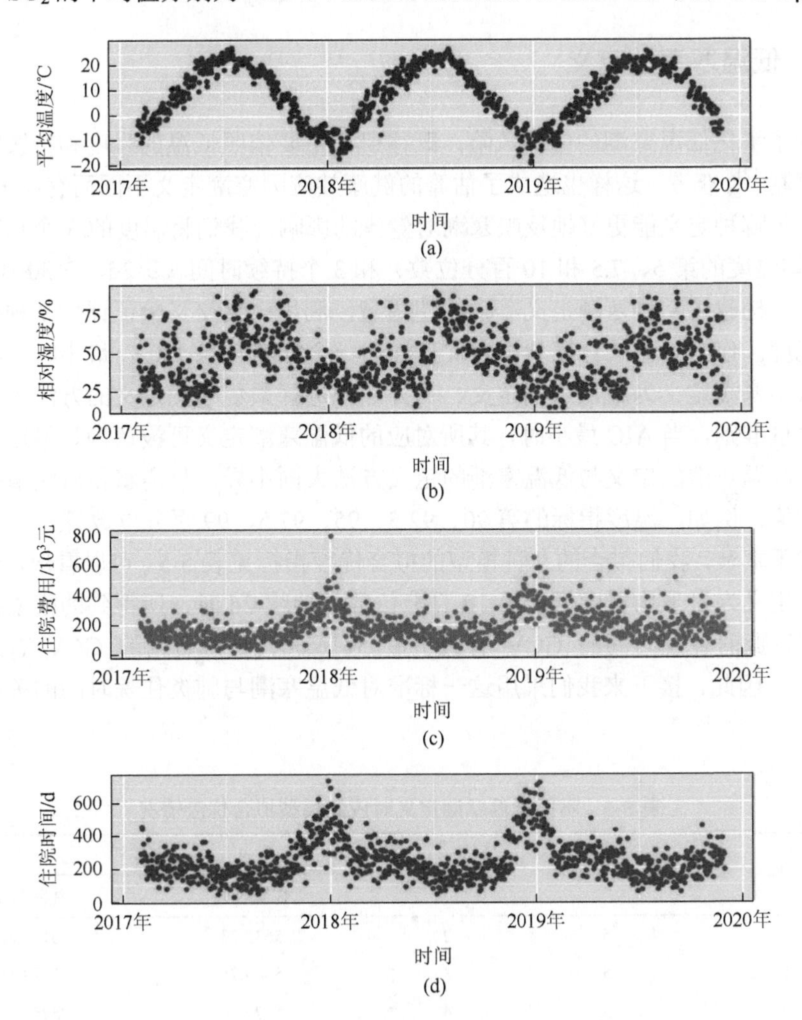

图 5-1　2017～2019 年山西省大同市气象因素和呼吸系统疾病住院费用和住院时间的逐年分布情况

表 5-4　2017～2019 年山西省大同市气象因素和肺炎患者住院费用和住院时间的描述

变量	$x \pm s$	min	P_{25}	M	P_{75}	max
平均温度/℃	4.15±9.46	−19.10	−3.40	4.37	11.89	23.53
相对湿度/%	42.32±16.10	14.00	29.55	39.22	52.33	90.52
住院时间/d	218.85±115.73	51.30	169.20	226.80	299.70	772.20
住院费用/10^3 元	190.75±97.44	29.89	121.74	171.40	235.65	722.58
SO_2/(μg/m^3)	34.45±18.03	9.33	21.18	28.76	45.09	130.45

注：x、s、min、P_{25}、M、P_{75} 和 max 分别代表平均值、标准差、最小值、第 25 百分位数、中位数、第 75 百分位数和最大值。

5.3.5　低温寒潮的定义

为了量化低温寒潮的健康风险，既往研究主要依照低温的强度和持续时间来定义寒潮[12]。但是，这样也造成了估算的健康效应因寒潮定义不同而有显著差异。为了确定哪种定义能更好地反映寒潮对健康的影响，我们将温度的 3 个相对阈值（日平均温度的第 5、7.5 和 10 百分位数）和 3 个持续时间（≥2d、≥3d 和≥4d）相结合，构建了 9 种寒潮定义[25]，构建模型，利用广义交叉验证评估 9 种模型的拟合优度。作为衡量统计模型拟合优良性的一个标准，当 GCV 最小时，其所对应的低温寒潮定义为最优寒潮定义。另外一种选择最优寒潮定义的方法是利用赤池信息量准则，当 AIC 最小时，其所对应的低温寒潮定义可被认为是最适宜寒潮定义。高温热浪的定义与低温寒潮的定义方法大同小异，只需将相对阈值换为高温的阈值，例如，温度指标的第 90、92.5、95、97.5、99 百分位数等。

对于本节，我们拟合的 9 种模型的拟合优度指标见表 5-5。可以看出，当低温寒潮被定义为日平均温度低于第 10 百分位数且持续 2d 时，所得到的模型拟合效果最佳，此时住院时间的 GCV 有最小值 5416.04，住院费用的 GCV 有最小值 5018.83。因此，接下来我们采用这一标准对低温寒潮与肺炎住院时间的关联进行评估。

表 5-5　不同低温寒潮定义对应的模型拟合优度情况

模型序号	百分位数	持续时间/d	GCV	
			住院时间	住院费用
1	5	2	5633.33	5162.88
2	5	3	5665.75	5193.18
3	5	4	5679.16	5258.60
4	7.5	2	5608.10	5156.70

续表

模型序号	百分位数	持续时间/d	GCV	
			住院时间	住院费用
5	7.5	3	5659.73	5206.80
6	7.5	4	5673.13	5261.15
7	**10**	**2**	**5416.04**	**5018.83**
8	10	3	5474.87	5030.87
9	10	4	5499.39	5043.97

5.3.6　模型的建立

1. 定义不同滞后时间的寒潮暴露

滞后时间是指有关联的两个时间序列之间的时间差，如现有 $n=0$，1，2，…，N 的时间序列数据，然后取该数据集的自相关数据集 $n=(0, 1), (1, 2), \cdots, (N-1, N)$，那么这两个数据集的滞后时间为 1。通俗地来讲，对于“今天”来说，“昨天”的暴露是滞后时间为 1d 的暴露，“前天”的暴露则为滞后时间为 2d 的暴露。那么，如果研究者关注极端天气事件的滞后效应，则在结局事件发生前几天定义暴露，就可以评估不同滞后时间的健康效应，比如“昨天的极端天气事件暴露”和“今天的健康效应”间的关联，则为滞后时间为 1d 的滞后健康效应关系。此外，研究发现，高温热浪的影响常为急性影响，通常在一周之内，而低温寒潮的健康效应则可持续一周以上，因此，在本节中，我们通过 R 语言中的 for 循环定义前 7 天的寒潮暴露。

2. 结局变量分布检验

第 4 章示例中的结局变量是死亡人数，服从类泊松分布，本案例中的肺炎患者住院费用和住院时间则是近似服从正态分布。我们可以使用正态性检验、*Q-Q* 图、箱式图等对结局资料的正态性进行检验，在 R 语言中，shapiro.test 函数用于 S-W 检验，lillie.test 函数用于 K-S 检验，小样本（$N<50$）时建议使用 S-W 检验，大样本（$N\geqslant 50$）时建议使用 K-S 检验，若检验结果的 P 小于 0.05，则拒绝零假设，资料不服从正态分布；qqnorm 和 qqline 函数可以用来生成 *Q-Q* 图，如果 *Q-Q* 图上的点近似地在一条直线附近，那么资料服从正态分布；boxplot 函数用来生成箱式图，若箱体中间的横线距离箱顶和箱底距离大致相等，则资料服从正态分布。如图 5-2 所示，2017～2019 年山西省大同市肺炎患者住院费用和住院时间近似服从正态分布。因此，与第 4 章使用 Log 为连接函数不同，本案例由于结局变量近似服从正态分布，因此在回归模型中选择高斯分布，而非类泊松分布类型。

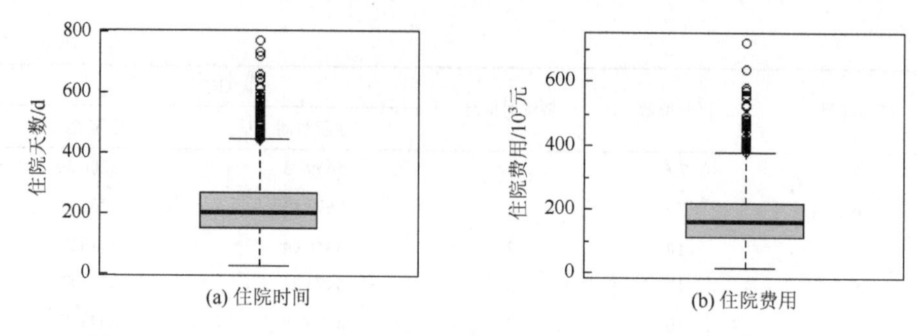

(a) 住院时间　　(b) 住院费用

图 5-2　2017～2019 年山西省大同市肺炎患者住院费用和住院时间箱式图

3. 模型其他参数设置

在时间序列研究中，季节趋势和长期趋势是重要混杂因素。第 4 章案例使用了自然三次样条函数 *ns*(time,9) 来控制季节趋势和长期趋势，本节使用另外一种方法，即 doy（day of the year）和 time。此两种控制季节趋势和长期趋势的方法在应用上并无根本区别，研究者可使用本节所提到的残差图检验方式控制季节趋势和长期趋势的效果，选择其中一种更优的方式即可。time 和第 4 章提到的 time 相同，是从研究的第一天到最后一天的一列按顺序排列的序数；doy 则是以年为单位的一列按顺序排列的序数。参考既往研究，我们用自然三次样条函数（自由度均为 3）拟合 doy 和 time 变量。此外星期几效应和节假日效应也是需要考虑的变量，我们通过生成星期一到星期日和是否节假日（0 和 1）的分类变量来控制其对结果造成的影响。以下方程是我们研究的核心模型（又称基本模型）：

$$\text{Cost} = \alpha + \beta \times \text{TEM}_{t,l} + ns(\text{SO}_{2t},3) + ns(\text{RH}_t,3) + ns(\text{doy},3) + ns(\text{time},3) + \eta \times \text{dow}_t + \gamma \times \text{Holiday}_t$$

$$\text{LoS} = \alpha + \beta \times \text{TEM}_{t,l} + ns(\text{SO}_{2t},3) + ns(\text{RH}_t,3) + ns(\text{doy},3) + ns(\text{time},3) + \eta \times \text{dow}_t + \gamma \times \text{Holiday}_t$$

其中，Cost 和 LoS 分别指呼吸系统疾病患者在第 t 日的住院费用和住院时间；$\text{TEM}_{t,l}$ 是寒潮的交叉基；*ns* 为自然三次样条函数，用来拟合非线性关系；RH 为相对湿度（%）；dow 为哑变量（1～7），用来控制星期几效应；Holiday 为二分类变量（0 和 1），用来控制节假日效应。

5.3.7　健康效应评估

通过建立 GAM 控制了相对湿度、SO_2 浓度、长期趋势和季节趋势等混杂效应后，定量分析的结果如图 5-3 及图 5-4 所示。可以看到，低温寒潮在滞后 0～5d 对肺炎患者均有显著的效应（效应大于 0），并且在滞后 0～1d 单日效应最显著，此时住院时间和住院费用分别增加 77.50d（95%CI：52.74，102.26）和 75.68×10^3 元（95%CI：52.11，99.25），此后随着滞后时间的增加，健康风险下降。这一结果提示我们应当注意在低温寒潮到来后的 1 周内，做好脆弱人群的防护及医疗资源的配置等工作。

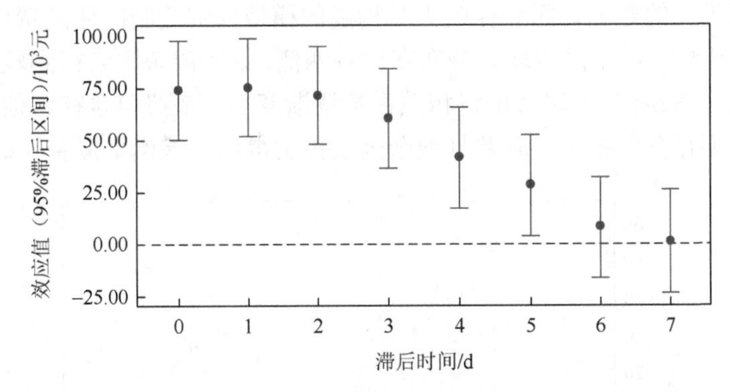

图 5-3　2017～2019 年山西省大同市低温寒潮对肺炎患者住院费用的单日效应

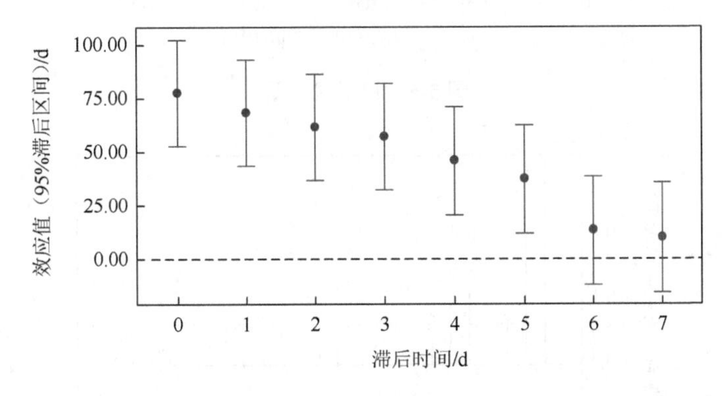

图 5-4　2017～2019 年山西省大同市低温寒潮对肺炎患者住院时间的单日效应

5.3.8　质量控制

1. 模型评价和敏感性分析

建立时间序列回归模型是为了评估某预测变量改变能否在一定程度上解释结局变量的变异，而合理有效的控制混杂因素则是关键所在。在所有混杂因素中，占据主导地位的就是长期趋势和季节趋势。本质上，长期趋势、季节趋势是对长时间尺度上那些不易测量的混杂因素的统称（如人口变异、社会经济发展等），它们会随着时间变化而改变，并且与研究变量和结局变量的出现有关。

模型的残差图常用来判断混杂因素的控制情况：若控制得当，残差图中的散点会均匀分布在横轴（$Y=0$）两侧，并且不会观察到规律的季节变化。偏自相关图也常用来检验模型残差中是否存在自相关问题，一定程度上也反映了模型是否恰当地控制了主要的混杂因素（长期趋势和季节趋势），如果除当天或滞后 1 天外，所有阶数对应的自相关系数都在置信区间内，可认为不存在自相关。

以滞后当天的寒潮暴露和住院天数构建的模型为例绘制的住院费用预测值模型残差图（图 5-5）显示散点均匀分布在横轴两侧，说明混杂因素得到较好的控制；偏自相关图（图 5-6）拖尾（偏自相关系数逐渐变小，最终包含在置信区间内），说明数据中不存在自相关问题并且混杂因素控制得当，该模型拟合较好。

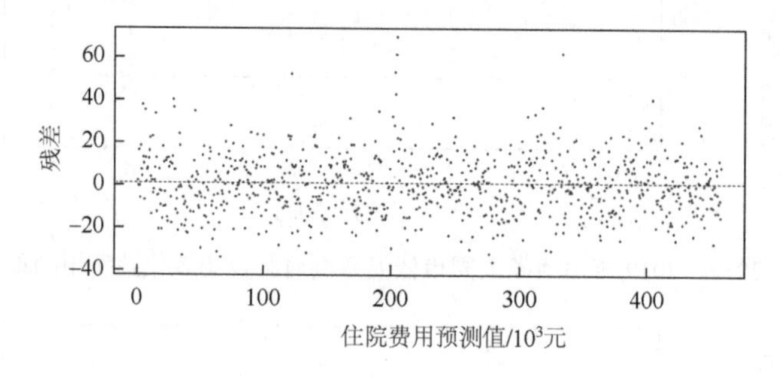

图 5-5　模型残差图

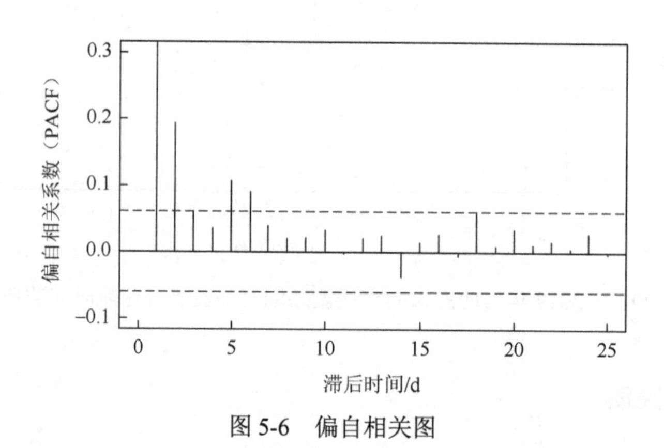

图 5-6　偏自相关图

敏感性分析通过改变自变量的自由度、控制长期趋势和季节趋势的方式、纳入变量的性质（如连续型变量改为分类变量）、纳入新变量等途径，检验主要结果对于参数改变是否稳健，从而推断所用模型是否合适、参数设置是否恰当、所得结果是否真实可信。

2. 偏倚控制

同其他流行病学研究类似（如病例对照研究、队列研究），环境流行病学研究也需注意数据质量控制，尽量减少和控制选择偏倚、信息偏倚和混杂偏倚的发生。

在流行病学设计阶段，应当基于广泛的文献阅读确立合理的研究设计，并通过专家论证完善研究方案；在资料收集阶段，应对数据收集人员进行统一培训，对于需上报的疾病资料，应特别注重漏报、瞒报的问题；在资料整理阶段应严格检查数据质量，确保无误，对于异常值和缺失值应当进行全面的排查，并用适当的统计学方法科学处理；在统计建模阶段应注意模型参数设置、混杂因素控制等问题，最好在专业统计人员的指导下完成建模。

5.4　小　结

本章以山西省大同市低温寒潮与肺炎患者的住院费用和住院时间的关联性研究作为示例，完整阐述了常规时间序列分析的研究设计的实施、GAM 的建立及结果的解释，旨在让初学者了解 GAM 的发展背景，达到快速入门乃至应用的目的。该建模过程只能作为一般参考，在真实情况下，研究者需结合自己的研究目的，在充分阅读文献的基础上确定建模策略。本章对具体的建模策略和参数设置的讲述相对较浅，感兴趣的读者可参阅相关文献。如果读者想自行学习，可以在 R 软件中下载并加载“mgcv”程序包，以及加载时间序列数据集“chicagoNMMAPS”练习。

本章采用 GAM，以低温寒潮为例，介绍了极端天气事件（高温热浪和低温寒潮）对疾病发病的影响。尽管环境流行病学中此类研究并不少见，但是对于某些潜在的重要的危险因素或混杂因素，如行为因素、人口学因素、社会经济因素等，仍然缺乏探讨。以空调的使用为例，有研究显示：当个体从室外突然进入低于室外 3℃左右且湿度在 40%～60%的空调房时，很可能诱发呼吸系统疾病[26]。而近年来，随着制冷设备的广泛应用，关于“室内空气质量”的讨论越来越多，相关的病理学也越来越受到重视，焦点也从单纯的热不适扩展到复杂的病理学机制[27]。因此，如何获取“室内空气质量”暴露水平，应采用何种指标构建等问题，值得研究者进一步探讨。

此外，合理地控制混杂因素和探索效应修饰因素也十分重要。例如，有研究显示空气污染物与气温的健康效应存在协同作用[28]，因此建议在探究高温-健康的关联时应当严格控制空气污染物的混杂作用。某些人口学因素和社会经济因素，如年龄和贫困程度，也会通过生理学和行为学途径修饰高温热浪和低温寒潮的健康效应，所以应当尽可能地纳入此类人口学因素和社会经济因素进行分析，以便识别效应修饰因素，发现脆弱人群，从而进一步推进更为明确的干预政策和措施的制定和实施。从这一层面讲，实现多层次、多领域的数据共享和融合就显得尤为重要了。

在研究设计方面，当前采用的多是生态学研究，该设计仅能提供病因线索，无法证实病因假说。在今后的研究中，还应当辅以实验研究，进一步阐释温度变化对特定健康结局的作用机制；辅以社区试验、干预实验，进一步验证因果关联。政府和相关部门应当基于研究结论，做好极端天气预警及社区服务工作，合理配备救护资源，以应对气候变化带来的健康风险。

参 考 文 献

[1] Costello A，Abbas M，Allen A，et al. Managing the health effects of climate change：Lancet and University College London Institute for Global Health Commission[J]. The Lancet，2009，373（9676）：1693-1733.

[2] Carlson C J. After millions of preventable deaths，climate change must be treated like a health emergency[J]. Nature Medicine，2024：1-1.

[3] Watts N，Amann M，Ayeb-Karlsson S，et al. The Lancet Countdown on health and climate change：From 25 years of inaction to a global transformation for public health[J]. The Lancet，2018，391（10120）：581-630.

[4] 佚名. 全国历年水旱灾害[J]. 中国防汛抗旱，2009，19（A01）：207-208.

[5] Gronlund C J，Sullivan K P，Kefelegn Y，et al. Climate change and temperature extremes：A review of heat-and cold-related morbidity and mortality concerns of municipalities[J]. Maturitas，2018，114：54-59.

[6] 董洋洋，马建，唐娜，等. 高温热浪对中国人群死亡影响的 Meta 分析[J]. 热带医学杂志，2021，21（5）：561-565.

[7] Semenza J C，McCullough J E，Flanders W D，et al. Excess hospital admissions during the July 1995 heat wave in Chicago[J]. American Journal of Preventive Medicine，1999，16（4）：269-277.

[8] Weilnhammer V，Schmid J，Mittermeier I，et al. Extreme weather events in Europe and their health consequences：A systematic review[J]. International Journal of Hygiene and Environmental Health，2021，233：113688.

[9] Zhou M G，Wang L J，Liu T，et al. Health impact of the 2008 cold spell on mortality in subtropical China：The climate and health impact national assessment study（CHINAs）[J]. Environmental Health，2014，13（1）：1-13.

[10] Tong S，Kan H. Heatwaves：What is in a definition?[J]. Maturitas，2011，69（1）：5-6.

[11] Ye D X，Yin J F，Chen Z H，et al. Spatial and temporal variations of heat waves in China from 1961 to 2010[J]. Advances in Climate Change Research，2014，5（2）：66-73.

[12] Chen J J，Yang J，Zhou M G，et al. Cold spell and mortality in 31 Chinese capital cities：Definitions，vulnerability and implications[J]. Environment International，2019，128：271-278.

[13] Argaud L，Ferry T，Le Q H，et al. Short-and long-term outcomes of heatstroke following the 2003 heat wave in Lyon，France[J]. Archives of Internal Medicine，2007，167（20）：2177-2183.

[14] Packer S，Loveridge P，Soriano A，et al. The utility of ambulance dispatch call syndromic surveillance for detecting and assessing the health impact of extreme weather events in England[J]. International Journal of Environmental Research and Public Health，2022，19（7）：3876.

[15] Cao D W，Zheng D S，Qian Z M，et al. Ambient sulfur dioxide and hospital expenditures and length of hospital stay for respiratory diseases：A multicity study in China[J]. Ecotoxicology and Environmental Safety，2022，229：113082.

[16] 曾平，赵晋芳，刘桂芬. Poisson 回归中过度离散的检验方法[J]. 中国卫生统计，2011，28（2）：211-212.

[17] 李芙蓉，毛德强，李丽萍. 广义相加模型在气温对人群死亡率影响研究中的应用[J]. 环境与健康杂志，2009（8）：704-707.

[18] Yang Y，Cao Y，Li W J，et al. Multi-site time series analysis of acute effects of multiple air pollutants on respiratory mortality：A population-based study in Beijing，China[J]. Science of the Total Environment，2015，508：178-187.

[19] Gasparrini A. Distributed lag linear and non-linear models in R：The package dlnm[J]. Journal of Statistical Software，2011，43（8）：1-20.

[20] Karadağ M，Kul S，Yologlu S，et al. Comparison of GAM and DLNM methods for disease modeling in environmental epidemiology[J]. Türkiye Klinikleri Biyoistatistik Dergisi，2021，13（1）：57-69.

[21] Enhorning G，Hohlfeld J，Krug N，et al. Surfactant function affected by airway inflammation and cooling：Possible impact on exercise-induced asthma[J]. European Respiratory Journal，2000，15（3）：532-538.

[22] Kazak L，Chouchani E T，Stavrovskaya I G，et al. UCP1 deficiency causes brown fat respiratory chain depletion and sensitizes mitochondria to calcium overload-induced dysfunction[J]. National Academy of Sciences，2017，114（30）：7981-7986.

[23] Bhaskaran K，Gasparrini A，Hajat S，et al. Time series regression studies in environmental epidemiology[J]. International Journal of Epidemiology，2013，42（4）：1187-1195.

[24] Climate Data Store. Copernicus climate change service：ERA5：Fifth generation of ECMWF atmospheric reanalyses of the global climate，copernicus climate change service climate data store（CDS）[EB/OL].（2020-08-26）[2022-06-22]. https://cds.climate.copernicus.eu/cdsapp#!/home.

[25] Liang Z J，Wang P，Zhao Q G，et al. Effect of the 2008 cold spell on preterm births in two subtropical cities of Guangdong province，southern China[J]. Science of the Total Environment，2018，642：307-313.

[26] D'Amato M，Molino A，Calabrese G，et al. The impact of cold on the respiratory tract and its consequences to respiratory health[J]. Clinical and Translational Allergy，2018，8：1-8.

[27] D'Amato G，Holgate S T，Pawankar R，et al. Meteorological conditions，climate change，new emerging factors，and asthma and related allergic disorders. A statement of the World Allergy Organization[J]. World Allergy Organization Journal，2015，8：1-52.

[28] Arbuthnott K G，Hajat S. The health effects of hotter summers and heat waves in the population of the United Kingdom：A review of the evidence[J]. Environmental Health，2017，16：1-13.

第6章　基于时空分析方法研究气象因素对媒介传染病的影响

肖建鹏　许　磊

媒介传染病（vector-borne disease）作为一类经媒介生物传播病原体给人类的疾病，其流行传播与气象因素关系密切。此外，媒介传染病如同其他传染病一样具有空间聚集性。因而，为精确评估某个地区气象因素对媒介传染病的影响，需要考虑不同流行区域的空间自相关性。本章以广东省珠江三角洲地区9个城市气象因素对登革热流行的影响为研究案例，采用贝叶斯条件自回归时空分析模型分析9个城市气温和降雨对登革热流行的影响，用研究结果刻画气温和降雨与登革热的暴露-反应关系，估算气温和降雨对登革热流行的风险。总体上，在进行多地区或多中心研究时，贝叶斯条件自回归时空分析模型能同时考虑时间、空间和相关影响因素，具有一定的先进性和普适性。本案例可以提供具体的研究思路和分析方法，为开展类似研究的研究者提供一定的参考。

6.1　引　　言

稳定的气候环境是维持生态系统平衡的重要因素，气候的显著变化可使人类、病原体和环境三者之间复杂的动态关系失去平衡，为病媒及病原体的寄生、繁殖创造条件，促进媒介传染病的流行，严重威胁人类的健康[1]。

媒介传染病指通过媒介生物传播病毒、细菌和寄生虫等病原体给人类的疾病[2]。在全球范围，媒介传染病占全部传染病的17%以上，每年导致70多万人死亡[2]。常见媒介传染病包括登革热、疟疾、乙型脑炎、莱姆病、鼠疫和淋巴丝虫病等，而导致媒介传染病的常见媒介生物包括蚊子、沙蝇、蜱虫、跳蚤和虱子等。研究证据表明，气象变异或气候变化可影响媒介生物的生长、繁殖和分布，进而影响媒介传染病的流行，其中，登革热、疟疾、乙型脑炎、莱姆病、肾综合征出血热

肖建鹏，广东省疾病预防控制中心、广东省公共卫生研究院主任医师，博士生导师。研究方向为传染病流行病学，环境流行病学。

许磊，清华大学万科公共卫生与健康学院副教授，博士生导师。研究方向为重大传染病的数理统计模型，气候变化对人类健康和生态系统的影响。

和鼠疫等媒介传染病易受气象因素影响[3]。当前，有关气象因素对媒介传染病影响的研究方法较多，本章以全球流行广泛的媒介传染病——登革热为例，介绍气象因素对登革热流行影响的时空分析方法。

6.2　方法学现状与进展

关于气候与媒介传染病关系的研究方法较多，按照时空分类可以分为时间序列分析方法、空间统计分析方法和时空分析方法等。以登革热研究为例，研究气象因素与登革热常用的时间序列分析包括广义相加模型[4]、分布滞后非线性模型[5]和小波分析（wavelet analysis）[6-7]等。例如，Xu 等采用零膨胀的 GAM 分析广州市登革热发病率与气温、降雨等因素的关系，提出气象因素是驱动登革热流行的重要因素[4]；Xu 等运用 DLNM 刻画新加坡登革热发病率与绝对湿度的暴露-反应关系及滞后时项[5]；Xiao 等采用小波分析阐述广东省多年登革热流行与厄尔尼诺-南方涛动（ENSO）的关系[6]。空间统计分析方法包括空间自回归分析[8]、Knox 分析[9]和贝叶斯空间分析[10-11]等。例如，Qi 等应用空间自回归分析方法分析广东省珠江三角洲地区 9 个城市登革热发病率与气象条件、植被覆盖度等的关系[8]；Akter 等研究气候变异、社会生态环境改变与澳大利亚昆士兰州登革热传播的关系[11]。时空分析方法有混合广义线性模型[12]、贝叶斯最大熵[13]和贝叶斯时空分析模型[14-15]等。例如，Chien 和 Yu 整合 DLNM 和马尔可夫链分析气象因素对我国台湾登革热时空传播的影响[12]；Lowe 等采用贝叶斯时空分析模型研究巴西气象因素与登革热关系，并构建预测模型对不同地区的登革热流行风险进行实时预测[14]。上述研究方法各有自身优势和适用条件，随着多中心/地区研究的增多，近年来，将时间和空间融合在一起的研究方法越发受到关注。

贝叶斯时空分析模型是近年来迅速发展的研究方法，该方法优势在于实现时间、空间及相关因素同时分析[16]，可更全面揭示相关因素对疾病流行的影响。贝叶斯时空分析模型的基本思想是基于贝叶斯理论，即结合样本信息与先验分布对后验分布参数做出估计，可以估计其后验特征。除疾病相关因素外，病例的时空自相关性也会对疾病流行造成一定影响，共同构成先验分布。目前已有多种方法估计疾病流行的先验分布中包含的时空自相关效应，如条件自回归（conditional autoregressive，CAR）、一阶自回归（first-order autoregressive）[14]、贝叶斯最大熵（Bayesian maximum entropy）[13]等。Lee 等以贝叶斯层次模型为基础，利用条件自回归方法，估计先验分布中包含的时空自相关效应，并在此基础上开发了 R 语言程序包“CARBayesST”[17]。

本节选用贝叶斯时空分析模型为研究方法，以广东省珠江三角洲地区 9 个登革热高发城市为研究点，研究气象因素与登革热流行的关系。

6.3　珠江三角洲地区 9 个城市气象因素对登革热流行影响的时空分析

6.3.1　研究案例及研究思路

登革热是一种由登革病毒引起的急性传染病，主要通过埃及伊蚊或白纹伊蚊叮咬传播[18]，是全球重要的公共卫生问题[19]。登革热具有很强的气候敏感性，其流行时间和空间分布均与气象因素（诸如气温和降雨）密切相关[4]。与其他媒介传染病相似，登革热的流行具有较强的时间自相关和空间聚集特征[20]。因而，开展气候与登革热关系研究时，既要考虑时间维度，也要考虑空间维度。

广东省珠江三角洲地区是登革热主要流行地，本节选取广东省珠江三角洲地区 9 个城市（广州市、深圳市、珠海市、佛山市、惠州市、东莞市、中山市、江门市、肇庆市）为研究地区（图 6-1）。首先，从时间维度探讨气象因素中气温和降雨等因素与登革热的暴露-反应关系；然后，纳入空间权重信息，将时间维度和空间维度融合，研究气温、降雨等因素对珠江三角洲地区登革热流行的影响。

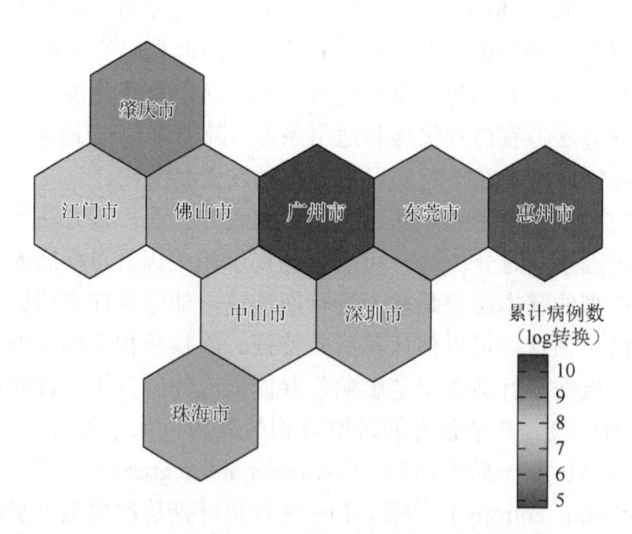

图 6-1　广东省珠江三角洲地区 9 个城市的基础空间方位及 2008～2019 年累计登革热累计病例数 log 转换图

图中展示非真实边界地图，为简化的六方格图表。

6.3.2 研究方法

1. 数据收集及整理

病例数据：登革热病例数据源自中国疾病预防控制中心信息系统中的传染病监测系统，提取 2008 年 1 月至 2019 年 12 月报告地区为广东省珠江三角洲 9 个城市的登革热病例报告数据。病例资料包括发病日期、居住地和旅游史等信息。病例的诊断依据国家标准[21, 28]。病例分为本地病例和输入病例。本地病例定义为登革热的发生由于当地传播而感染，未离开过该地区或未到过有登革热疫情报道过的地区；输入病例定义为登革热的感染最可能发生在境内或者境外其他地区。

气象数据：气象数据源自中国气象局官网（http://www.cma.gov.cn），收集同期 9 个城市逐日气象数据，本研究关注的气象数据指标包括日平均气温和日累积降水量。广东省有国家常规气象监测站 86 个，部分城市有多个监测站，以该市所有监测站的平均值代表该市的气象值。

蚊媒监测数据：蚊媒监测数据源自广东省疾病预防控制中心的生物媒介监测系统，从中获取同期 9 个研究城市的诱蚊诱卵指数（mosquito ovitrap index，MOI）监测数据，该数据为月尺度统计数据。MOI 指的是平均每 100 个回收的诱蚊诱卵器中有伊蚊成蚊或（和）伊蚊卵阳性的诱蚊诱卵器数量，是评价一个地区伊蚊成蚊密度的指标。

植被覆盖度数据和地图数据：该数据来自环境地理部门，收集 2008～2019 年珠江三角洲 9 个城市每年的归一化植被指数（NDVI）。NDVI 的范围为–1～1，负值表示地面覆盖为云、水、雪等，对可见光高反射；0 表示有岩石或裸土等；正值表示有植被覆盖，且随覆盖度增大而增大。同时，收集珠江三角洲 9 个城市地图界面数据。

社会经济数据：社会经济数据来自当地的统计年鉴，或通过当地政府工作报告等权威资料查阅每年的统计数据，收集 2008～2019 年珠江三角洲 9 个城市每年的统计数据，指标包括每个城市的常住人口数、人口密度、人均 GDP 等。

2. 统计分析

研究时，首先，将广东省珠江三角洲 9 个城市的病例、气象监测、蚊媒密度和社会环境等数据转为分城市、分月份的时间序列数据。其次，构建广义相加模型，分别分析 9 个城市气温、降雨与登革热的暴露-反应关系。再次，在上述构建的广义相加模型中引入 9 个城市空间权重矩阵信息，进行空间自相关分析。最后，应用贝叶斯条件自回归时空分析模型研究气象因素对登革热流行的风险。

统计分析均在 R 软件中执行，其中空间绘图采用“ggplot2”等程序包，广义相加模型采用“mgcv”程序包，空间自相关分析采用“Spdep”程序包，贝叶斯条件自回归时空分析模型分析运用“CARBayesST”程序包[26]。$P<0.05$，认为有统计学意义。

（1）基本信息描述。基本信息描述通常用于展示疾病及相关因素的时间变化趋势、季节变化特征和空间分布特点。本案例首先描述 9 个城市本地病例数、输入病例数、月均气温、月降水量和社会环境等变量的分布特征，计算各变量最小值、最大值和中位数等。数据的基本情况如表 6-1 所示。图 6-2 展示 9 个城市月发病例数和气象因素的时间变化趋势，图 6-3 展示 9 个城市年报告病例数和气象因素的时空分布，以探索潜在相关关系。随后进行各因素在不同滞后时间的两两相关分析（spearman 相关分析），以识别相关关系和滞后时项。由于先前已有诸多研究报告了气象与登革热滞后的相关关系，本案例未展示具体分析结果。

表 6-1　2008～2019 年珠江三角洲地区 9 个城市登革热病例数、气温和降水量等基本情况

变量	单位	中位数	P_{25}	P_{75}	最小值	最大值
本地病例数	例	0	0	0	0	18553
输入病例数	例	0	0	1	0	62
月均气温	℃	23.74	17.99	27.93	8.64	30.69
月降水量	mm	134.4	43.74	238.15	0	1395.30
MOI	—	0.57	0.21	1.31	0	9.91
人口密度	人/km^2	1790	475	1936	271	5398
年人均 GDP	万元	8.89	6.38	11.68	4.58	15.06
NDVI	—	0.41	0.30	0.47	0.20	0.67

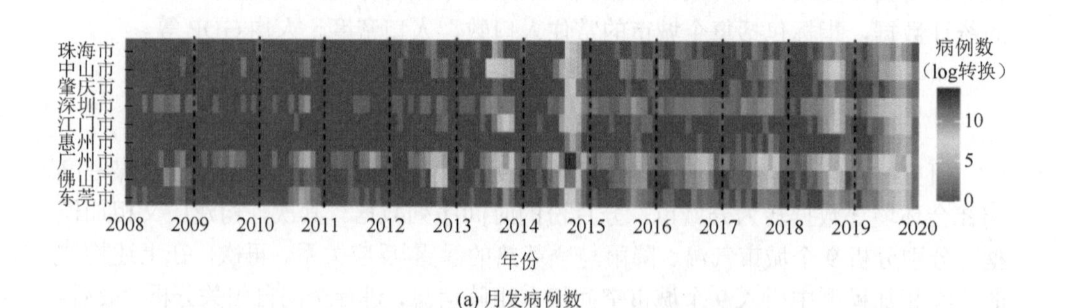

(a) 月发病例数

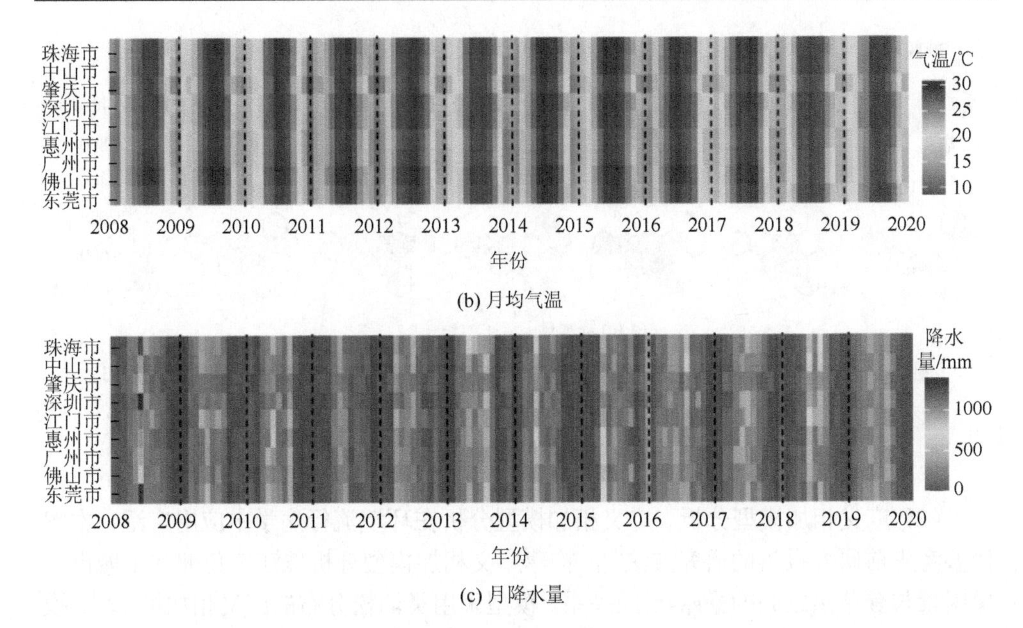

(b) 月均气温

(c) 月降水量

图6-2 2008～2019年珠江三角洲地区9个城市登革热月发病例数、月均气温和月降水量的时间变化趋势

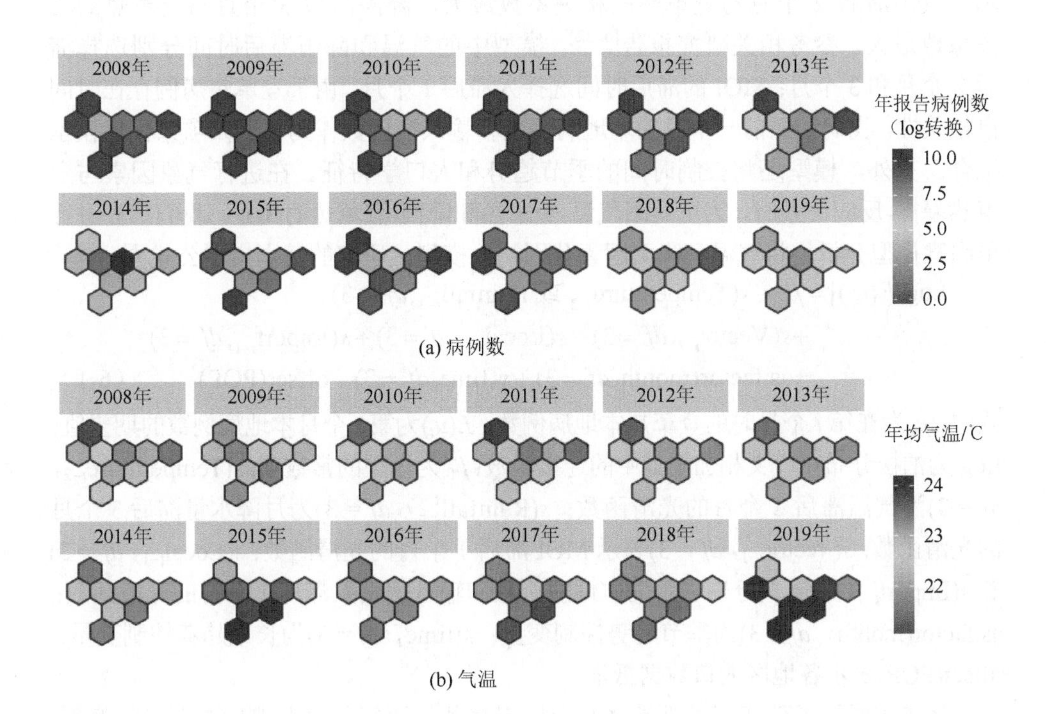

(a) 病例数

(b) 气温

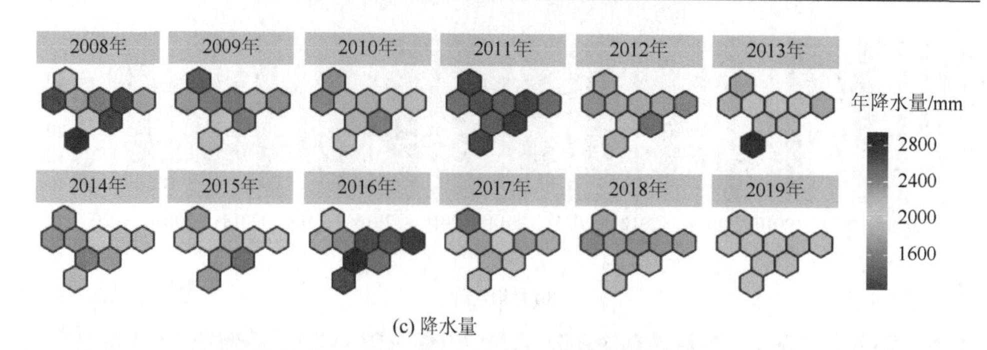

(c) 降水量

图 6-3 2008～2019 年珠江三角洲地区 9 个城市登革热年报告病例数、年均气温和年降水量的时空分布图

图中展示非真实边界地图，为简化的六方格图表。

（2）广义相加模型分析。广义相加模型分析在环境流行病学中应用广泛，本案例参考先前研究报告的研究方法[6]，构建广义相加模型分析珠江三角洲 9 个城市气象因素与登革热之间的暴露-反应关系。模型采用类泊松分布的广义相加模型[4]。模型的因变量为登革热月发病例数，自变量包括月均气温、月降水量、MOI、输入病例数和本地病例数等自回归项。气温、降雨与登革热关系的交叉相关分析结果显示，气温滞后 2 个月与登革热的相关系数最大，降雨滞后 3 个月与登革热的相关系数最大。参考相关研究报告[6, 22]，模型中的气温和降雨滞后时间分别选择滞后 2 个月和 3 个月；MOI 的滞后时间选择为滞后 1 个月。由于登革热病例存在时间自相关性，我们纳入前一个月的本地病例数和输入病例数作为自回归项来优化模型拟合。另外，模型还将控制时间的季节趋势和人口学特征。在进行气象因素与登革热暴露-反应关系时，为更明晰气温-登革热和降雨-登革热的关系，我们首先进行单因素模型分析，将气温和降雨因素分别纳入模型。研究的基本模型公式为

$$\begin{aligned}\text{Log}[E(u_t)] = \beta_0 + s(\text{Temperature}_{t-2} \text{ 或 } \text{Rainfall}_{t-3}, df = 3) \\ +s(\text{Vector}_{t-1}, df = 3) + s(\text{Local}_{t-1}, df = 3) + s(\text{Import}_{t-1}, df = 3) \\ +\text{as.factor}(\text{month}, df = 3) + s(\text{time}, df = 3) + \text{offset}(\text{POP}) \qquad (6\text{-}1)\end{aligned}$$

式中，μ_t 为在第 t 个月时的登革热本地病例数；$E(u_t)$为第 t 个月本地病例数的期望值；Log 为泊松分布在广义相加模型中的连接函数；β_0 为模型的常数项；$s(\text{Temperature}_{t-2}$，$df = 3)$为气温滞后 2 个月的光滑函数；$s(\text{Rainfall}_{t-3}$，$df = 3)$为月降水量滞后 3 个月的光滑函数；$s(\text{Vector}_{t-1}$，$df = 3)$表示 MOI 滞后 1 个月的光滑函数；$s(\text{Local}_{t-1}$，$df = 3)$和 $s(\text{Import}_{t-1}$，$df = 3)$分别表示为本地病例数和输入病例数滞后 1 个月的光滑函数；as.factor(month，$df = 3$)为季节趋势控制变量；s(time，$df = 3$)为长期趋势控制变量；offset(POP)表示各地区人口数据抵消。

图 6-4 展示了珠江三角洲地区 9 个城市登革热流行与气温滞后 2 个月的暴露-反应关系。研究发现，除中山市外，其他 8 个城市的登革热流行与气温滞后 2 个月

基本呈正向的线性关系。图 6-5 展示了 9 个城市登革热流行与降水量滞后 3 个月的暴露-反应关系。

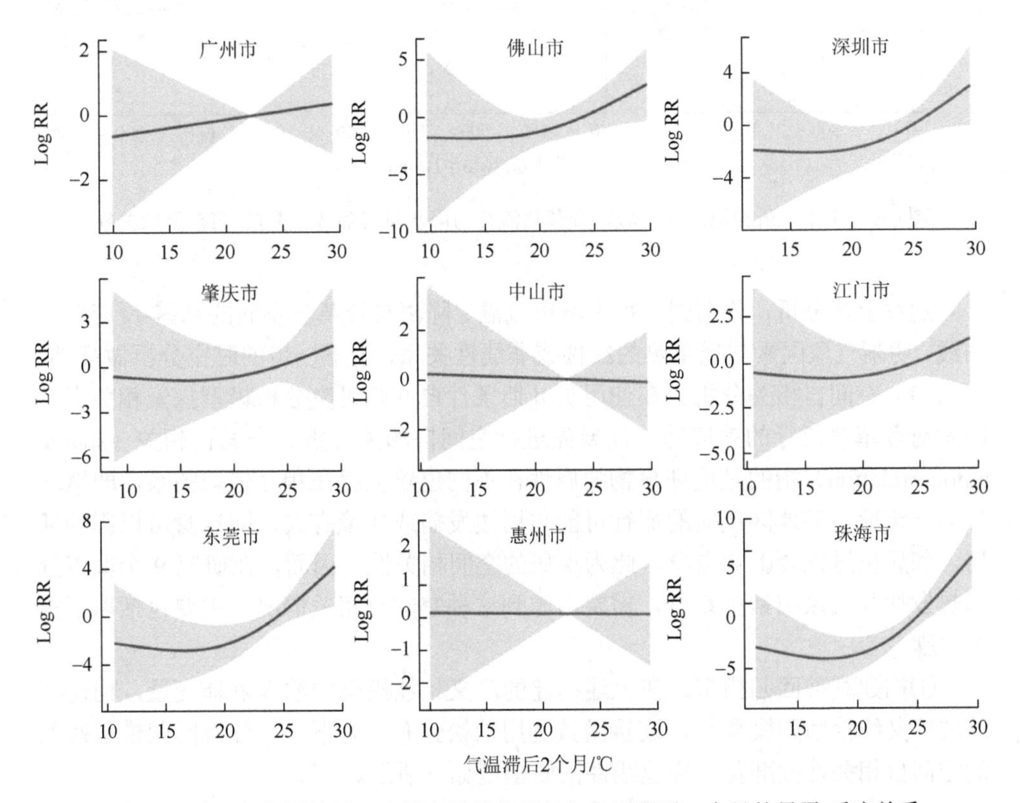

图 6-4　珠江三角洲地区 9 个城市登革热流行与气温滞后 2 个月的暴露-反应关系

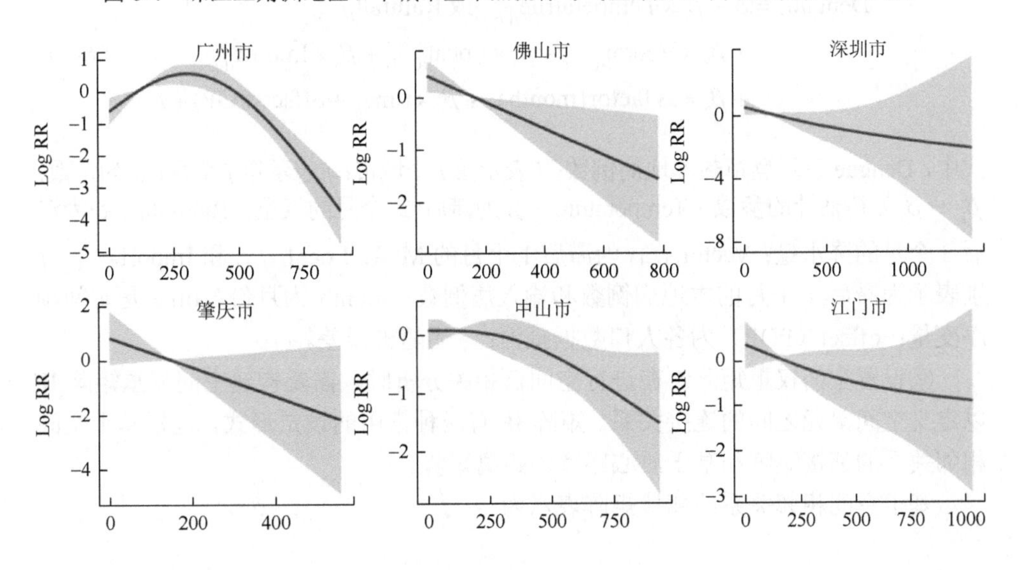

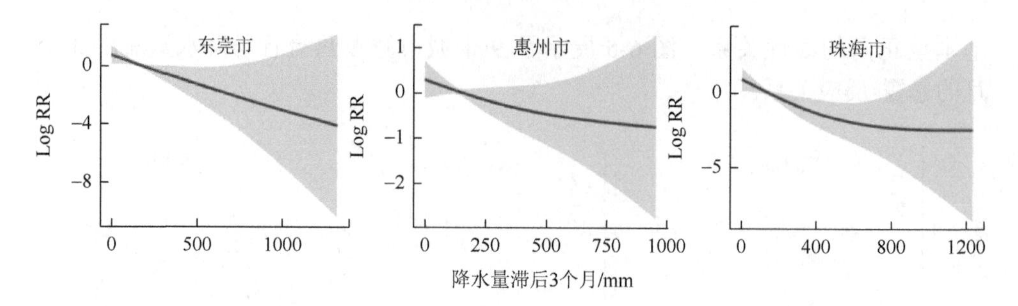

图 6-5 珠江三角洲地区 9 个城市登革热流行与降水量滞后 3 个月的暴露-反应关系

通过上述分析，分别刻画每个城市气温、降雨与登革热发病的暴露-反应关系曲线，明晰气象因素与登革热的线性或非线性关系，为下一步的时空分析做基础。

（3）空间自相关分析。在使用贝叶斯条件自回归时空分析模型探索相关影响因素对登革热流行的效应前，需要先进行空间自相关分析。空间自相关（spatial autocorrelation）指的是地理事物的属性在不同位置上存在相互依赖关系，即地理学第一定律。某地区疾病的流行可能与周边发病或环境有关，即自身可以影响邻居，邻居反过来会影响自身，此为疾病的空间相关性。因而，在研究 9 个城市登革热发病与气象因素关系时，需要考虑到这种空间自相关情况。主要包括以下三个步骤。

①构建基准回归模型。在上述构建的广义相加模型中纳入解释变量，构建基准的广义线性回归模型[23]，连接函数选用泊松分布，为下一步分析回归模型残差的空间自相关性做准备。构建线性回归模型如下所示。

$$\begin{aligned}\text{Dengue}_{ij} &= \alpha + \beta_1 \times \text{Temperatrue}_{i(j-2)}\text{或 Rainfall}_{i(j-3)} \\ &+ \beta_2 \times \text{Vector}_{i(j-1)} + \beta_3 \times \text{Local}_{i(j-1)} + \beta_4 \times \text{Import}_{i(j-1)} \\ &+ \beta_5 \times \text{as.factor(month)}_{ij} + \beta_6 \times \text{time}_{ij} + \text{offset(POP)} + \varepsilon\end{aligned} \tag{6-2}$$

式中，Dengue 表示登革热本地病例数；i 表示第 i 个城市；j 表示第 j 个月；α 为常数；$\beta_1 \sim \beta_6$ 为待估计的参数；$\text{Temperature}_{i(j-2)}$ 为滞后 2 个月的气温；$\text{Rainfall}_{i(j-3)}$ 为滞后 3 个月的降水量；$\text{Vector}_{i(j-1)}$ 为滞后 1 个月的 MOI；$\text{Local}_{i(j-1)}$ 和 $\text{Import}_{i(j-1)}$ 分别表示为滞后 1 个月的本地病例数和输入病例数；month 为月份；time 是时间顺序变量；offset（POP）为各人口数据抵消；ε 为随机误差。

②设置空间权重矩阵。在进行空间自相关分析时，需要构建空间权重矩阵 $\boldsymbol{W}$ 以定义空间单元之间的连接关系。矩阵 $\boldsymbol{W}$ 有两种常用的设定形式，包括基于空间相邻关系的邻接矩阵和基于质心距离的距离矩阵。

基于空间相邻关系的邻接矩阵表示为

$$\boldsymbol{W}_{ij}=\begin{cases}1, & \text{当区域}\, i\, \text{和}\, j\, \text{相邻（点相邻或边相邻）}\\ 0, & \text{其他}\end{cases}$$

基于质心距离的距离矩阵表示为

$$\boldsymbol{W}_{ij}=\begin{cases}1, & \text{区域}\, i\text{、}j\, \text{的质心距离}\, d_{ij}\, \text{小于给定值}\, d\\ 0, & \text{其他}\end{cases}$$

其中，i、j 为区域位置对象；$\boldsymbol{W}_{ij}$ 为基于区域单元 i 和 j 的矩阵元素。

本案例中，选用基于空间相邻关系的邻接矩阵设置方法构建 9 个城市的空间矩阵。其中深圳市、东莞市与中山市、珠海市有珠江相隔，尽管地区边界不相连接，但这几个城市有多个桥梁相连，交往密切，本研究认为他们之间也是邻接的，彼此的权重矩阵 $\boldsymbol{W}$ 设置为 1。

③空间自相关检验。在上述构建的基准回归模型中引入空间权重变量，进行登革热流行的空间自相关分析。该分析可定量评估此回归模型残差的自相关性，以此判断登革热流行与邻近城市的登革热流行或解释变量是否有相关性。空间自相关性的度量采用 Moran's I，应用模型估计法进行显著性检验[24]。莫兰指数是度量空间自相关性的常用指标。莫兰指数的取值为[−1，1]：小于 0 表示负的空间自相关性，其值越小，空间差异越大；等于 0 表示不相关；大于 0 表示正的空间自相关性，其值越大，空间自相关性越明显。由于分析的时间跨度较长，可根据研究兴趣，选择关注的时间段或年度进行空间自相关分析。

通过控制相关因素的空间自相关分析结果发现，多个登革热流行年份如 2013 年、2014 年、2019 年等的空间自相关检验的 $P<0.05$，统计检验有统计学意义。研究表示，9 个城市的登革热发病率具有一定空间自相关性，某城市的发病率与周边城市的发病率或相关影响因素有关。因而，进行 9 个城市气象因素与登革热流行关系的回归模型分析中需要纳入他们的空间权重变量。

（4）贝叶斯条件自回归时空分析模型。上述空间自相关分析显示，登革热流行存在一定的空间自相关性，提示分析这 9 个城市的气象因素对登革热流行影响需要考虑空间自相关性。本研究采用贝叶斯条件自回归时空分析模型分析方法，将空间权重矩阵纳入模型，分析珠江三角洲 9 个城市的气温和降雨对登革热流行的效应。在贝叶斯条件自回归时空分析模型中，条件自回归模型可以考虑复杂的空间相关问题，基于贝叶斯方法的时空分析模型可以更好地考虑数据的复杂性[25]。

贝叶斯条件自回归时空分析模型的基本思想是基于贝叶斯理论，即结合样本信息与先验分布对后验分布参数做出估计，可以估计其后验特征。疾病发病属于小概率事件，采用泊松连接函数，同时考虑时间维度与空间维度建立气象因素与登革热关系的贝叶斯条件自回归时空分析模型[25-26]。由于登革热流行与当地的人口密度、经济水平和植被覆盖情况可能有关，因而模型中还纳入地区的人口密度，人均GDP和NDVI作为协变量。模型的先验分布选择广泛使用的条件自回归模型。具体模型公式如下。

$$Y_{ij} \sim \text{Poisson}(E_{ij}R_{ij}) \tag{6-3}$$

分别纳入气温和降雨的模型：

$$\begin{aligned}\text{Log}(R_{ij}) = {} & \alpha + \beta_1 \times \text{Temperatrue}_{i(j-2)} \text{ 或 } \beta_1 \times \text{Rainfall}_{i(j-3)} \\ & + \beta_2 \times \text{Vector}_{i(j-1)} + \beta_3 \times \text{Local}_{i(j-1)} + \beta_4 \times \text{Import}_{i(j-1)} \\ & + \beta_5 \times \text{as.factor(month)}_{ij} + \beta_6 \times \text{time}_{ij} + \text{offset(POP)} \\ & + \beta_7 \times \text{Density}_{ij} + \beta_8 \times \text{GDP}_{ij} + \beta_9 \times \text{NDVI}_{ij} + \rho \boldsymbol{W}\end{aligned} \tag{6-4}$$

同时纳入气温和降雨的模型：

$$\begin{aligned}\text{Log}(R_{ij}) = {} & \alpha + \beta_1 \times \text{Temperatrue}_{i(j-2)} + \beta_2 \times \text{Rainfall}_{i(j-3)} \\ & + \beta_3 \times \text{Vector}_{i(j-1)} + \beta_4 \times \text{Local}_{i(j-1)} + \beta_5 \times \text{Import}_{i(j-1)} \\ & + \beta_6 \times \text{as.factor(month)}_{ij} + \beta_7 \times \text{time}_{ij} + \text{offset(POP)} \\ & + \beta_8 \times \text{Density}_{ij} + \beta_9 \times \text{GDP}_{ij} + \beta_{10} \times \text{NDVI}_{ij} + \rho \boldsymbol{W}\end{aligned} \tag{6-5}$$

式（6-3）、式（6-4）和式（6-5）中，i 表示第 i 个城市；j 表示第 j 个月；α 是截距；Y_{ij} 为第 i 个城市第 j 个月的发病数；E_{ij} 为第 i 个城市第 j 个月预期的登革热本地病例数；R_{ij} 为第 i 个城市第 j 个月的相对风险；$\beta_1 \sim \beta_{10}$ 为待估计的参数；$\text{Temperature}_{i（j-2）}$ 为滞后 2 个月的气温；$\text{Rainfall}_{i（j-3）}$ 为滞后 3 个月的降水量；$\text{Vector}_{i（j-1）}$ 为滞后 1 个月的 MOI；$\text{Local}_{i（j-1）}$ 和 $\text{Import}_{i（j-1）}$ 分别表示为滞后 1 个月的本地病例数和输入病例数；month 为月份；time 是时间顺序变量；offset（POP）表示各地区人口数据抵消；Density_{ij}、GDP_{ij} 和 NDVI_{ij} 分别为当地人口密度、人均 GDP 和归一植被指数；$\rho \boldsymbol{W}$ 为 9×9 空间邻接矩阵，采用“Queen”邻接原则，如果两个地区有边或点相邻，则权重赋值为 1，反之，赋值为 0。时间效应设置为一阶自回归（AR = 1）。由于我国本地病例主要发生在 5 月之后，因而，本研究的时间选择为每年的 5～12 月。分析时采用马尔可夫链蒙特卡罗（MCMC）算法对模型进行模拟和计算，模拟次数设置为 22 000 次。采用 Geweke 检验法评估模型的收敛性，分别计算气温和降水量的 MCMC 检验统计量，当统计量的绝对值小于 2 时，认为该 MCMC 模拟是可收敛的。

分析中，采用相对危险度评估气温和降雨对 9 个城市总体登革热流行的风险，分别估算月均气温每升高 1℃和月降水量每升高 10mm 对应登革热流行的 RR 及 95%CI，并进一步对气象因素的滞后 0～3 个月的效应分别评估。

贝叶斯条件自回归时空分析模型分析中，首先分别纳入气温和降雨变量，控制相关变量以观察气象因素对登革热流行的影响。表 6-2 展示的是广东省 9 个城市月均气温每升高 1℃和月降水量每升高 10mm 对应登革热流行的风险。结果显示，不同滞后时间的月均气温对登革热流行均有影响，其中滞后 2 个月的月均气温对登革热流行的风险最高，每升高 1℃对应的登革热流行风险 RR 为 2.239（95%CI：2.150，2.335）；滞后 1～2 个月的月降水量对登革热流行均有影响，其中当月的降水量对登革热流行影响最大，月降水量每升高 10mm 对应的登革热流行风险 RR 为 0.614（95%CI：0.592，0.627），即月降水量减少可促进登革热流行。当月均气温和月降水量同时纳入模型时，模型结果显示（模型 2），滞后 2 个月的月均气温对登革热流行的风险最高，对应的 RR 为 2.010（95%CI：1.818，2.151），与单独纳入月均气温的结果相近。而不同滞后时间的月降水量对登革热流行的效应有差别，当月的降水量或滞后 3 个月的月降水量减少可增加登革热流行的风险，其对应 RR 分别为 0.968（95%CI：0.946，0.985）和 0.979（95%CI：0.975，0.983）。

表 6-2　广东省珠江三角洲地区 9 个城市月均气温每升高 1℃和月降水量每升高 10mm 对应登革热流行的风险

气象因素 滞后项		月均气温每升高 1℃对应的 RR（95% CI）	月降水量每升高 10mm 对应的 RR（95% CI）
模型 1*	当月	1.425（1.356，1.472）	0.614（0.592，0.627）
	滞后 1 个月	1.482（1.428，1.503）	0.978（0.970，0.988）
	滞后 2 个月	2.239（2.150，2.335）	0.983（0.967，0.996）
	滞后 3 个月	1.112（1.092，1.159）	0.996（0.973，1.005）
模型 2*	当月	1.814（1.763，1.887）	0.968（0.946，0.985）
	滞后 1 个月	1.014（0.965，1.150）	1.011（1.002，1.022）
	滞后 2 个月	2.010（1.818，2.151）	1.017（1.004，1.028）
	滞后 3 个月	1.331（1.249，1.410）	0.979（0.975，0.983）

*：模型 1 中月均气温和月降水量为分别纳入模型，模型 2 中月均气温和月降水量为同时纳入模型。

（5）统计分析软件。在 R 软件执行以上统计分析，其中空间绘图采用“ggplot2”等程序包，广义相加模型采用“mgcv”程序包，空间自相关分析采用“Spdep”程序包，贝叶斯条件自回归时空分析模型分析运用“CARBayesST”程序包[17]。$P<0.05$，认为有统计学意义。

6.3.3　质量控制

研究气象因素与登革热关系，进行建模分析时有几处需要注意。一是明确研究的关键变量。明确纳入模型分析的自变量和因变量，气象因素以气温（平均气温和最低气温）和降雨（月降水量和降雨频率）居多，登革热结局变量以本地病例数较为多见，如果病例数据波动太大，可能需要做数据转换。二是明确研究时间尺度。研究的时间尺度一般为周或月，气象-蚊媒-登革热传播循环相对复杂，是气象因素对蚊媒密度和人群活动影响，进而导致的疾病传播，一般来说，气象因素对登革热作用的时间大于一周，从生物学机制来看，气象因素影响的滞后甚至是大于一个月。三是明确纳入影响因素。登革热流行的影响因素较多，模型需要控制相关的变量，如环境因素、社会因素、时间的长期趋势和季节趋势等。四是明确滞后时间。不同的滞后时间需要事先明确，例如，气温和降雨对登革热流行的滞后时间不同，建模前需要进行交叉相关分析，以纳入相关性最高变量。五是注意设置空间权重。登革热流行具有较强空间聚集性，使用贝叶斯条件自回归时空分析模型分析时需要纳入空间权重；设置空间权重时，如两地有江河隔离，但是两地有大桥等连接，联系密切，应设置两地空间权重为 1。

6.4 小　结

本章基于广东省珠江三角洲地区 9 个城市 12 年的监测数据，采用贝叶斯时空分析方法，首先刻画气温和降雨与登革热发病的暴露-反应关系，并定量评估气温和降雨对登革热流行的效应。研究结果发现气温与登革热流行总体呈正相关关系，滞后 2 个月的气温升高可显著增加登革热流行的风险。研究发现降雨与登革热流行关系存在一定空间异质性，总体上降雨减少可促进登革热的传播。上述研究结果更加明晰了气温、降雨与登革热发病的暴露-反应关系和影响效应，可为登革热预测预警提供更充足的科学依据。

由于传染病的流行常具有高度的空间相关性，在分析相关因素与传染病流行关系时要考虑空间权重影响，以期获得更可信的关联。本研究采用的贝叶斯条件自回归时空分析模型可很好地控制此空间因素，该方法具有两个优势：①实现时间、空间及相关因素同时分析。②采用贝叶斯的先验分布，可解决时空方差不齐等异质性问题。总体上，在探索多个地区环境因素对健康的效应时，本研究方法具有一定的先进性，可为开展此类研究提供一套可参考的研究思路和分析方法。本章介绍的方法为效应评估方法，通过病例与气象等因素的滞后相关关系，还可以构建登革热预测模型，对未来 1～3 个月不同地区的登革热发病风险进行预测。

评估气候变化与传染病的关系最常用的研究方法是对历史监测资料回顾性分析的生态学研究[4, 6]，例如，时间序列研究等，该类研究方法也面临一些挑战[27]。该研究结果除了生态学研究设计本身可能产生偏倚之外，还有可能存在其他挑战，例如，监测数据资料收集有限、数据可能有漏报情况。传染病的模式和传播过程受到多因素的影响，气候或气象只是影响传染病传播的许多因素之一，人类的活动和行为同样也是疾病传播的重要决定因素；另外，不同传染病的传播媒介和流行特征不一样，其对气候变化的敏感程度也不一样[1]。为了得到气象因素和媒介传染病流行之间的因果关系，需要通过严格的研究设计来充分排除社会和环境混杂因素影响；此外，收集长时期监测数据，开展基于多地区研究，加强气候部门与公共卫生部门的合作将是重要的实现路径。

参 考 文 献

[1] McMichael A J，Campbell-Lendrum D H，Corvalan C F，et al. Climate change and human health：Risks and responses[M]. Geneva：World Health Organization，2003.

[2] World Health Organization. Vector-borne diseases [EB/OL].（2020-03-02）[2023-08-12]. https://www.who.int/zh/news-room/ fact-sheets/detail/vector-borne-diseases.

[3] 刘起勇. 气候变化对媒介生物性传染病的影响[J]. 中华卫生杀虫药械，2013（1）：1-7.

[4] Xu L，Stige L C，Chan K S，et al. Climate variation drives dengue dynamics[J]. National Academy of Sciences，2017，114（1）：113-118.

[5] Xu H Y，Fu X，Lee L K H，et al. Statistical modeling reveals the effect of absolute humidity on dengue in Singapore[J]. PLoS Neglected Tropical Diseases，2014，8（5）：e2805.

[6] Xiao J P，Liu T，Lin H L，et al. Weather variables and the El Nino Southern Oscillation may drive the epidemics of dengue in Guangdong province，China[J]. Science of the Total Environment，2018，624：926-934.

[7] Kakarla S G，Caminade C，Mutheneni S R，et al. Lag effect of climatic variables on dengue burden in India[J]. Epidemiology and Infection，2019，147：e170.

[8] Qi X P，Wang Y，Li Y，et al. The effects of socioeconomic and environmental factors on the incidence of dengue fever in the Pearl River Delta，China，2013[J]. PLoS Neglected Tropical Diseases，2015，9（10）：e0004159.

[9] 谢润生. 潮州市登革热时空传播规律及其驱动因素研究[D]. 广州：广东药科大学，2017.

[10] Hu W B，Zhang W Y，Huang X D，et al. Weather variability and influenza A（H7N9）transmission in Shanghai，China：A Bayesian spatial analysis[J]. Environmental Research，2015，136：405-412.

[11] Akter R，Hu W B，Gatton M，et al. Climate variability，socio-ecological factors and dengue transmission in tropical Queensland，Australia：A Bayesian spatial analysis[J]. Environmental Research，2021，195：110285.

[12] Chien L C，Yu H L. Impact of meteorological factors on the spatiotemporal patterns of dengue fever incidence[J]. Environment International，2014，73：46-56.

[13] Yu H L，Yang S J，Yen H J，et al. A spatio-temporal climate-based model of early dengue fever warning in southern Taiwan[J]. Stochastic Environmental Research and Risk Assessment，2011，25：485-494.

[14] Lowe R，Barcellos C，Coelho C A S，et al. Dengue outlook for the World Cup in Brazil：An early warning model framework driven by real-time seasonal climate forecasts[J]. The Lancet Infectious Diseases，2014，14（7）：619-626.

[15] Aswi A，Cramb S M，Moraga P，et al. Bayesian spatial and spatio-temporal approaches to modelling dengue fever：A systematic review[J]. Epidemiology and Infection，2019，147：e33.

[16] 郑杨，李晓松. 贝叶斯时空模型在疾病时空数据分析中的应用[J]. 中华预防医学杂志，2010，44（12）：1136-1139.

[17] Lee D，Rushworth A，Napier G. CARBayesST：Spatio-temporal generalised linear mixed models for areal unit data[J]. R Package Version，2015，2.

[18] Guzman M G，Harris E. Dengue[J]. The Lancet，2015，385（9966）：453-465.

[19] Bhatt S，Gething P W，Brady O J，et al. The global distribution and burden of dengue[J]. Nature，2013，

496（7446）：504-507.

[20] Xiao J P，He J F，Deng A P，et al. Characterizing a large outbreak of dengue fever in Guangdong province，China[J]. Infectious Diseases of Poverty，2016，5：1-8.

[21] 卫生部传染病标准专业委员会. 登革热诊断标准（WS 216—2008）[S]. 2008.

[22] Li Z，Liu T，Zhu G，et al. Dengue baidu search index data can improve the prediction of local dengue epidemic：A case study in Guangzhou，China[J]. PLoS Neglected Tropical Diseases，2017，11（3）：e0005354.

[23] 龚德鑫，刘涛，朱志华，等. 空间自回归分析及其在 R 软件中的实现[J]. 华南预防医学，2020，46（4）：450-453.

[24] 邓特，黄勇，顾菁，等. 空间分析中空间自相关性的诊断[J]. 中国卫生统计，2013，30（3）：343-346.

[25] Rushworth A，Lee D，Mitchell R. A spatio-temporal model for estimating the long-term effects of air pollution on respiratory hospital admissions in Greater London[J]. Spatial and Spatio-temporal Epidemiology，2014，10：29-38.

[26] Lee D. A tutorial on spatio-temporal disease risk modelling in R using Markov chain Monte Carlo simulation and the CARBayesST package[J]. Spatial and Spatio-temporal Epidemiology，2020，34：100353.

[27] 肖建鹏，马文军，刘涛，等. 气候变化与传染病[J]. 华南预防医学，2012，38（3）：74-76.

[28] 国家卫生和计划生育委员会. 登革热诊断（WS/T 216—2018）[S]. 2018.

第7章　基于断点时间序列模型评估洪涝对水源性传染病发病的影响

杨廉平　马　伟

洪涝是全球范围内发生最频繁和最具破坏性的自然灾害之一。水源性传染病是洪涝对健康的最主要影响，而感染性腹泻是洪涝后最常见的水源性传染病。对洪涝与腹泻关联关系的研究方法早期以描述流行病学方法为主，该类方法中对其他变量往往没有进行较好的控制，因果关系推断的效力低。在评价明确时间点发生的、对人群层面的健康产生具体效应的计划外事件的影响时，断点时间序列是一种非常有效的研究设计。本章以2016年安徽省洪涝为例，收集2013年1月至2016年8月感染性腹泻发病数据，分析洪涝对该地居民腹泻发病的影响，并详细介绍断点时间序列模型在评价极端事件的健康结局中的应用。

7.1　引　　言

洪涝在2006～2016年发生次数占到所有自然灾害的一半[1]。由于气候变化情景下的极端降水事件增多和海平面上升，洪涝发生的频率和强度都明显增加[2-3]。中国是世界上遭遇洪涝次数最多的国家之一，据估计，到21世纪末，中国受气候变化影响程度将高于世界平均水平[4]。既往研究表明，洪涝可能带来死亡、伤害、心理健康问题、非传染性疾病、媒介传染病和水传播疾病等一系列健康危害或威胁。水源性传染病流行是洪涝对健康的主要影响之一，洪涝发生后，基础设施损毁，人口流离失所，供水系统、污水处理系统受到破坏等，都可能导致饮用水污染，并使腹泻等胃肠道疾病、甲型肝炎、戊型肝炎、钩端螺旋体病、轮状病毒病和伤口感染等的发病风险升高[5]。

目前，国外、国内已经开展很多研究探索洪涝发生后腹泻发病风险的变化。Levy等的一篇综述指出，1985～2011年孟加拉国、印度、美国、芬兰等地区的15项研究报告了洪涝发生后的腹泻疫情暴发[6]。在纳入非暴发性腹泻的研究文献

杨廉平，中山大学公共卫生学院副教授，博士生导师。研究方向为公共卫生管理与政策，抗生素耐药性治理，气候变化的卫生体系应对。

马伟，山东大学公共卫生学院教授，博士生导师。研究方向为流行病学，艾滋病预防与控制，气候变化与健康。

中，一些研究报告了洪涝期间的腹泻发病率高于洪涝发生前或非洪涝期间[7-9]。但关于洪涝和腹泻之间关系的证据并不总是一致的，仍然有部分研究没有发现两者间的显著关联[10-12]，更多的研究报告显示受洪涝影响的人群的腹泻发病率高于未受洪涝影响的人群[8, 13-14]。

7.2　方法学现状与进展

对洪涝及腹泻关联关系的研究方法早期以描述流行病学方法为主，主要通过现况调查获取截面数据，描述和比较感染性腹泻的发病情况在不同的时间（洪涝期/非洪涝期或洪涝前/洪涝后）、空间（洪涝地区/非洪涝地区）、人群中的分布差异，从而揭示洪涝与腹泻的关联关系[13, 15-16]。然而，该类方法中对相关影响变量往往缺乏较好的控制，因果关系推断的效力低。此后，病例对照研究成为该领域探索暴露于洪涝和疾病之间关联关系的重要方法[9, 17-18]，但由于选择病例组、对照组的群体存在固有差异（例如，自然因素和社会经济因素差异等），该方法很容易出现选择偏倚，同时暴露因素之间可能存在的交互效应也容易造成对洪涝效应的不准确估计；此外，由于疾病报告系统的不断完善等不同原因，疾病的发病人数往往存在长期变化趋势，而病例对照研究不能将该长期变化趋势考虑在内。近年来，为解决传统研究存在的方法学不足，进一步控制环境暴露与疾病死亡人数之间的时间趋势、季节趋势和星期几效应等，更加复杂的研究设计也逐渐被应用到该领域中，例如，时间分层的病例交叉研究、广义相加模型和分布滞后非线性模型，使用时间分层的病例交叉研究[14, 19]可以较好地探索暴雨洪涝的即时效应，而广义相加模型[12]、分布滞后非线性模型[20]则可探索暴雨洪涝对腹泻的非线性影响，但使用此类模型难以确定先因后果的时序关系，对洪涝与腹泻的因果关联推断效果欠佳。

断点时间序列在评价明确时间点发生的、对人群层面的健康产生具体效应的计划外事件的影响时，是一种非常有价值的研究设计[21]。断点时间序列能在确定时序关系的同时，控制干预事件发生前的潜在趋势，从而使研究者能探索干预效果的时间和趋势的动态变化。同时，由于断点时间序列设计要求对干预发生前后的健康结局进行多次测量，模型内部有效性的问题可得到较好的解决。因此，近期有学者将断点时间序列设计用于探究洪涝与腹泻的关联关系的研究中，将洪涝事件作为计划外的“自然干预”事件，探究洪涝对人群健康的影响。

本节以 2016 年安徽省洪涝为例，收集 2013 年 1 月至 2016 年 8 月感染性腹泻发病等数据，采用断点时间序列研究方法，分析洪涝对该地居民腹泻发病的影响，并详细介绍断点时间序列模型在评价极端事件的健康结局中的应用。

7.3　安徽省洪涝对感染性腹泻发病影响

7.3.1　研究场景

2016 年 6 月我国长江流域出现了持续性的强降雨，导致长江流域发生自 1998 年以来最严重的洪涝灾害，安徽省灾情尤为严重，1282 万人受灾，直接经济损失达 500 亿人民币[22]。腹泻的严重疾病负担[23]导致发病风险出现小幅度的增加，也对疾病负担的绝对值造成重大影响[6]，因此，了解洪涝发生对感染性腹泻发病的影响具有重要意义。本节以安徽省 2016 年典型洪涝事件为例，分析本次典型洪涝事件对该地腹泻发病的影响，进而介绍断点时间序列模型在环境流行病学领域的应用。

7.3.2　研究方法

断点时间序列（ITS）研究设计适用于在明确时间段内实施人群层面干预措施的效果评价，关注人群层面的健康结局，已被广泛用于公共卫生干预措施及计划外事件的评价[21]。断点时间序列研究设计用时间序列数据来建立潜在趋势，该时间序列被一个已知日期的时间点所打断（间断点），这一间断点即研究中干预实施/计划外事件发生的日期。然后，定义一个虚拟情景：假设没有干预实施/计划外事件发生，观测这些时间序列数据的趋势的持续变化情况。在干预实施/计划外事件发生后，通过比较虚拟趋势与实际趋势之间是否有变化，来评估干预实施/计划外事件的效果。

断点时间序列模型要求对干预前期和干预后期有一个非常明确的界定，该模型不适用于评价无法确定干预开始时间的研究。断点时间序列模型并不一定要求干预措施在一天之内完成，但要明确干预实施的时间，以便有效的定义干预前期和干预后期[21]。本节案例中有明确的计划外事件发生时间：2016 年 6 月 18 日～8 月 31 日，安徽省下辖 16 个地级市中的 11 个遭遇了此次洪涝灾害。因此，本案例选择安徽省 16 个市作为研究区域。其中，间断点选择洪涝开始时间（2016 年 6 月 18 日）；考虑到腹泻发病率存在年内季节性和潜在的长期变化趋势，本研究还扩展了分析时段。定义该地区洪涝发生前 3 年为“洪涝前期”（2013 年 6 月 18 日至 2016 年 6 月 17 日）；“洪涝期”为 2016 年 6 月 18 日～8 月 31 日；“洪涝后期”是指洪涝后的 1 年（2016 年 9 月 1 日至 2017 年 8 月 31 日）。

1. 数据来源

（1）疾病数据：从中国传染病监测报告信息系统收集 2013 年 6 月 18 日至 2017 年 8 月 31 日安徽省报告的所有感染性腹泻病例个案的匿名数据，患者信息包括性别、出生日期、发病日期、家庭地址、住址所属的行政区划代码、初步诊断等。感染性腹泻是一类人类肠道传染病，主要由微生物（包括细菌、寄生虫和病毒）引起，并以腹泻为典型症状，包括痢疾、霍乱、伤寒、副伤寒和其他感染性腹泻。根据《中华人民共和国传染病防治法》，当医院或诊所的医生发现一例感染性腹泻病例时，必须在 24h 内将病例信息在中国传染病监测报告信息系统进行填报，并送上级管理单位审核。因此，可以认为来自中国传染病监测报告信息系统的病例数据基本可以反映当地实际发病水平。

（2）人口数据：从安徽省历年统计年鉴中收集安徽省各市的人口数据，包括不同性别、不同年龄的人口数据，便于计算标准化人口以实现可比性。

（3）灾害数据：根据安徽省的气象灾害年鉴，本次洪涝受灾地区由 11 个市组成（淮南市，滁州市，合肥市，马鞍山市，芜湖市，铜陵市，六安市，安庆市，池州市，黄山市，宣城市），其余 5 个市（苏州市，淮北市，亳州市，阜阳市，蚌埠市）则为非受灾地区。在本研究中，洪涝发生前 3 年（2013 年 6 月 18 日至 2016 年 6 月 17 日）被选为“洪涝前期”，“洪涝期”为 2016 年 6 月 18 日～8 月 31 日，“洪涝后期”是指洪涝后的 1 年（2016 年 9 月 1 日至 2017 年 8 月 31 日）。本研究选取洪涝前 3 年为干预前期，以便对腹泻发病率年内季节性模式和预先存在趋势进行拟合控制；在这 3 年，各市没有发生严重洪涝事件。

2. 数据整理

在完成上述资料的收集后，通过 R 软件进行数据导入、数据整理及清洗。首先，根据 16 个市的受灾情况（受灾 = 1；未受灾 = 0）和相应的行政区划代码建立 16 个市受灾情况及其行政区划代码表。其次，使用 merge 函数，通过居住地行政区划代码关联病例个案及其受灾情况。再次，根据病例发病日期在原始数据的基础上新增“周”变量，用 R 语言中的 xtabs 函数将腹泻个案数据转化为以周为单位的周计数时间序列资料。通过数据筛选选取需要的行变量或列变量（如研究时间限定在某个时段）等，从而得到相应时间段的时间序列资料，此过程涉及的函数包括 join、merge、subset 等。然后，在此基础上新增建立 ITS 模型所需的变量（如时间变量“time”、年份变量“year”、周变量“week”等）。最后，对缺失数据处理和异常值排查，通过 is.na 函数判断是否有缺失值，通过 na.omit 函数删除含缺失值的观测。删除含缺失值的观测适用于含少数缺失值或缺失值存在于小部分观测中的情况。若数据中存在较多缺失值，应当视数据情况采用多重插补、非随机插补等方法进行处理。异常值排查是为了排除明显不符合实际的值（例如，年龄 190 岁），可通过 summary 或 order 等函数发现异常值。整理成分析所需要的时间序列数据集（表 7-1），数据集按照周数依次排列，一行代表一条观测，一列代表一个变量。此外，案例要进行分层分析，在数据处理阶段可通过 R 语言“reshape2”包的 melt、cast 函数进行融合和重铸，以得到所需人群亚组的数据集。

表 7-1　2013 年 6 月～2017 年 8 月安徽省感染性腹泻及受灾情况时间序列数据集

年份	年内周数	时间/周	洪涝地区腹泻病例数/例	非洪涝地区腹泻病例数/例	洪涝地区人口	非洪涝地区人口	洪涝发生前后受灾情况
2013	25	1	1 126	1 477	34 482 335	25 816 000	0
2013	26	2	1 188	1 322	34 482 335	25 816 000	0
2013	27	3	1 268	1 455	34 482 335	25 816 000	0
…	…	…	…	…	…	…	…
2016	23		1 689	801	34 267 000	27 689 000	1
…	…	…	…	…	…	…	…
2017	32	216	2 471	898	34 267 000	27 689 000	1
2017	33	217	2 321	877	34 267 000	27 689 000	1
2017	34	218	1 848	740	34 267 000	27 689 000	1

3. 数据描述

数据整理完成后，进行初步统计汇总和绘图，识别潜在的趋势、季节性模式和异常值。洪涝地区和非洪涝地区感染性腹泻周发病率变化见图 7-1，感染性腹泻发病率的季节性在洪涝地区、非洪涝地区都很明显，通常在夏季和秋季达到峰值，然后逐渐减少。

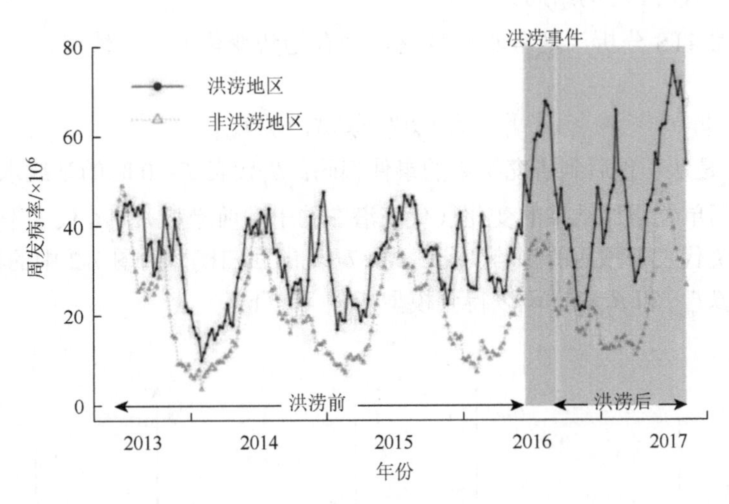

图 7-1　2013 年 6 月至 2017 年 8 月洪涝地区和非洪涝地区感染性腹泻周发病率变化图

4. 统计建模

在本例中，我们设置了两组对照：一组是洪涝发生后与洪涝发生前发病风险的对比；另一组是洪涝地区与非洪涝地区发病风险的对比。数据分析包括两个阶段。

在数据分析第一阶段，我们应用 ITS 模型评估本次洪涝事件对安徽省 16 个市感染性腹泻发病率（与洪涝前期相比）的影响。此外，我们还对洪涝地区的病例进行了性别和年龄的亚组分析，分组是根据研究目的和既往文献来确定的。年龄亚组方面，有研究证据表明 5 岁以下儿童最容易患腹泻疾病[24]，而洪涝对痢疾的影响仅在中国 15～64 岁人群中显著增加[20]。基于此，本研究将年龄亚组划分为<5 岁、5～14 岁、15～44 岁、45～64 岁及≥65 岁 5 组进行分层分析，以识别出洪涝发生后对腹泻敏感的脆弱人群。在数据分析第二阶段，基于城市的腹泻发病风险，我们使用随机效应 Meta 分析来评估洪涝对洪涝地区 11 个城市、非洪涝地区 5 个城市感染性腹泻的总效应；最后采用 Meta 回归探究城市与长江距离的远近是否与洪涝后腹泻风险升高相关。

ITS 常用模型有三种（图 7-2）：（a）干预发生后，仅水平变化；（b）干预发生后，仅趋势变化；（c）干预发生后，既有水平变化，又有趋势变化。通常，模型的选择需要基于现有的文献、研究假设和预期对结果起作用的潜在机制。ITS 模型建立至少需要三个变量。

T：自研究开始以来所经过的时间，以观察的频率作为单位（例如，周、月、年）。

X_t：表示时间 t 处于干预前期（编码“0”）或干预后期（编码“1”）的虚拟变量。

Y_t：在时间 t 时的结局。

在标准 ITS 分析（既有水平变化，又有趋势变化）中，使用以下分段回归模型：

$$Y_t = \beta_0 + \beta_1 T + \beta_2 X_t + \beta_3 T_{\text{post}} \tag{7-1}$$

式中，T_{post} 是从干预后到研究结束的事件编码；β_0 代表 $T=0$ 时的基线水平；β_1 代表随着时间单位增加结果的变化（代表潜在的干预前趋势）；β_2 代表干预后的水平变化；β_3 代表干预后的趋势变化。式（7-1）的回归模型为图 7-2 中的模型（c），分别排除 $\beta_3 T_{\text{post}}$ 和 $\beta_2 X_t$，可以得到模型（a）和（b）。

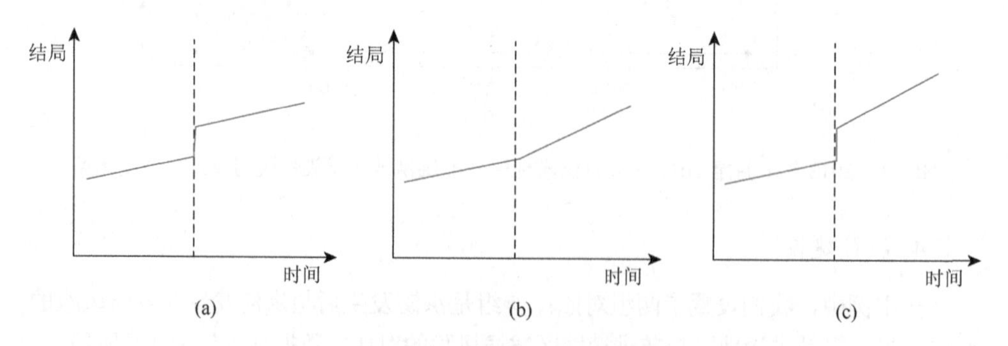

图 7-2　断点时间序列的几种常用模型

基于以往研究，洪涝后腹泻风险的变化通常在 2 周内消失[12, 25]，而在本案例中，时间单位为周，因此，我们假设感染性腹泻发病率仅有水平变化，建立 ITS 模型：$Y_t = \beta_0 + \beta_1 T + \beta_2 X_t$。以安徽省洪涝地区、非洪涝地区的腹泻病例为研究对象，考虑到本研究中腹泻发病数据的过度离散问题，采用 quasi-Poisson 分布，选择 Log 作为连接函数。将人口基数的对数作为 offset 项（回归系数为 1）纳入模型，即可直接对感染性腹泻发病率变化进行评价。模型以洪涝发生前后的指示变量为自变量，并引入傅里叶函数来调整感染性腹泻发病率的季节性；考虑到腹泻发病数据存在自相关，模型中还加入了一阶滞后残差项。模型拟合为

$$\begin{aligned} &Y_t \sim \text{quasi-Poisson} \\ &\text{Log}[E(Y_t)] = \beta_0 + \beta_1 \times \text{time}_t + \beta_2 \times \text{flood}_t + \text{seasonality} \\ &\qquad + \text{Lag(residual,1 week)} + \text{offset(POP)} \end{aligned} \tag{7-2}$$

式中，$E(Y_t)$ 是第 t 周时的感染性腹泻计数的期望值；time_t 是指从观察开始的时间 t 的周数，是代表时间单位的连续型变量；flood_t 表示洪涝发生前（编码为“0”）或洪涝发生后（编码为“1”）；β_0 是截距；β_1 可以解释为随时间变化一周相关的感染性腹泻发病风险的变化，代表洪涝发生前腹泻发病的趋势；β_2 可评估洪涝发生后相应的时间点腹泻发病风险水平的改变，可将其描述为前后变化。前后变化表示洪涝前和洪涝后周腹泻发病风险之间的差异，代表了洪涝对感染性腹泻发病率的影响。

7.3.3 结果解释

分析结果如图 7-3 所示。洪涝发生后，腹泻发病风险在整个洪涝地区显著升高（RR = 1.147，95%CI：1.077，1.222），而在非洪涝地区无显著变化（RR = 1.028，95%CI：0.968，1.091）。因此，年龄和性别亚组分析仅在洪涝地区进行。

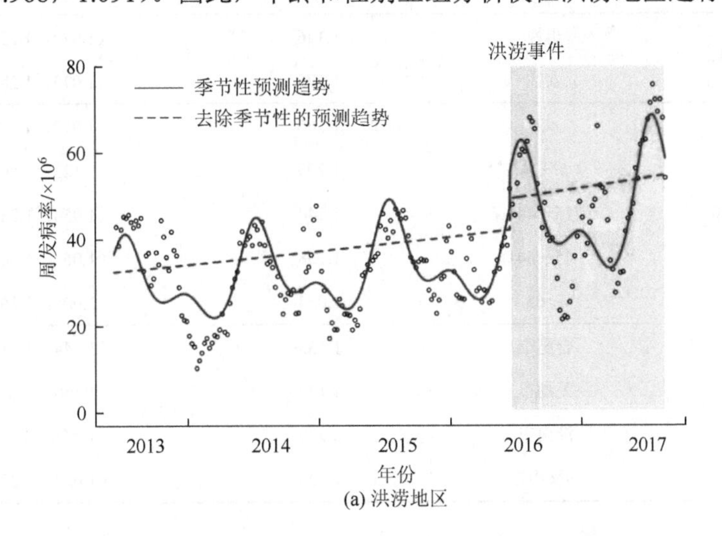

(a) 洪涝地区

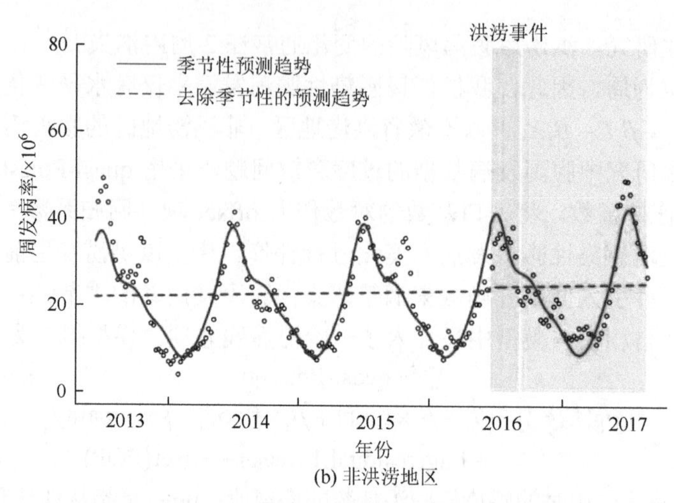

(b) 非洪涝地区

图 7-3　洪涝地区和非洪涝地区感染腹泻风险的前后变化

表 7-2 是洪涝地区按性别、年龄和城市分层分析的结果。性别分层分析表明，女性（RR = 1.175，95%CI：1.072，1.287）、男性（RR = 1.146，95%CI：1.072，1.224）在洪涝发生后的腹泻发病风险均显著增加。年龄分层分析则表明，洪涝发生后，所有年龄亚组的腹泻发病风险均增加：＜5 岁、15～44 岁、45～64 岁及≥65 岁年龄亚组的发病风险分别增加 16.6%、14.4%、15.8%和 8.4%；5～14 岁人群风险最高，洪涝发生后增加了 29.5%（RR = 1.295，95%CI：1.123，1.507）。

表 7-2　洪涝发生后各亚组感染性腹泻发病风险变化的相对危险度和 95%CI

亚组		相对危险度（RR）	95%CI
洪涝地区		1.147	（1.077，1.222）*
性别	男性	1.146	（1.072，1.224）*
	女性	1.175	（1.072，1.287）*
年龄/岁	＜5	1.166	（1.072，1.270）*
	5～14	1.295	（1.123，1.507）*
	15～44	1.144	（1.054，1.241）*
	45～64	1.158	（1.064，1.260）*
	≥65	1.084	（1.008，1.167）*
城市	合肥市	1.133	（1.044，1.230）*
	芜湖市	1.124	（0.992，1.273）
	淮南市	0.979	（0.850，1.129）
	马鞍山市	1.123	（1.022，1.233）*

续表

亚组		相对危险度（RR）	95%CI
城市	铜陵市	1.165	（0.814，1.666）
	安庆市	1.387	（1.193，1.612）*
	黄山市	1.017	（0.887，1.166）
	滁州市	0.761	（0.668，0.867）*
	六安市	1.019	（0.907，1.143）
	池州市	1.198	（1.046，1.372）*
	宣城市	1.460	（1.326，1.606）*

*：表示具有显著性统计差异。

城市分层分析表明，洪涝后各城市的感染性腹泻发病风险变化不同。宣城市、安庆市、池州市、合肥市和马鞍山市的腹泻发病风险显著增加，分别增加了 46.0%、38.7%、19.8%、13.3%和 12.3%。Meta 回归分析表明，洪涝发生后，长江沿岸的城市一般较远离长江的城市发病风险高，各城市发病风险的升高和与长江的距离呈负相关（$\beta = -0.09$，$P = 0.01$），与长江的距离减少 100km 可对应增加 0.09 个单位的洪涝后腹泻发病的平均对数相对风险。

最后，用随机效应 Meta 分析来汇总洪涝对洪涝地区、非洪涝地区的发病风险的效应。图 7-4 表明，考虑城市间异质性后，洪涝后洪涝地区的腹泻发病风险显著增加 11%（RR = 1.11，95%CI：1.01，1.23），而非洪涝地区没有明显的前后变化（RR = 0.98；95%CI：0.87，1.11）。

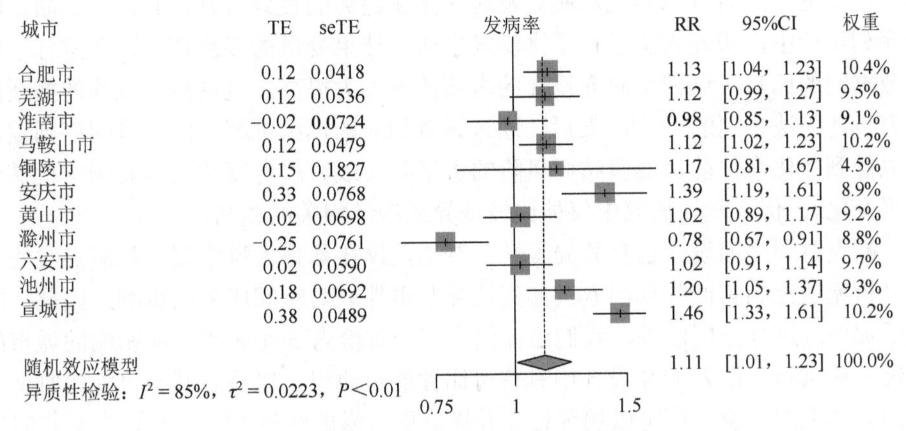

(a) 洪涝对洪涝地区感染性腹泻发病影响的汇总效应

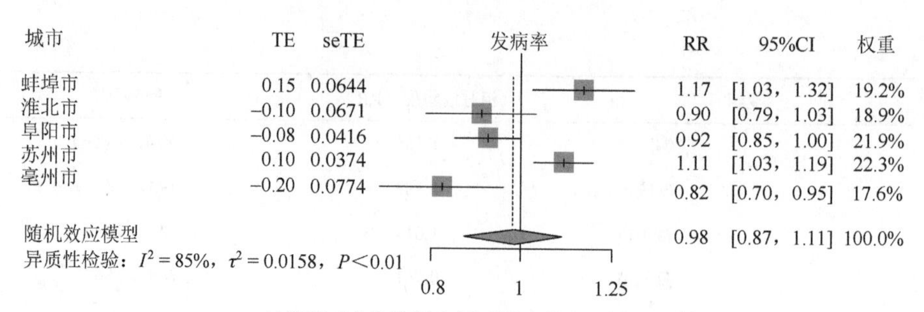

(b) 洪涝对非洪涝地区感染性腹泻发病影响的汇总效应

图 7-4　洪涝对洪涝地区和非洪涝地区感染性腹泻发病影响的汇总效应

图中 TE 表示对应效应值的对数，seTE 表示对应效应值的标准误差。

7.3.4　模型检验

模型检验可以通过绘制残差图及模型残差偏自相关图来观察。此外，通过敏感性分析来检测模型是否稳健，ITS 模型往往通过改变模型假设，即采用不同的模型（水平变化、趋势变化或同时有水平变化和趋势变化的模型），以及通过调整季节性的方法来进行敏感性分析[21]。

7.4　小　　结

本章案例是对洪涝和感染性腹泻间因果关系的有力论证。首先，断点时间序列设计中，研究人员不是在同一时间点比较发病率，而是随着时间的推移跟踪发病率的改变，从而可以实现对腹泻发病率潜在趋势的良好控制。其次，在断点时间序列设计中，研究人员进行了洪涝发生前后结果变量的多次评估，并进行了两组数据间的比较，这使得研究设计的内部效度大大提高。这两点是以往的横断面研究设计无法做到的[19, 26]。最后，通过设置相应的模型框架，断点时间序列设计可以做到量化事件前后健康结局风险的水平和（或）趋势变化（本案例中仅探讨水平变化），优于既往研究中仅能比较差异或探讨相关的横断面设计。

断点时间序列设计也有其局限性。首先，仅在暴露人群中展开的断点时间序列分析无法控制其他外部因素（如其他并发事件）对时间序列的影响。因此，除对受灾地区进行分析以外，我们还评估了同一省份内 5 个未受洪涝影响的城市的腹泻发病风险，作为 ITS 设计中具有可比性的对照组，以排除其他可能的时变混杂因素带来的影响，这可以加强设计并提供更可靠的结论[27]。另外，在断点时间序列设计中，如果在研究事件发生前健康结局的时间趋势就发生了显著的变化（如受其他特定事件影响导致的变化），就无法很好地模拟事件发生后的基线趋势，进而导致关联关系的混淆。因此，研究者在建模前应对描述性的时间序列数据进行观察，选择合适的对照期时间序列以更好地模拟潜在趋势。例如，本案例中选取洪涝发生前三年作为对照，此三年内无洪涝及其他大事件发生，且长期趋势和季节性模式较为稳定，可以保证较好地模拟腹泻发病的潜在趋势。

进行洪涝或其他极端气候事件导致的健康风险评估主要存在的三大挑战：选择合适对照、处理混杂因素，以及将研究事件的效应从其他效应中剥离出来[28]。为解决这三大挑战，未来研究可以在遵循主要方法的原理基础上加入额外的研究设计，从而提高研究的内部和外部效度，进而提高关系诊断或因果推理的灵敏度和稳健性。例如，在时间序列分析中纳入双重差分模型或多组比较的断点时间序列模型，相当于在单组断点时间序列设计的基础上加入对照组，运用对照组控制时变混杂因素，能很好地增强因果推断的效力。本案例中，若以在时间序列分析中纳入双重差分模型作为研究策略，则可使用未受灾地区作为对照组，利用未受灾地区模拟受灾地区的反事实趋势，并与受灾地区的事实趋势进行比较。在满足平行趋势和共同冲击假设的基础上，研究设计可以很好地控制时变和组间混杂因素，从而为因果推断提供更严格的证据。

参 考 文 献

[1] Guha-Sapir D，Hoyois P，Wallemacq P，et al. Annual disaster statistical review 2016[J]. The Numbers and Trends，2017：1-91.

[2] Hirabayashi Y，Mahendran R，Koirala S，et al. Global flood risk under climate change[J]. Nature Climate Change，2013，3（9）：816-821.

[3] Smith K R，Chafe Z，Woodward A，et al. Human health：Impacts，adaptation，and co-benefits[M]//Climate Change 2014 Impacts，Adaptation and Vulnerability：Part A：Global and Sectoral Aspects，2015：709-754.

[4] Lim S S，Vos T，Flaxman A D，et al. A comparative risk assessment of burden of disease and injury attributable to 67 risk factors and risk factor clusters in 21 regions，1990-2010：A systematic analysis for the global burden of disease study 2010[J]. The Lancet，2012，380（9859）：2224-2260.

[5] Alderman K，Turner L R，Tong S. Floods and human health：A systematic review[J]. Environment International，2012，47：37-47.

[6] Levy K，Woster A P，Goldstein R S，et al. Untangling the impacts of climate change on waterborne diseases：A systematic review of relationships between diarrheal diseases and temperature，rainfall，flooding，and drought[J]. Environmental Science & Technology，2016，50（10）：4905-4922.

[7] Hashizume M，Wagatsuma Y，Faruque A S G，et al. Factors determining vulnerability to diarrhoea during and after severe floods in Bangladesh[J]. Journal of Water and Health，2008，6（3）：323-332.

[8] Kondo H，Seo N，Yasuda T，et al. Post-flood：Infectious diseases in Mozambique[J]. Prehospital and Disaster Medicine，2002，17（3）：126-133.

[9] Schwartz B S，Harris J B，Khan A I，et al. Diarrheal epidemics in Dhaka，Bangladesh，during three consecutive floods：1988，1998，and 2004[J]. American Journal of Tropical Medicine and Hygiene，2006，74（6）：1067-1073.

[10] Joshi P C，Kaushal S，Aribam B S，et al. Recurrent floods and prevalence of diarrhea among under five children：Observations from Bahraich district，Uttar Pradesh，India[J]. Global Health Action，2011，4（1）：6355.

[11] Milojevic A，Armstrong B，Hashizume M，et al. Health effects of flooding in rural Bangladesh[J]. Epidemiology，2012，23（1）：107-115.

[12] Zhang F，Liu Z，Gao L，et al. Short-term impacts of floods on enteric infectious disease in Qingdao，China，2005-2011[J]. Epidemiology and Infection，2016，144（15）：3278-3287.

[13] Reacher M，McKenzie K，Lane C，et al. Health impacts of flooding in Lewes：A comparison of reported gastrointestinal and other illness and mental health in flooded and non-flooded households[J]. Communicable Disease and Public Health，2004，7（1）：1-8.

[14] Ding G Y，Zhang Y，Gao L，et al. Quantitative analysis of burden of infectious diarrhea associated with floods in northwest of Anhui province，China：A mixed method evaluation[J]. PLoS One，2013，8（6）：e65112.

[15] Biswas R，Pal D，Mukhopadhyay S P. A community based study on health impact of flood in a vulnerable district of West Bengal[J]. Indian Journal of Public Health，1999，43（2）：89-90.

[16] Schnitzler J，Benzler J，Altmann D，et al. Survey on the population's needs and the public health response during floods in Germany 2002[J]. Journal of Public Health Management and Practice，2007，13（5）：461-464.

[17] Meier P A，Mathers W D，Sutphin J E，et al. An epidemic of presumed Acanthamoeba keratitis that followed regional flooding：Results of a case-control investigation[J]. Archives of Ophthalmology，1998，116（8）：1090-1094.

[18] Vollaard A M，Ali S，Van Asten H A G H，et al. Risk factors for typhoid and paratyphoid fever in Jakarta，Indonesia[J]. Jama，2004，291（21）：2607-2615.

[19] Liu X N，Liu Z D，Zhang Y，et al. Quantitative analysis of burden of bacillary dysentery associated with floods in Hunan，China[J]. Science of the Total Environment，2016，547：190-196.

[20] Liu Z D，Li J，Zhang Y，et al. Distributed lag effects and vulnerable groups of floods on bacillary dysentery in Huaihua，China[J]. Scientific Reports，2016，6：29456.

[21] Bernal J L，Cummins S，Gasparrini A. Interrupted time series regression for the evaluation of public health interventions：A tutorial[J]. International Journal of Epidemiology，2017，46（1）：348-355.

[22] 安徽省气象局. 安徽省气象灾害年鉴（2017）[M]. 北京：气象出版社，2017.

[23] Global Health Data Exchange. Global burden of disease study 2017（GBD 2017）data resources[EB/OL]. [2023-08-12]. https://ghdx.healthdata.org/gbd-2017/codeSee.

[24] World Health Organization. Diarrhoeal disease fact sheets[EB/OL].（2017-07-09)[2023-08-12]. https://www.who.int/en/news-room/fact-sheets/detail/diarrhoeal-disease.

[25] Wade T J，Lin C J，Jagai J S，et al. Flooding and emergency room visits for gastrointestinal illness in Massachusetts：A case-crossover study[J]. PLoS One，2014，9（10）：e110474.

[26] Zhang F F，Ding G Y，Liu Z D，et al. Association between flood and the morbidity of bacillary dysentery in Zibo city，China：A symmetric bidirectional case-crossover study[J]. International Journal of Biometeorology，2016，60：1919-1924.

[27] Soumerai S B，Starr D，Majumdar S R. How do you know which health care effectiveness research you can trust? A guide to study design for the perplexed[J]. Preventing Chronic Disease，2015，12：E101.

[28] Basu S，Meghani A，Siddiqi A. Evaluating the health impact of large-scale public policy changes：Classical and novel approaches[J]. Annual Review of Public Health，2017，38：351-370.

第8章　基于Cox回归评估极端气温对不良出生结局的影响

王　琼　罗　斌

不良出生结局，包括早产、死产、低出生体重、出生缺陷等，是全球范围内重要的公共卫生问题之一，严重影响人口健康。在气候变化背景下，极端气温事件（包括高温热浪和低温寒潮）发生频率和强度不断增加。极端气温事件增加了孕妇的生理脆弱性和社会脆弱性，使其更易受到极端气温的影响。近年来，研究者们愈发关注极端气温对不良出生结局的影响，并开展大量研究来探讨两者的关联，虽然大多数研究发现极端气温会增加不良出生结局的发生风险，但也有部分研究发现两者无关联甚至呈保护效应，这与方法学上的不一致密切相关。随着研究者们对这一领域的认识不断加深，在方法学上不断改进，这一领域的证据强度也得到了提高。因此，本章以不良出生结局中危害较为严重的早产为例，重点介绍极端气温与不良出生结局研究中方法学的发展，再结合具体案例，向读者详细介绍这一领域中的相关方法和实际运用。最后总结目前研究中存在的方法学不足，并对其未来发展趋势和方向进行展望。

8.1　引　言

不良出生结局，包括早产、死产、低出生体重、出生缺陷等，不仅危害新生儿的生命和健康，还与其远期的心血管疾病、内分泌系统疾病及肿瘤等慢性病发病风险相关，是一个重要的全球性公共卫生问题。

早产是指妊娠不足37周的活产儿，是最常见的不良出生结局之一。2020年全球约有1340万早产儿（早产率约为9.9%）[1]，其中近100万死于早产并发症[2]。而存活的早产儿也会面临较大的风险，如儿童期生长发育迟缓、行为障碍、社会情感障碍[3-4]，以及更远期疾病发病率的增加[5]。早产可以细分为不同的亚型，如根据胎龄长短可分为中晚期早产（32周≤胎龄＜37完整孕周）、早

王琼，中山大学公共卫生学院副教授，博士生导师。研究方向为气候变化的健康效应评价与风险管理。

罗斌，兰州大学公共卫生学院教授，博士生导师。研究方向为环境流行病学，极端大气环境与健康，环境暴露组学。

期早产（28 周≤胎龄＜32 完整孕周）和早早产（＜28 周）；根据临床表现早产（PTB）可分为医源性早产（MI-PTB）和自发性早产（S-PTB），MI-PTB 是指有医学指征而通过引产或选择性剖宫产进行分娩的早产，S-PTB 是指非医学指征下的自然早产，包括胎膜完整型和胎膜早破型。

早产的危险因素有很多，例如，遗传因素、社会经济因素、营养因素和环境因素等。近年来，在气候变化背景下极端天气与气候事件发生的频率和强度不断增加，对人类健康造成巨大威胁。孕产妇因其特殊的生理状况，对环境气温的适应和调节能力有限，是对极端气温高度敏感的脆弱人群[6]。目前，越来越多的流行病学研究开始关注孕期经历极端气温对早产的影响，但暴露-反应关系不一致。当前研究发现的暴露-反应关系呈线性、U 型、J 型或没有关联。绝大部分研究发现极端高温会增加早产的风险，例如，一篇综述通过 Meta 分析发现[7]，温度每上升 1℃，早产的风险增加 5%。热浪期间，早产风险增加 16%。也有研究发现极端高温对早产无影响甚至呈保护效应[8]，如加拿大的研究[9]显示高温不会影响早产；而中国深圳的研究[8]发现低温会增加早产的风险，高温会降低早产的风险。极端低温与早产的研究证据相对较少。此外，影响早产的极端气温暴露窗口期不一致，如 Auger 等[9]和 Wang 等[10]发现分娩前一周高温的急性暴露可能增加早产风险，Ha 等[11]发现第 1～7 孕周和第 15～21 孕周高温暴露增加早产风险，Zhong 等[12]发现孕中期的高温暴露与早产相关。因此，极端气温与早产关联的研究还有待进一步加强。

8.2 方法学现状与进展

目前孕期极端温度与早产关联不一致的原因，除了各研究人群本身的人口学特征、对极端气温的适应能力等存在差异外，还有几个重要的方法学问题需要考虑。其一，应该选用怎样的研究设计才能得到更加严谨和科学的结论。其二，如何合理地评估孕妇整个孕期内，在时间和空间尺度上极端气温的暴露信息。其三，孕妇在整个孕期的多个时间段都有可能会暴露于极端气温，如何确定暴露的敏感窗口。其四，应该如何选择统计模型。下文将一一进行详细地介绍。

8.2.1 研究设计类型

这一领域研究开展的早期，研究者们使用生态学研究设计，大多使用时间序列方法探讨极端气温与早产之间的关联[8, 13]。也有研究者采用病例交叉设计，通过匹配同一位产妇早产发生时和发生前的气温暴露信息，进而评估气温与早产之间是否存在关联和关联的强弱。此后，基于出生登记数据的回顾性队列研究作为一种更可靠的研究设计得到广泛的应用[9-10]。近年来，部分研究开始建立前瞻性出生队列，在分娩前招募和收集孕妇信息，减少回忆偏移，同时能够更加充分地获取孕妇个体因素（比如营养与行为）和孕期暴露的信息，也可以获得暴露和结局的生物标志物并进行进一步的机制研究探索，有效地降低了混杂因素对结果的影响，因此能产生较强的证据。

8.2.2　暴露评估

传统获取气温暴露的方法，是依托现有的环境监测站监测数据。随后，研究者们依据地理信息系统，使用空间插值［比如反距离加权空间插值（IDW）］的方法，将研究区域内的不同监测站的温度测量值加权后生成网格数据[14]。目前也有研究在建立插值模型时综合考虑经度、纬度、坡度、坡向、海拔高度等地形要素，而不是仅将监测站视为同一平面上分布的离散点[15]。还有部分研究使用基于卫星测量数据的预测模型来进行气温暴露的评估，例如，Kloog 等基于 Aqua 和 Terra 卫星搭载的中分辨率成像光谱仪（MODIS）地表温度数据、气象站点监测数据、土地利用数据、植被指数、高程等，采用混合效应模型预测了美国马萨诸塞州 1km×1km 网格的气温[16]。但无论气象数据的来源为何，几乎所有的研究都主要依靠孕期居住地址或分娩医院地址等固定的位置进行暴露评估，而未考虑到孕期的活动模式和所处的微环境，例如，孕妇使用空调、居家和调整衣着等行为适应方式，这很大程度上使得现有的暴露评估模式并不能准确代表孕妇孕期的个体暴露。

8.2.3　孕期暴露窗口期

与其他健康结局（如慢性病发病或死亡）不同，研究极端气温与早产的关联时可以关注不同窗口期内的气温暴露。既往研究基于不同的研究假设关注了整个孕期、不同孕期（孕早、中、晚期，分别对应怀孕 1～13 周，14～27 周，28 周及以后）、其他特定的时间段（孕前 3 个月、孕后 1～7 周、8～14 周及 15～21 周等）或者分娩前几天至一个月极端气温暴露对早产的影响，以探究极端气温与早产间是否存在一个关键窗口期[8, 17-20]。近年来也有研究者开发和使用更有效的方法或模型，比如适用于队列研究的分布滞后非线性模型（DLNM），从孕周尺度上同时考虑极端气温对早产的暴露-滞后-反应关系，以更精确的时间间隔探究极端气温影响早产的敏感窗口期。

8.2.4　统计分析方法

在生态学研究中，研究人员一般将每日早产数或者早产儿占所有活产数的比例作为结果，采用自回归泊松回归模型或者广义加性模型分析极端气温与早产的关联，能够获取温度每增加 1℃的早产风险。但这种分析思路无法考虑个体因素对早产的影响，可能会产生生态学谬误。因此，也有研究者收集到母亲-新生儿个体信息，采用 logistic 回归计算极端气温暴露影响早产发生的比值比。该分析思路虽然关注个体水平的暴露与结局，考虑了所有处于风险中的胎儿，但也仅是简单地将早产视作一个发生与否的事件，而未能考虑不同孕周早产儿对应的暴露时间的差异。目前越来越多的研究认为早产应被视作一个时间-事件结局，因此采用 Cox 比例风险模型（简称 Cox 模型）分析极端气温暴露导致早产发生的风险更为合理[10]。

Cox 模型以结局事件发生与否和出现结局所经历的时间为因变量，可分析多种因素对时间的影响，同时还能分析带有时间删失数据的资料，且不要求估计资料的生存分布类型。传统的 Cox 模型的比例风险假定为：危险因素的作用不随时间的变化而变化。但现实生活中很多因素都会随着时间而变化，比如孕期不同时间点的温度暴露是不同的，因此，相应时间点的健康效应也可能是不同的。对此，统计学家们对 Cox 模型进行拓展，引入时间依存变量，可用于探索随时间变化的暴露，比如整个怀孕周期内的温度是变化的；或者随时间变化的暴露效应研究，比如孕早期 30℃和孕晚期 30℃暴露效应是不同的。Cox 模型在应用于孕期暴露对早产影响的研究时，在统计分析过程中，可以拟合 Cox 比例风险模型，使用胎龄作为生存时间，早产发生作为结果事件，不仅能够考虑个体因素对早产的影响，也能进一步关注模型中各因素对早产发生时间的影响，同时还考虑所有的处于风险中的胎儿而不仅是早产儿，能够更充分地利用数据信息[21]；也可以建立非比例风险模型，探索孕期不同时间点暴露的效应差异，比如不同孕周的暴露温度与早产的关联。

8.3　极端气温与早产的多中心前瞻性队列研究

正如前文所述，随着气候变化的不断加剧，极端气温对早产的影响已在世界各国引起广泛讨论，但研究结果并不一致。极端气温对早产到底有没有影响？若有，这种效应是短期急性的、长期慢性的还是两者兼有？是否存在一个暴露的关键窗口期？极端高温与极端低温的效应是否存在差异？此外，在不同早产亚型和不同地区间，极端气温对早产的效应是否存在差异？这些都是待解决的科学问题，因此，本节以一项基于中国 8 个城市 16 个区（县）的多中心前瞻性队列研究为例，来探究极端气温与早产之间的关联。

8.3.1　案例简介

本案例基于 2014～2018 年中国孕产妇和新生儿健康监测项目，该项目根据气候特征、社会经济水平、孕产妇和围产期保健管理等标准，选择了中国 8 个城市

（鞍山市、石家庄市、黄冈市、岳阳市、河源市、厦门市、自贡市、玉溪市）的 16 个区（县）作为监测点，持续监测并收集地区内孕产妇和新生儿的相关信息。2022 年 3 月该研究在 *The Lancet Regional Health Western Pacific* 发表[22]。此案例主要解决了 3 个研究问题：①极端高温与极端低温对早产的效应是否存在差异？②极端气温对不同早产亚型的影响是否存在差异？③不同地区的效应是否存在差异，这种差异受哪些因素的影响？

8.3.2　数据收集

考虑到项目开展初期信息收集的完整性问题，研究者选取 2014 年 3 月至 2018 年 12 月纳入队列的孕产妇，共包括 210 798 个母婴对。此外，在研究环境暴露对出生结局的影响时，通常使用监测站数据或已被处理过的网格化数据与孕产妇孕期的居住地址进行匹配，从而获得研究对象孕期的暴露水平。本案例中气温暴露数据来源于我国国家气象中心的 680 个监测站，空气污染数据来源于中国环境监测总站。

形成分析数据集时需要注意以下几点：①采用 Cox 模型收集数据时，收集到的数据是个案数据，需要给予每个研究对象一个专属的 ID。②该研究中选择孕早期（妊娠 1～12 周）、孕中期（妊娠 13～27 周）、孕晚期（妊娠 28 周及以后）和全孕期作为暴露窗口，来捕捉极端气温与早产关联的长期效应；选择分娩前 1 周和分娩前 4 周来捕捉短期效应。在各窗口期内，每个个案都应该有充足的暴露信息可供使用。因此研究中需要足够精细的数据以评估暴露窗口的各环境因素暴露情况。该研究选定窗口期时主要参考了临床标准，除此以外也可以选择其他尺度的暴露窗口，常用的尺度是周。周尺度能够较精确地发现怀孕周期中的敏感窗口，同时也能避免由于暴露尺度过于精细（如小时，天）而出现统计分析结果难以解释的情况。③考虑到温度、湿度及空气污染物的暴露是随时间变化的，该研究选用了含依存协变量的非比例风险模型，先将孕产妇的每日暴露转变为每周暴露，然后再计算各个暴露窗口内的平均暴露水平，因此不是传统的一人一条数据，而是一人多条数据。在同一个 ID 结局保持不变的情况下，把整个孕期的暴露情况按研究需求拆分成多条数据，体现每个纳入研究的孕产妇各个窗口期的暴露情况。

8.3.3　暴露评估

案例中根据孕产妇孕期的居住地址，运用反距离加权空间插值法，评估了每个孕产妇在怀孕期间的每日气温、相对湿度和空气污染物的暴露水平，并计算了孕产妇各个暴露窗口的平均气温（T_{mean}）。

在本研究中，采用 IDW 法后，未对插值结果进行评估。建议类似研究应补充插值模型预测的准确度和可靠性的评估。例如，常用的交叉验证，是一种留一法重采样方法，该方法首先使用所有输入点来估计插值模型的参数（例如，克里金法的半变异函数或反距离加权法的幂值），然后隐藏单个输入点并使用数据集中除了隐藏点之外的其他点来预测隐藏点的值，再将预测值与测量值进行比较。接下来，将隐藏点添加回数据集，并对另一个输入点进行隐藏和预测，随后对所有的输入点重复此过程。隐藏点的值并非不可测量，因此可以根据其测量值验证预测值，如果插值模型能够准确地预测隐藏点的值，那么该模型也应能够准确地预测新的未测量点的值。交叉验证完成后，可以结合分析的目标和期望比较模型的统计参数来评估模型的优劣，包括平均误差（交叉验证误差的平均值，该值应该尽可能接近 0）、均方根误差（均方根预测误差的平方根，该值的单位与数据相同，应当尽量小）、平均值标准化误差（标准化误差的平均值，该值应尽可能接近 0）、平均标准误差（标准误差的二次平均值，该值应尽可能小，但也应近似等于均方根误差）和均方根标准化误差（标准化误差的均方根，该值应该尽可能接近 1）。

在获得孕产妇各个暴露窗口的平均气温（T_{mean}）后，该案例通过设置截断值的方法把温度暴露从连续型变量转换为分类变量：冷（$<T_{mean}$ 的第 5 百分位数）、热（$>T_{mean}$ 的第 95 百分位数）、适宜温度（T_{mean} 的第 5～95 百分位数），从而同时关注极端高温和极端低温对早产的影响。

8.3.4 描述性分析

在这一类研究的统计描述中，最常见的做法是在说明研究中数据的具体纳入、排除情况后，对研究人群的特征进行统计描述，再对研究关注的暴露进行对应的统计描述。如表 8-1 所示，研究人群基本特征是该类研究中首要呈现的结果。描述时通常按照结局进行分类，对统计模型中控制的协变量进行描述。这一步可以初步了解模型中协变量在研究人群中分布是否均衡，协变量与暴露结局及协变量之间的关系。而后是对暴露的气象因素进行描述，研究人群各个时间窗的平均气温、最高气温、最低气温和相对湿度暴露情况见表 8-2。除了表格之外，还可以绘制暴露地图，可以更加直观地展示暴露在人群中的分布，让结果在形式上更加丰富。

表 8-1 案例中研究人群基本特征

特征	总新生儿	PTB	MI-PTB	S-PTB
数量/人 （比例/%）	210 798 （100）	8 587 （4.07）	4 050 （1.92）	4 537 （2.15）
胎龄/周 （均数±标准差）	39.0 （1.46）	34.7 （1.94）	34.8 （1.83）	34.7 （2.03）

续表

特征		总新生儿	PTB	MI-PTB	S-PTB
孕产妇年龄/岁（均数±标准差）		34.0（6.54）	34.9（7.04）	36.4（6.74）	33.7（7.08）
孕前 BMI（均数±标准差）		22.0（3.35）	22.4（3.58）	23.2（3.78）	21.7（3.23）
孕产妇受教育程度/人（比例/%）	小学及以下	6 106（2.90）	277（3.23）	115（2.84）	162（3.57）
	初中	65 824（31.23）	2 719（31.66）	1 220（30.12）	1 499（33.04）
	高中	64 805（30.74）	2 368（27.58）	1 160（28.64）	1 208（26.63）
	大学	66 953（31.76）	3 003（34.97）	1 457（35.98）	1 546（34.08）
	缺失	7 110（3.37）	220（2.56）	98（2.42）	122（2.68）
孕产妇行为危险因素[a]/人（比例/%）	有	7 711（3.66）	335（3.90）	164（4.05）	171（3.77）
	无	203 083（96.34）	8 252（96.10）	3 886（95.95）	4 366（96.23）
	缺失	4（0.00）	0（0.00）	0（0.00）	0（0.00）
产次/人（比例/%）	初产	116 831（55.42）	4 586（53.40）	2 083（51.43）	2 503（55.17）
	经产	93 967（44.58）	4 001（46.59）	1 967（48.57）	2 034（44.83）
	缺失	0（0.00）	0（0.00）	0（0.00）	0（0.00）
分娩方式/人（比例/%）	自然分娩	120 094（56.97）	4 384（51.05）	0（0.00）	4 384（96.63）
	剖宫产	90 355（42.86）	4 186（48.75）	4 050（100.00）	136（3.00）
	缺失	349（0.17）	17（0.20）	0（0.00）	17（0.37）
受孕季节/人（比例/%）	春季（3～5 月）	53 108（25.19）	1 975（23.00）	895（22.10）	1 080（23.80）
	夏季（6～8 月）	55 943（26.54）	2 347（27.33）	1 085（26.79）	1 262（27.82）
	秋季（9～11 月）	53 178（25.23）	2 172（25.29）	1 062（26.22）	1 110（24.47）
	冬季（12～2 月）	48 569（23.04）	2 093（24.37）	1 008（24.89）	1 085（23.91）
APNCU[b]/人（比例/%）	＜50%	56 906（27.00）	946（11.02）	395（9.75）	551（12.15）
	50%～79%	70 706（33.54）	2 013（23.44）	977（24.12）	1 036（22.83）
	80%～109%	41 985（19.92）	2 782（32.40）	1 403（34.64）	1 379（30.39）
	≥110%	41 201（19.55）	2 846（33.14）	1 275（31.48）	1 571（34.63）
新生儿性别/人（比例/%）	男	111 514（52.90）	4 808（55.99）	2 217（54.74）	2 591（57.11）
	女	99 247（47.08）	3 778（44.00）	1 833（45.26）	1 945（42.87）
	缺失	37（0.02）	1（0.01）	0（0.00）	1（100.00）

缩写：BMI，体重指数；APNCU，孕期产检指数；MI-PTB，医源性早产；S-PTB，自发性早产。

a. 孕产妇行为危险因素：怀孕期间有吸烟、饮酒、药物、有毒有害物质、辐射或其他接触史。

b. 根据《孕前和孕期保健指南（2018）》的建议，孕期产检指数分为 4 个类别：不足（＜50%）、中级（50%～79%）、充分（80%～109%）和非常充足（≥110%）。

表 8-2 研究人群各时间窗内的温度和湿度暴露特征

暴露窗口		均数	标准差	最小值	P_{25}	中位数	P_{75}	最大值	四分位数间距
孕早期	平均气温/℃	17.35	8.12	−8.41	11.81	18.67	24.51	28.81	12.70
	最高气温/℃	22.18	7.98	−2.81	16.79	23.70	29.14	34.24	12.36
	最低气温/℃	13.77	8.39	−12.93	7.97	14.96	20.88	26.23	12.91
	相对湿度/%	72.65	11.70	35.70	68.78	76.52	81.20	89.31	12.42
孕中期	平均气温/℃	16.91	7.70	−8.92	11.81	18.10	23.45	28.83	11.65
	最高气温/℃	21.74	7.53	−3.02	16.95	22.95	28.08	34.01	11.13
	最低气温/℃	13.32	8.02	−15.22	7.95	14.53	19.94	26.09	11.99
	相对湿度/%	72.32	11.62	37.08	68.80	76.19	80.84	87.59	12.04
孕晚期	平均气温/℃	16.79	8.24	−9.79	11.58	17.83	23.81	31.01	12.23
	最高气温/℃	21.68	8.11	−4.68	16.55	22.80	28.55	35.28	11.99
	最低气温/℃	13.16	8.50	−16.59	7.74	14.12	20.18	28.18	12.44
	相对湿度/%	72.17	12.30	29.40	68.61	75.70	80.94	93.58	12.33
全孕期	平均气温/℃	17.02	4.03	−1.46	14.83	17.48	20.07	25.40	5.24
	最高气温/℃	21.87	3.76	4.61	19.41	22.44	24.58	30.74	5.18
	最低气温/℃	13.42	4.61	−7.61	10.81	13.75	16.93	23.10	6.13
	相对湿度/%	72.38	10.08	39.71	65.16	76.36	79.75	86.60	14.59
分娩前 1 周	平均气温/℃	17.06	8.86	−17.05	11.30	18.56	24.31	33.34	13.01
	最高气温/℃	21.95	8.84	−12.85	16.02	23.73	29.05	39.16	13.03
	最低气温/℃	13.42	9.08	−21.99	7.67	14.51	20.85	30.48	13.18
	相对湿度/%	72.64	14.46	21.16	65.76	76.55	83.13	98.33	17.37
分娩前 4 周	平均气温/℃	16.96	8.68	−12.66	11.30	18.25	24.34	31.47	13.04
	最高气温/℃	21.86	8.55	−6.71	16.36	23.52	28.95	36.42	12.59
	最低气温/℃	13.33	8.93	−17.84	7.66	14.33	20.68	28.88	13.02
	相对湿度/%	72.49	13.04	31.23	68.04	76.37	81.64	93.77	13.60

8.3.5 统计分析

1. 第一阶段分析

首先，从整体层面分析各个暴露窗口极端气温对早产的影响。模型为

$$h(\mathrm{GA},\mathrm{PTB}) = h_0(\mathrm{GA})\exp(\beta_I X_I + \beta_{dt} X_i + \beta_{\mathrm{tempt}} X_{\mathrm{tempt}}) \tag{8-1}$$

式中，GA 表示胎龄；PTB 代表早产发生情况；$h_0(\mathrm{GA})$ 代表早产的基线风险函数，即所有协变量都为零时的基线风险；X_{tempt} 代表 t 窗口期的极端气温暴露类别（冷、适宜、热）；X_I 表示随时间变化的协变量，包括全孕期的相对湿度和空气污染物暴露（为了避免污染物之间的高度相关而引发共线性问题，最终纳入了 $PM_{2.5}$ 和 O_3）；X_i 指不随时间变化的协变量，包括孕产妇年龄、孕产妇受教育程度（小学及以下、初中、高中、大学）、产次（初产、经产）、孕前 BMI（<18.5、18.5～23.9、>23.9），受孕季节（春季、夏季、秋季、冬季）、分娩方式（自然分娩、剖宫产）、孕产妇行为危险因素（是否暴露于吸烟、饮酒、药物、有毒有害物质、辐射或其他）、新生儿性别（男性、女性）及研究对象居住的区（县）。此外，由于气温暴露对早产可能存在长期效应，因此在分娩前 1 周和分娩前 4 周的急性效应分析中，使用自由度为3的自然三次样条函数分别控制全孕期中除这两个时间段外的其他时期的气温暴露。产前检查的次数可以反映研究对象对自身健康的关注程度，产前检查的次数越高的孕妇往往更关注自身健康和孕期保健，并有意识地减少暴露于极端气温。因此研究者根据《孕前和孕期保健指南（2018）》，计算每个孕妇的孕期产检指数（APNCU），即实际产前护理次数与推荐产前保健次数的比值，可分为四类：不足（<50%）、中度（50%～79%）、充足（80%～109%）和非常充足（≥110%）[23]。

研究发现在整个孕期内暴露于极端气温环境均与早产的发生风险增加有关，极端低温和极端高温的风险比（HR）（95%CI）分别为 2.16（95%CI：1.93，2.41）和 1.63（95%CI：1.19，2.22）。这与先前在国内[24]、美国[16]和韩国[25]的极端高温暴露与早产研究的结论一致。本案例中发现孕早期、孕晚期和全孕期的极端低温暴露与早产相关，也有研究发现孕期极端低温暴露对早产有保护效应[14]，这可能是与孕妇在孕期采取更多的保健措施有关。

接着，既往研究提示，极端气温对于不同早产亚型的作用机制可能有所不同，因此，为了进一步探究极端气温暴露对早产的影响，研究者根据产妇早产的临床特征和胎龄长短对早产进行分型，然后在每一亚型中分别计算极端气温暴露对早产的效应。研究发现，极端气温暴露与早产的关联因早产的亚型而不同，例如，全孕期，在医源性早产中，高温和低温的效应分别是 1.84（95%CI：1.29，2.61）和 2.18（95%CI：1.83，2.60）；在自发性早产中，高温和低温的效应分别是 1.50（95%CI：1.11，2.02）和 2.15（95%CI：1.92，2.41）（图 8-1）。原因可能是极端高温对不同早产亚型的影响不同，如极端高温通过影响母婴之间的营养和氧气输送而诱发医源性早产[26]，或通过诱发胎膜早破而导致自发性早产[27]。同时，极端气温对早产的影响随着胎龄的增加而变小（图 8-2），但目前极端气温对不同早产亚型影响的研究较少，未来还需要更多的关注。

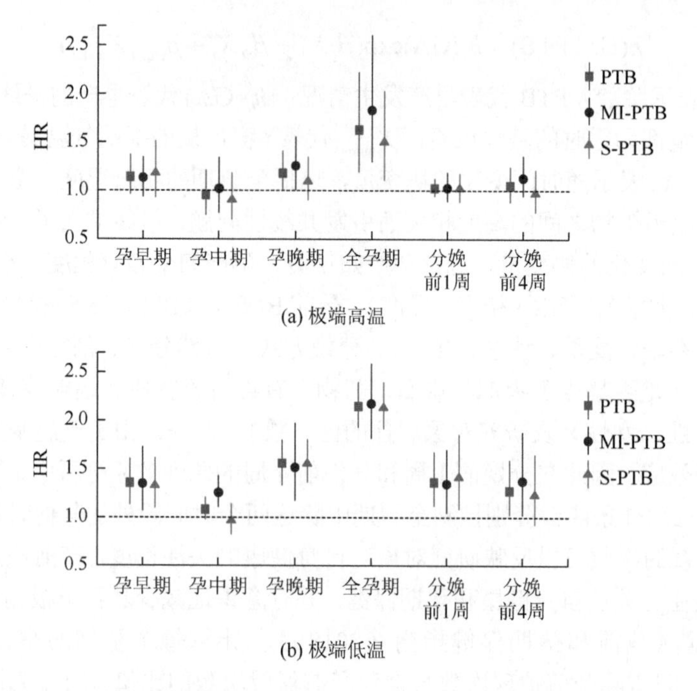

图 8-1　各窗口期极端气温暴露与早产及其早产亚型关联的风险比

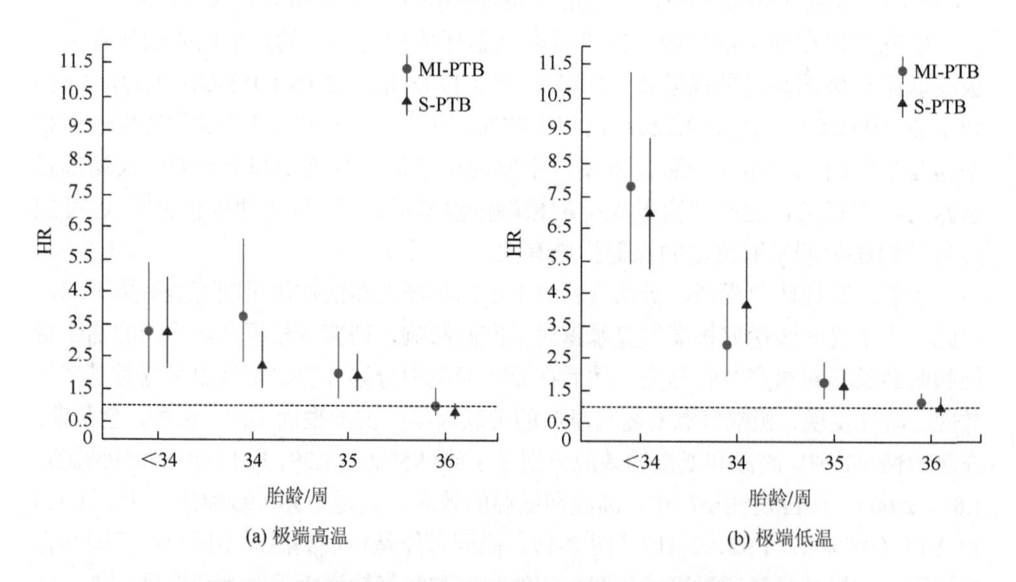

图 8-2　不同胎龄下极端气温暴露与早产亚型关联的风险比

2. 第二阶段分析

在第一阶段分析结束后，为了评估各个地区间极端气温暴露与早产的关联是否存在差异，先在每个城市单独进行效应计算，再使用 Meta 回归分析的方式汇总各城市的分析结果，用不一致系数（I^2）描述城市间异质性的百分比，结合 Q 检验对城市间效应的异质性进行了比较。

研究发现，极端气温与 PTB 亚型之间的效应因城市而异（$I^2>50\%$）（图 8-3）。在鞍山市、石家庄市、黄冈市和岳阳市发现了极端高温与 MI-PTB 的发生有关，其中在鞍山市和黄冈市中关联最强，HR（95%CI）分别为 4.41（95%CI：2.72，7.14）和 4.41（95%CI：3.12，6.23），而除了厦门市外，其他城市均发现极端高温与 S-PTB 的关联，其中，黄冈市的效应最强，HR 为 5.04（95%CI：3.54，7.18）。

极端低温暴露与鞍山市、石家庄市、黄冈市、岳阳市、厦门市和自贡市的 MI-PTB 发生率增加有关，且在除河源市以外的其他城市都观察到对 S-PTB 的影响，其中在鞍山市观测到的效应最强（MI-PTB：HR = 4.65；95%CI：3.06，7.05。S-PTB：HR = 6.55；95%CI：3.46，12.42）。

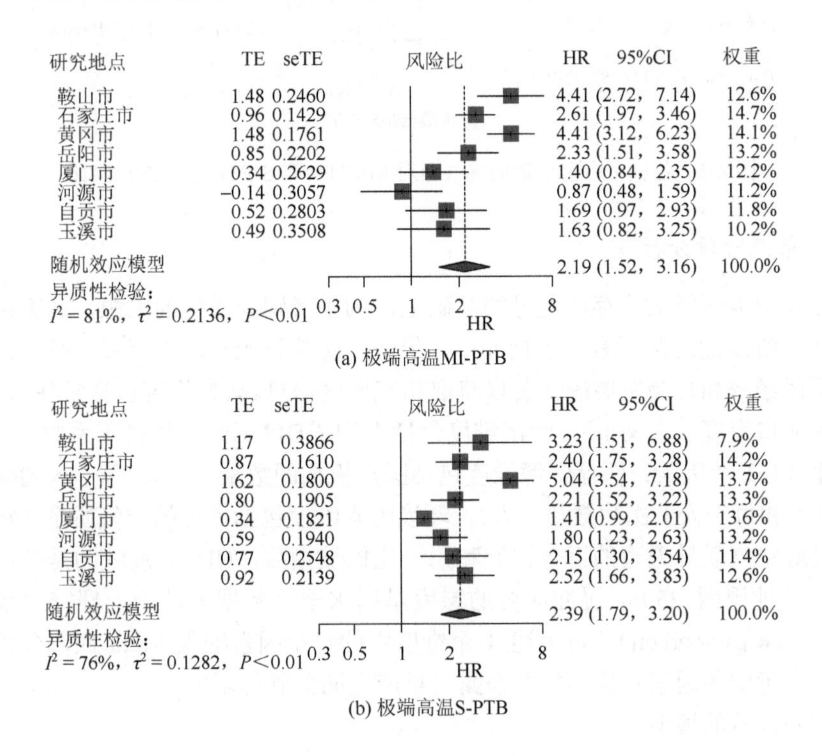

(a) 极端高温MI-PTB

(b) 极端高温S-PTB

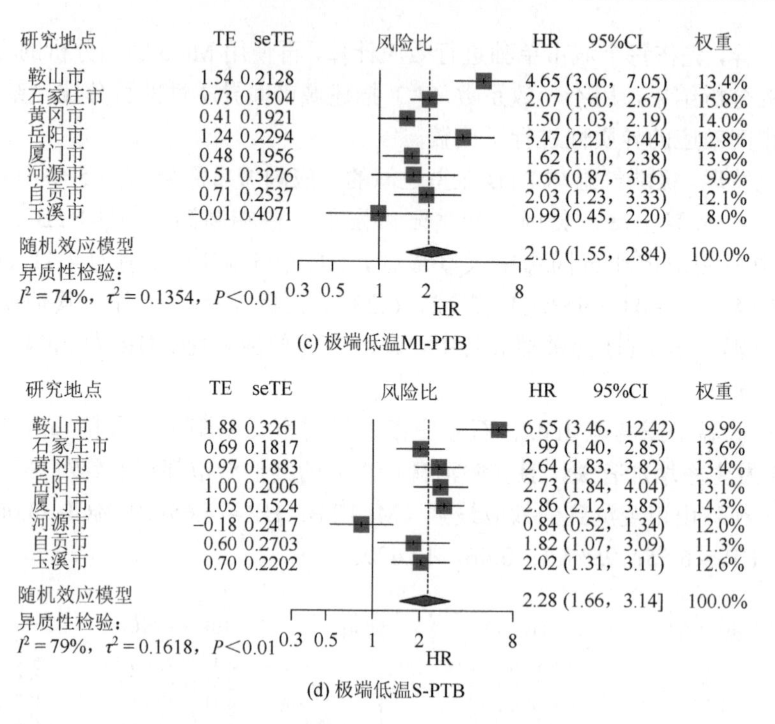

图 8-3　各城市内全孕期极端气温对 MI-PTB 和 S-PTB 影响的风险比

3. 第三阶段分析

在发现地区间效应存在差异的基础上，为了辨别异质性的来源，此案例共考虑了 4 个维度的地区因素，包括人口、经济、医疗资源和环境因素。基于每个城市的国民经济和社会发展统计公报获取相应地区信息。人口维度包括常住人口（万人）和人口密度（人/km²）；经济维度包括人均 GDP（元）、恩格尔系数（%）和失业率（%）等因素；医疗资源维度包括医疗机构的数量（个）、每千人的病床数量（个）和每千人的医生数量（人）；环境因素维度包括良好的空气质量（每年优秀或良好空气质量天数的百分比）和归一化植被指数，NDVI 反映的是孕产妇孕期居住地址周围 250m 缓冲区内的绿度暴露水平，数据来源于地理空间数据云（http://www.gscloud.cn）。将上述 4 个维度中的每个因素纳入 Meta 回归分析的模型中，来确定各因素对极端气温暴露与早产之间关联的影响。

回归分析的模型为

$$Y_i = \beta_0 + \beta_k X_{ki} + \varepsilon_i \tag{8-2}$$

式中，Y_i 是第 i 个城市的 HR 的对数；X_{ki} 是第 i 个城市中因子 k 的值；β_k 是因子 k 的回归系数；β_0 是模型截距；ε_i 是模型的残差。

Meta 回归分析的结果显示经济和医疗资源维度中的几个因素影响了极端气

温暴露与早产在不同地区的关联（表 8-3）。在经济维度内，人均 GDP 的增加降低了极端高温对 S-PTB 的危险效应（β = –0.16；95%CI：–0.30，–0.01）。此外，研究还发现，每千人的病床数量降低了极端低温对 MI-PTB 的危险效应（β = –0.25，95%CI：–0.50，–0.01）。这也说明需要在更多经济和医疗资源水平存在差异的地区开展研究，并推行更加因地制宜的环境和健康政策。

表 8-3　极端气温暴露与早产之间关联异质性的城市级特征来源

影响因素		极端高温 β（95%CI）		极端低温 β（95%CI）	
		MI-PTB	S-PTB	MI-PTB	S-PTB
人口	常住人口/万人	0.22（–0.34，0.77）	0.09（–0.18，0.35）	0.06（–0.13，0.24）	0.09（–0.10，0.28）
	人口密度/(人/km^2)	0.11（–0.20，0.42）	0.05（–0.40，0.50）	0.06（–0.11，0.22）	0.07（–0.10，0.24）
经济	人均 GDP/元	–0.13（–0.43，0.17）	–0.16（–0.30，–0.01）	–0.06（–0.24，0.12）	–0.05（–0.57，0.47）
	恩格尔系数/%	0.03（–0.41，0.48）	0.11（–0.32，0.53）	0.09（–0.25，0.42）	0.10（–0.38，0.59）
	失业率/%	0.02（–0.49，0.53）	–0.07（–0.70，0.57）	0.07（–0.15，0.29）	0.13（–0.26，0.52）
医疗资源	医疗机构数量/个	0.05（–0.56，0.66）	–0.05（–0.56，0.47）	0.07（–0.17，0.32）	–0.07（–0.32，0.18）
	每千人的病床数量/个	–0.12（–0.47，0.23）	–0.06（–0.25，0.13）	–0.25（–0.50，–0.01）	–0.06（–0.57，0.46）
	每千人的医生数量/人	–0.10（–0.44，0.24）	–0.05（–0.20，0.09）	–0.09（–0.38，0.21）	0.13（–0.26，0.51）
环境	NDVI	–0.06（–0.59，0.47）	–0.32（–0.14，0.75）	–0.08（–0.45，0.29）	–0.11（–0.28，0.05）
	空气质量/%	–0.11（–0.31，0.09）	–0.08（–0.24，0.08）	–0.05（–0.21，0.11）	–0.06（–0.28，0.15）

敏感性分析主要从三个方面来检验结果的稳健性。第一部分选择了新的截断值来定义极端气温暴露：日平均温度的第 1、10、25、75、90 和 99 百分位数。每日的气温是波动的，仅使用平均值（T_{mean}）并不能完全代表孕产妇的每日暴露，因此，第二部分使用了每日气温的最大值（T_{max}）和最小值（T_{min}）来重新定义暴露。此外，研究中所纳入的研究对象，有 4%的早产儿是基于末次月经（LMP）估计的，而 LMP 估计的孕周可能与实际胎龄存在偏差，考虑到孕周对早产定义的影响，因此在第三部分的敏感性分析中排除了仅通过 LMP 定义的早产。

在敏感性分析中，使用 T_{max} 和 T_{min} 的第 95 百分位数定义的极端高温暴露，在整个怀孕期间对 PTB（MI-PTB 和 S-PTB）的影响与使用 T_{mean} 定义的结果类似。此外，当高温的定义更极端时，效应更强。使用 T_{max} 或 T_{min} 的第 5 百分位数定义极端低温暴露，发现了与 T_{mean} 定义一致的敏感窗口，同样，当低温的定义更极端时，全孕期的效应更强。排除仅基于 LMP 确定胎龄的新生儿后，分析得到的极端气温暴露与早产的关联跟不排除前基本一致。敏感性分析的结果说明研究中发现的统计学关联是稳健的，也反映了孕期的气温暴露越极端，对早产的影响也越大。

8.4 小　　结

本章案例采用前瞻性队列研究设计，基于全国数据探讨了极端高温和极端低温的暴露对早产的影响。研究发现在整个孕期内暴露于极端高温和极端低温环境均与早产的发生风险增加有关。极端气温暴露与早产的关联因早产的亚型、研究的地区不同而存在差异，而经济发展状况和医疗资源分布的不均可能是造成地区间效应差异的原因。

目前孕期极端气温暴露与不良出生结局的研究领域，仍然缺乏能产生更高等级证据的前瞻性队列研究。国外目前已建立一些较为成功的出生队列，如英国千禧队列研究（Millennium Cohort Study）及在牛津大学协调下多国参与的 21 世纪国际胎儿和新生儿生长联盟（International Fetal and Newborn Growth Consortium for the 21st Century，INTERGROWTH-21st）。国内在安徽省和北京市、上海市、广州市、深圳市等地纷纷建立了出生队列。未来若能建立出生队列数据的国际、国内合作共享机制，可联合不同地区的数据进行孕期极端气温暴露对不良出生结局的效应评估及人群和区域脆弱性评估。除人群流行病学研究外，还可开展分子流行病学研究及体内外实验研究，以探讨极端气温损害母婴健康的生理通路和相应的生物标志物。

相关研究在暴露评估方面仍然缺乏细致的工作，目前大多数研究未能考虑孕产妇家庭与工作地址、孕期时空活动模式、空调或暖气的使用及其他影响热暴露的参数（如新陈代谢和服装类型）对暴露的影响，可能存在暴露错误分类。未来的研究中，在数据可得的情况下，建议利用卫星遥感技术或地理信息系统（如土地利用回归）收集空间分辨率较高的气象数据，同时通过孕期日记，或者可穿戴设备收集孕期的活动模式，包括每日所处的主要位置及停留时间等，结合高空间分辨率的气象数据及活动模式评估个体孕期暴露的室外气象条件。此外，考虑到孕妇长时间处于室内，且经常使用空调等调节温度，因此评估极端气温的暴露时，也需要考虑微环境的影响，考虑空调等干预行为的健康效益。目前用于暴露评估的指标通常为环境温度。有研究建议使用体感温度和热指数等指标，这些指标综合了环境温度、湿度和太阳辐射等信息，或许能更好地反映个体所处的实际环境。

此外，IPCC AR6 第二工作组的报告显示，即使在符合 1.5℃或 2℃升温目标的低排放情况下，21 世纪末前人类也会经历严重的气候风险，并将有一半的人生活在气候变化高度脆弱地区。这表明，对于气候变化的适应不再是一种选择，而是 21 世纪及未来社会生态系统的当务之急，是一种全球性的责任[28]。气候变化的适应通常是指人类为应对当前或预期气候变化所产生的负面影响而做出的改变[29]，适应措施可在社会的多个层面推进，大到国际组织、各国各级政府，小到每个家庭及个体。例如，可开展气候变化与人群健康监测预警，建立人群健康相关的气候风险早期预警系统；改变城市的"绿色、蓝色和灰色基础设施"（增加绿化植被面积、利用城市水体降温和改变建筑材料并加强通风等）；加强健康教育，提高脆弱人群及户外工作者的防护意识等[30]。在未来的研究中，也需要考虑如何为孕产妇这一特殊的脆弱人群制定有针对性的适应措施，如研究如何在健康风险相关的热浪预警系统中，将孕产妇作为目标人群进行预警，以减少极端高温暴露造成的不良出生结局。

参考文献

[1] Ohuma E O，Moller A B，Bradley E，et al. National，regional，and global estimates of preterm birth in 2020，with trends from 2010: A systematic analysis[J]. The Lancet，2023，402（10409）：1261-1271.

[2] World Health Organization. Born too soon: Decade of action on preterm birth[M]. Geneva: World Health Organization，2023.

[3] Wang L，Jin F. Association between maternal sleep duration and quality，and the risk of preterm birth：A systematic review and meta-analysis of observational studies[J]. BMC Pregnancy and Childbirth，2020，20：1-13.

[4] Fitzgerald E，Boardman J P，Drake A J. Preterm birth and the risk of neurodevelopmental disorders：Is there a role for epigenetic dysregulation？[J]. Current Genomics，2018，19（7）：507-521.

[5] Liu L，Oza S，Hogan D，et al. Global，regional，and national causes of child mortality in 2000-13，with projections to inform post-2015 priorities：An updated systematic analysis[J]. The Lancet，2015，385（9966）：430-440.

[6] He J R，Liu Y，Xia X Y，et al. Ambient temperature and the risk of preterm birth in Guangzhou，China（2001-2011）[J]. Environmental Health Perspectives，2016，124（7）：1100-1106.

[7] Chersich M F，Pham M D，Areal A，et al. Associations between high temperatures in pregnancy and risk of preterm birth，low birth weight，and stillbirths：Systematic review and meta-analysis[J]. BMJ，2020，371：m3811.

[8] Liang Z J，Lin Y，Ma Y Z，et al. The association between ambient temperature and preterm birth in Shenzhen，China：A distributed lag non-linear time series analysis[J]. Environmental Health，2016，15：84.

[9] Auger N，Naimi A I，Smargiassi A，et al. Extreme heat and risk of early delivery among preterm and term pregnancies[J]. Epidemiology，2014，25（3）：344-350.

[10] Wang J，Williams G，Guo Y，et al. Maternal exposure to heatwave and preterm birth in Brisbane，Australia[J]. BJOG（An international Journal of Obstetrics & Gynaecology），2013，120（13）：1631-1641.

[11] Ha S，Liu D P，Zhu Y Y，et al. Ambient temperature and early delivery of singleton pregnancies[J]. Environmental Health Perspectives，2017，125（3）：453-459.

[12] Zhong Q，Lu C，Zhang W S，et al. Preterm birth and ambient temperature：Strong association during night-time

and warm seasons[J]. Journal of Thermal Biology，2018，78：381-390.

[13] Zhang Y Q，Yu C H，Wang L. Temperature exposure during pregnancy and birth outcomes：An updated systematic review of epidemiological evidence[J]. Environmental Pollution，2017，225：700-712.

[14] Sun S Z，Weinberger K R，Spangler K R，et al. Ambient temperature and preterm birth：A retrospective study of 32 million US singleton births[J]. Environment International，2019，126：7-13.

[15] Zhang Z Y，Laden F，Forman J P，et al. Long-term exposure to particulate matter and self-reported hypertension：A prospective analysis in the Nurses' Health Study[J]. Environmental Health Perspectives，2016，124（9）：1414-1420.

[16] Kloog I，Melly S J，Coull B A，et al. Using satellite-based spatiotemporal resolved air temperature exposure to study the association between ambient air temperature and birth outcomes in Massachusetts[J]. Environmental Health Perspectives，2015，123（10）：1053-1058.

[17] Schifano P，Lallo A，Asta F，et al. Effect of ambient temperature and air pollutants on the risk of preterm birth，Rome 2001-2010[J]. Environment International，2013，61：77-87.

[18] Arroyo V，Díaz J，Ortiz C，et al. Short term effect of air pollution，noise and heat waves on preterm births in Madrid（Spain）[J]. Environmental Research，2016，145：162-168.

[19] Kent S T，McClure L A，Zaitchik B F，et al. Heat waves and health outcomes in Alabama（USA）：The importance of heat wave definition[J]. Environmental Health Perspectives，2014，122（2）：151-158.

[20] Basu R，Malig B，Ostro B. High ambient temperature and the risk of preterm delivery[J]. American Journal of Epidemiology，2010，172（10）：1108-1117.

[21] Strand L B，Barnett A G，Tong S. Maternal exposure to ambient temperature and the risks of preterm birth and stillbirth in Brisbane，Australia[J]. American Journal of Epidemiology，2012，175（2）：99-107.

[22] Ren M，Wang Q，Zhao W，et al. Effects of extreme temperature on the risk of preterm birth in China：A population-based multi-center cohort study[J]. The Lancet Regional Health Western Pacific，2022，24：100496.

[23] Qi H，Yang H. Guidelines for pre-pregnancy and pregnancy health care（2018）[J]. Chinese Journal of Obstetrics and Gynecology，2018，53（1）：7-13.

[24] Guo T J，Wang Y Y，Zhang H G，et al. The association between ambient temperature and the risk of preterm birth in China[J]. Science of the Total Environment，2018，613-614：439-446.

[25] Son J Y，Lee J T，Lane K J，et al. Impacts of high temperature on adverse birth outcomes in Seoul，Korea：Disparities by individual-and community-level characteristics[J]. Environmental Research，2019，168：460-466.

[26] Krause B J，Carrasco-Wong I，Caniuguir A，et al. Endothelial eNOS/arginase imbalance contributes to vascular dysfunction in IUGR umbilical and placental vessels[J]. Placenta，2013，34（1）：20-28.

[27] Ha S，Liu D P，Zhu Y Y，et al. Acute associations between outdoor temperature and premature rupture of membranes[J]. Epidemiology，2018，29（2）：175-182.

[28] Magnan A K，Anisimov A，Duvat V K E. Strengthen climate adaptation research globally[J]. Science，2022，376（6600）：1398-1400.

[29] Murray V，Ebi K L. IPCC special report on managing the risks of extreme events and disasters to advance climate change adaptation（SREX）[J]. J Epidemiol Community Health，2012，66（9）：759-760.

[30] Hintz M J，Luederitz C，Lang D J，et al. Facing the heat：A systematic literature review exploring the transferability of solutions to cope with urban heat waves[J]. Urban Climate，2018，24：714-727.

第9章　基于职业暴露风险评估方法分析高温健康影响

黄存瑞　程亮亮　马文军

职业人群是总人群的重要组成部分，他们不仅是一个家庭的支柱，而且还是国家发展的中坚力量，其健康状态关乎到整个国家和社会发展的稳定。职业人群由于生产方式、劳动强度等因素，易受到极端高温的影响，并由此引发一系列健康与安全问题。然而，由于该领域起步相对较晚，既往研究存在较多的方法学问题，如研究多基于简单的单一气象要素评估职业工作场所的热暴露，未能真实反映职业人群在现实工作环境中的热压力情况；或研究多基于问卷调查或单一医疗机构收集某类职业人群的健康数据，未能全面反映气候变化对职业人群的健康影响。此外，统计建模方法非常多样，缺乏规范的方法学操作指南。因此，本章将重点围绕“暴露评估—健康结局收集与处理—统计分析方法遴选”这一链条，结合极端高温对职业人群工伤影响这一案例，阐述科学评估气候变化背景下职业人群高温健康风险。

9.1　引　言

职业人群通常是指达到法定工作年龄、有劳动能力并参加社会经济活动的人群。众多研究表明，极端高温天气会诱发一系列的急慢性疾病，不仅会增加老年人、孕妇等群体的健康风险，职业人群也是受影响的脆弱群体[1-4]。当职业人群从事劳动工作时，机体内部产热增加，需散发多余的热量以平衡体核温度。如果外部环境气温过高、湿度过大，或者防护服装导致机体散热受阻时，机体不断蓄热并超过自身调节能力，就会造成器官功能临床损害（如循环、泌尿系统受损等）及人体活动能力降低（如焦虑烦躁、注意力下降等），从而造成一系列职业健康与安全问题，给家庭和社会带来沉重负担[5-6]。

IPCC 第五次及第六次评估报告已经重点提及气候变化背景下职业场所热暴露对

黄存瑞，清华大学万科公共卫生与健康学院长聘教授，博士生导师。研究方向为气候变化与健康，环境流行病学，公共卫生政策，全球健康治理。

程亮亮，清华大学万科公共卫生与健康学院助理研究员。研究方向为气候变化与职业健康、能源转型的健康风险评估。

马文军，暨南大学基础医学与公共卫生学院教授，博士生导师。研究方向为环境流行病学和传染病流行病学。

人群健康的危害，并且科学界有关高温职业健康风险评估的研究逐步增多[7-11]。例如，研究者发现气候变暖导致职业人群工作场所的热压力上升，造成了全球每年约 15 亿职业人群暴露于高温环境中[12]。流行病学研究也发现，极端高温诱发了职业人群的多种急慢性健康事件，尤其是在从事重体力劳动的户外工人发生中暑、肾功能损伤、心源性疾病、职业伤害等风险上升[4]。此外，气候变化不仅导致职业人群健康损害，而且通过影响劳动生产率造成经济损失，研究结果发现我国因极端高温导致劳动时间的损失持续上升，由此导致的经济损失已经超过了全年 GDP 的 1%[2]。

气候变化与职业健康的研究起步相对较晚，既往研究还存在较多的方法学问题。如研究多基于简单的单一气象要素（气温指标）评估职业工作场所的热暴露，未能真实反映职业人群在现实工作环境中的热压力情况。关注的结局变量多为基于问卷调查的职业健康认知情况，或基于单一医疗机构的疾病如中暑等，这些资料收集的方式未能全面反映气候变化对职业人群的健康影响。此外，统计建模方法非常多样，从最简单的描述性分析到较为复杂的时序建模方法，缺乏规范的方法学操作指南。因此，本章旨在基于职业人群这一特殊群体，重点从方法学层面阐明如何识别气候变化背景下极端高温对职业人群的健康影响。

9.2 方法学现状与进展

传统研究多基于单一的暴露指标（如日均气温等）来评估职业人群的健康风险，但单一气温指标并不能完全反映职业人群在实际工作生活中可能面临的复合热暴露情况，如在韩国开展的一项研究中发现，日最高气温上升将显著增加户外职业人群的死亡风险[13]；澳大利亚的一项研究发现，日最高气温超过 35.5℃，职业性中暑发病风险将上升 4～7 倍[14]。尽管此类研究揭示了单一气温指标与健康结局之间的关联，但职业人群在工作场所中与外界的热交换过程不仅受到环境温度的影响，同时也与环境中其他要素如湿度、风速、辐射有关。具体来说，人体在受到环境热暴露和机体产热影响的同时，可通过辐射、传导、对流和蒸发四种方式进行散热，以维持体温在正常范围内[15]。因此，相比于传统研究采用的单一暴露指标，在评估职业人群热压力情况时，需要遴选出更合适的综合性热暴露指标。

此外，传统研究多基于问卷调查的方式获取高温期间职业人群自我感知的健康状况，如在美国开展的一项针对农民的问卷调查研究显示，高温期间约 60%的调查者出现头痛的症状，30%的调查者出现肌肉抽搐的症状[16]。然而，通过问卷调查方式获取健康数据容易产生回顾性偏倚，且因为成本较高等因素，研究样本量非常有限。也有研究基于单一医疗机构收集职业人群的健康情况，如一项研究收集了广州某船舶公司职工在医疗体检机构的检查数据，发现从事户外高温作业的工人罹患泌尿系统结石的风险远高于其他行业[17]。从单一医疗机构获取健康数据相对简单，但由于受医疗机构等级、诊疗服务水平等因素影响容易产生入院率偏倚，因此难以识别出高温对整体职业人群造成的健康风险。此外，医院的门诊就诊或住院数据往往对患者职业信息记录不详细，难以评估不同类型职业人群之间的风险差异。

在统计建模方面，由于采用了不同的研究设计，统计分析方法较为广泛，包括 logistic 回归分析、泊松回归等，如一项研究收集了墨西哥参与清理泄漏石油的工人劳累性中暑、急性损伤的数据，并采取泊松回归分析了温度与病例发生数之间的关联[18]；泰国的一项研究以发放问卷的方法，收集工人受到炎热天气影响和受到职业伤害的情况，并利用 logistic 回归分析探究二者之间的关联[19]。然而，气温与人群健康结局之间通常是非线性的关系，并且温度造成的健康效应也存在着滞后性，采用传统的 logistic 回归或者泊松回归尚无法分析气象要素与职业人群健康结局之间的复杂关系。

近年来，为解决传统研究存在的方法学问题，研究者考虑到职业场所复合热暴露情况、健康数据收集的可靠性及统计模型的准确性等问题，采用更加合理的研究设计与分析方法。例如，当前越来越多研究者考虑基于湿球黑球温度（wet bulb globe temperature，WBGT）这一复合气象指标评估职业人群的热暴露，该指标综合了工作场所温度、湿度、风速及辐射多种气象要素，能较好地评估职业人群的热压力情况[20]。此外，职业健康数据需要包含较为完整的职业人群个案信息与诊疗状况，因此研究者多从医疗保险系统、工伤保险登记系统、死因监测系统等渠道获取可靠数据，这些源自卫生行政机构的数据能较好地代表职业人群这一群体的健康情况。在统计方法层面，Gasparrini 等基于气温与健康结局的时间序列数据，提出了分布滞后非线性回归方法。该方法最大的突破点是能同时拟合温度与健康结局之间的非线性效应和滞后效应，也能够评估出归因于不适气温的疾病负担[21-22]。该方法为开展环境健康风险评估提供新的思路，是近年来该领域较为前沿的方法，并且在高温对职业健康影响研究领域逐渐得到重视。

基于此，本节将基于职业人群，通过案例研究揭示如何科学评估高温对职业人群的健康影响。该案例将围绕“暴露评估—健康结局收集与处理—统计分析方法遴选”这一链条系统展开。

9.3　极端高温对职业人群工伤发生风险的影响研究

9.3.1　研究背景与科学问题

前期研究发现，极端高温可诱发一系列职业健康与安全问题，其中职业工作伤害（工伤）是最为常见且较为严重的热相关疾病[9, 23-24]。根据国际劳动组织的定义，工伤是指在生产劳动过程中，由职业事故导致的任何人身伤害、疾病或死亡。职业人群一旦发生工伤，轻则导致急性损伤（如软组织挫伤、骨折等），重则导致劳动能力丧失及生存质量下降（如瘫痪、失明等），甚至引发职业人群死亡。近年来我国的工伤发生率居高不下，2021 年我国工伤发生率达到了 6.1‰，由此造成的工伤保险支出费用多达 90.2 亿元[25]。然而，当前我国尚缺乏高温与职业人群工伤之间的关联证据，且高温对职业人群造成的归因疾病负担也不清楚。这一科学问题对科学界及政策制定者至关重要，相关研究证据不仅有助于制定针对性的高温劳动保护政策，而且劳动群体的健康关乎我国经济命脉，对维护我国经济可持续发展具有重要意义。

本案例研究地点为我国华南沿海地区的广州市。广州市气候以亚热带季风气候为主，夏季高温高湿且持续时间较长，加之城市热岛效应，使广州市的职业人群暴露于较高的环境热负荷水平中。此外，广州市是全球主要制造业中心之一，拥有大量的劳动人口，工伤保险覆盖率较高。广州市独特的气候条件及密集的职业人群分布，使得其成为研究极端高温对职业人群工伤影响的合适区域。因此，本节通过收集广州市工伤保险数据，主要分析高温与工伤及保险支出费用之间的关联，并揭示高温造成的归因疾病负担。

9.3.2 研究的方法步骤与结果

1. 健康数据收集及处理

《广州市工伤保险若干问题的规定》穗库〔2008〕6 号①于 2008 年实施，该条例强制用人单位为全体职工缴纳工伤保险，自规定实施后，广州市的工伤保险覆盖率逐年增加，工伤保险登记系统也日趋完善。工伤保险登记系统完整地记录了职业人群的个案信息与诊疗状况，因此非常适用于开展高温职业健康风险的研究。基于此，本案例从广州市工伤保险登记系统获取 2011～2012 年每日的工伤事件发生数及详细的个案数据。

该数据包含伤者的基本人口学特征信息（性别、年龄、受教育程度）、企业信息（所属行业及规模）、受伤情况（受伤时间、部位，劳动能力鉴定结果）、保险费用支出情况等。在收集完数据后，根据年龄将伤者划分为小于 35 岁、35～44 岁、大于等于 45 岁三组；将受教育程度分为低等（初中、中专及以下）、中等（高中、职高）、高等［本（专）科、研究生及以上］三组。此外，根据伤残等级将伤者的严重程度归类为三类：轻度（包括未达到致残等级或未参与劳动能力鉴定的工伤

① 现已失效，执行《广州市工伤保险若干规定》。

事件）、中度（包括经鉴定属于十级劳动能力损害的工伤事件，其劳动能力虽然受到影响，但经过治疗、康复训练后仍可恢复）、重度（包括经鉴定属于一至九级劳动能力损害的工伤事件，其劳动能力受到永久影响，无法完全恢复）。通过将连续型变量变换为分类变量，有助于后续统计分析结果的解释。

此外，在数据预处理阶段还需要注意到数据的缺失情况及异常值情况。通常情况下，若存在少量缺失值（5%以内）并且是随机缺失的模式，可以直接删除有缺失值的对象。若数据中缺失值大量存在，则不能再用删除的方式处理，因为这样会剔除相当比例的数据，影响数据代表性。此时，应当视数据情况采用推理法、非随机插补、多重插补等方法进行处理。异常值排查是为了排除明显不符合实际的值，通常为极大值或极小值，如不剔除可能会对数据质量造成较大影响。因为本案例中缺失值较少（小于 1%），故采用直接删除有缺失值对象的方式处理。

2. 热暴露指标的遴选

遴选合适的热暴露指标评价职业人群的热负荷水平至关重要。当前学术界提出了众多指标，包括从最简单的气温与湿热指数等，到较为复杂的通用热气候指数（universal thermal climate index，UTCI）与 WBGT 指数等[26]。本案例考虑到职业人群与外界的热交换过程不仅受气温的影响，同时也与湿度、风速、热辐射相关，因此最终遴选出 WBGT 这一复合指标评估职业人群的热压力情况。该指标同时考虑了气温、湿度、风速及辐射对职业人群机体散热速率的影响，已经广泛应用于职业健康领域中。例如，国际职业卫生标准基于 WBGT 制定了指导职业人群安全工作的温度阈值，我国职业卫生标准同样采用了该指标。因此，WBGT 是评估职业人群热暴露情况的首选指标。

此外，WBGT 的优点是可以基于常规气象站点监测数据进行计算。通常情况下，WBGT 需要基于专业的仪器测量，然而采用仪器很难做到对众多工作场所的大范围监测。因此，本案例基于 Lemke 和 Kjellstrom 开发的气象学迭代方法，利用常规气象数据计算出逐日 WBGT[20]。该方法误差较小，并且得到了许多研究的应用与证实，可以认为是当前计算 WBGT 最好的方法。具体而言，本案例通过收集来自于国家气候中心的气象监测数据，包括日平均气温、日平均相对湿度等基本要素。基于这些基本要素，本案例采用了气象学算法计算出广州市 2011～2012 年每日 WBGT。计算具体公式如下：

$$\mathrm{WBGT} = 0.7 \times T_w + 0.2 \times T_g + 0.1 \times T_d$$

式中，T_w是自然湿球温度；T_d是干球温度；T_g是黑球温度。T_w是由相对湿度通过迭代算法估算得到的。T_g是由辐射通过迭代算法估算太阳光的直接分量和漫反射分量得到的。

3. 描述性分析

描述性分析可用基本的图表对数据的概况进行描述。表9-1展示的是广州市2011～2012年工伤事件数量分布及保险支出费用分布。2011～2012年，广州市工伤保险登记系统共记录9550例工伤事件，产生工伤保险支出费用约2.82亿元。男性伤者所占比例较大，约占77.2%。小于35岁、35～44岁、大于等于45岁的伤者构成比分别为45%、34.8%、20.2%，中青年人群（<35岁、35～44岁）发生工伤事件的占比较高。受高、中、低等教育程度伤者的构成比分别为11.9%、31.8%、56.3%，受中等教育程度的工人发生工伤的比例较大。至于伤者的伤残等级，结果显示，轻度、中度和重度的比例分别为47.4%、27.7%与24.9%，属于轻度的工伤伤者数构成了工伤事件的主要部分。53.6%的工伤事件发生于小型企业中，30.5%的事件发生在中型企业中。

表9-1　广州市2011～2012年工伤事件数量分布及保险支出费用分布

分类		工伤事件数量/例（比例/%）	工伤保险支出费用/万元（比例/%）
总计		9 550（100）	28 226.2（100）
性别	男性	7 377（77.2）	22 863.9（81）
	女性	2 173（22.8）	5 362.3（19）
年龄	<35	4 294（45.0）	11 627.1（41.2）
	35～44	3 327（34.8）	10 103.7（35.8）
	≥45	1 929（20.2）	6 495.4（23）
受教育程度	低等	5 378（56.3）	15 746.9（55.8）
	中等	3 033（31.8）	9 143.8（32.4）
	高等	1 139（11.9）	3 335.5（11.8）
企业规模	小型	5 119（53.6）	15 843.1（56.1）
	中型	2 908（30.5）	8 581.8（30.4）
	大型	1 523（15.9）	38 01.3（13.5）
伤残等级	轻度	4 524（47.4）	3 189.6（11.3）
	中度	2 648（27.7）	7 790.4（27.6）
	重度	2 378（24.9）	17 246.2（61.1）

图9-1展示的是2011～2012年广州市日最高湿球黑球温度（WBGT）的月均值与累计工伤事件数量及相应工伤保险支出费用的时间序列图。可见广州市自2011年4月起即有最高WBGT超过24℃的天气情况，并且该比例不断增加，在8月WBGT达到最高。随后WBGT呈现下降趋势，12月～次年1月WBGT下降到最低。同样，逐日工伤事件数量也呈现出夏季高、冬季低的趋势。

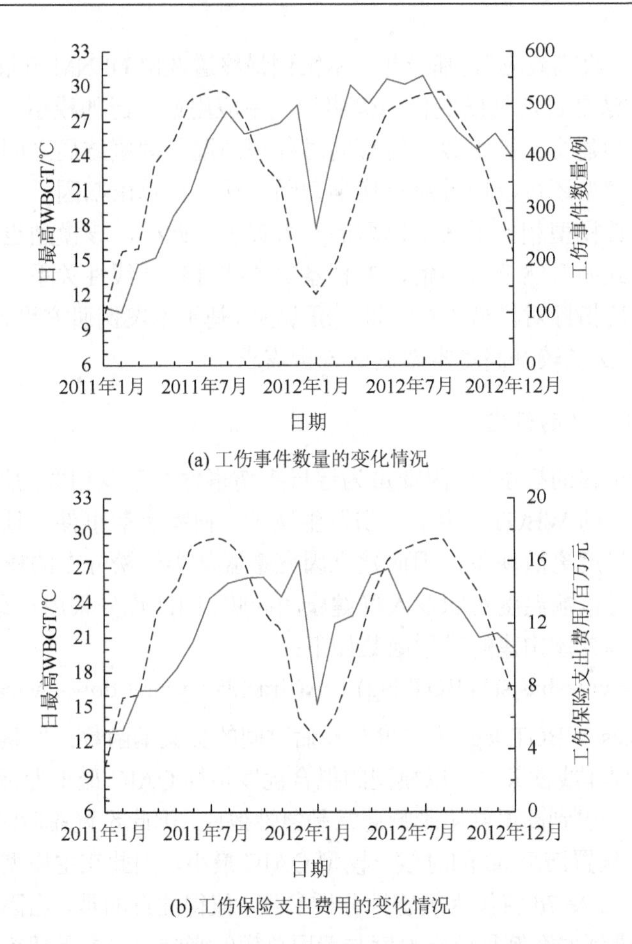

(a) 工伤事件数量的变化情况

(b) 工伤保险支出费用的变化情况

图9-1　2011～2012年广州市日最高WBGT的月均值与累计工伤事件数量、工伤保险支出费用的时间序列图

虚线为WBGT变化情况。

4. 统计分析模型的筛选

研究者需要根据研究设计类型、数据格式及研究分析目的，综合遴选出合适的统计分析模型。本案例采用的是生态学研究设计，收集的数据呈现时间序列模式，研究目的是揭示温度与健康结局直接的非线性效应及滞后效应，因此最终遴选出DLNM。具体的筛选过程如下：首先，考虑到温度与工伤之间的关联一般是非线性关系，并且该关联可能受到多种混杂因素影响，因此我们排除了线性回归模型。其次，尽管采用传统的广义相加模型（GAM）也可以处理非线性关系，并且可以基于移动平均的方式处理高温健康效应的滞后性。然而，GAM也存在其固有缺陷，如该模型无法同时处理非线性及滞后性关联，并且移动平均方法无法揭示高温对人

群健康影响的“收割效应”。基于此，本案例最终遴选出 DLNM 开展分析。

DLNM 方法是目前气候变化与健康领域中应用最广泛的模型。该模型最大的特色在于通过构建交叉基函数，能够同时处理高温与健康结局之间的非线性与滞后性关系。该模型还可以通过流行病学归因方法，计算出归因于不适气温的疾病负担，这也是该模型相比于其他模型的一大突破。此外，该模型也非常灵活，可以通过多种方式如自然三次样条、B 样条等方式处理非线性关系，并且可以基于模型的拟合优度指标对模型进行不断修正调整。基于本案例研究设计及研究目的，采用 DLNM 方法能较好满足本案例的分析需求。

5. DLNM 参数的设定

在本案例构建的模型中，因变量为逐日工伤事件数量及相关的保险支出费用，自变量则为逐日的 WBGT。由于工伤发生属于小概率离散事件，且每日工伤事件数量可能存在过度离散现象，因而建立因变量服从类泊松分布的模型。此外，考虑到本案例探讨极端温度对职业人群健康的影响，因此优先采用日最高 WBGT 作为自变量指标。具体构建的模型函数如下：

$$\text{Log}\left[E(Y)\right] = \text{crossbasis}(\text{WBGT}, \text{lag}) + ns(\text{time}, 3) + \text{year} + \text{dow} + \text{vacation} \qquad (9\text{-}1)$$

式中，$\text{crossbasis}(\text{WBGT}, \text{lag})$ 为温度与滞后时间的交叉基函数。本案例采用自然三次样条函数处理非线性关系，以模型的拟合优度指标 QAIC 最小为标准，自由度设置为 3。此外，考虑到高温健康影响通常是急性效应，因此设置滞后时间分别为 0d、3d 及 7d。由于设置滞后 0d 的时候，模型 QAIC 最小，因此在主模型中滞后时间设置为 0d，滞后 3d 及 7d 将作为敏感性分析参数。值得注意的是，当因变量为保险支出费用时，考虑到本案例是分析温度与费用总额的影响（并非是研究温度对支付费用滞后的影响），因此滞后时间设置为 0d。式（9-1）中其他变量如 $ns(\text{time}, 3)$ 为日期变量的自然三次样条函数，用以控制长期趋势和季节趋势。year 用以控制不同年份的效应。dow 和 vacation 分别用以控制星期几效应和节假日效应。控制这些混杂因素的干扰，能更准确揭示 WBGT 与工伤事件的暴露-反应关系。此外，本模型 WBGT 参考值设置为 24℃，即 WBGT 为 24℃时，人群相对危险度最小，RR = 1。取值 24℃主要考虑到如下两个原因：①当 WBGT 选取 24℃时，模型的 QAIC 最小，拟合效果最佳；②24℃也是我国职业卫生标准规定的开始产生职业健康风险的阈值温度。

6. 构建暴露-反应关系及开展亚组分析

基于 DLNM 构建 WBGT 与工伤之间的关联。图 9-2 为日最高 WBGT 与工伤事件发生风险的关联关系，可见职业人群工伤的发生风险会随着 WBGT 的增加而上升。例如，相较于 24℃，25℃时工伤事件的发生风险 RR 为 1.018（95%CI：1.011，1.025），即工伤事件的发生风险增加了 1.8%；而当 WBGT 增加到 30℃时，此时

RR为1.147（95%CI：1.076，1.222），即工伤事件的发生风险增加了14.7%。RR的经验置信区间均大于1，结果具有统计学意义。

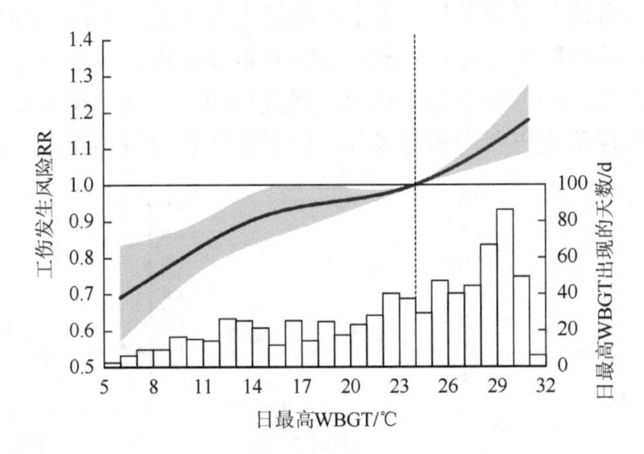

图9-2　广州市2011～2012年日最高WBGT与工伤事件发生风险的关联

图9-3展示的是日最高WBGT与工伤保险支出费用的暴露-反应关系。与工伤事件发生风险情况相似，工伤保险的总支出费用也随WBGT升高而增加，并同样存在一定的非线性倾向。例如，相对于参考温度24℃，25℃时工伤保险支出费用增加了1.7%（RR：1.017；95%CI：1.004，1.029）；28℃时增加了7.7%（RR：1.077；95%CI：1.006，1.153）；而到30℃时则增加了12.3%（RR：1.123；95%CI：0.996，1.265）。由于工伤保险支出费用的方差较大，尽管随着WBGT升高，工伤保险支出费用有增加的趋势，但在WBGT等于30℃时，RR经验置信区间下界已跨过1，因而结果没有统计学意义。

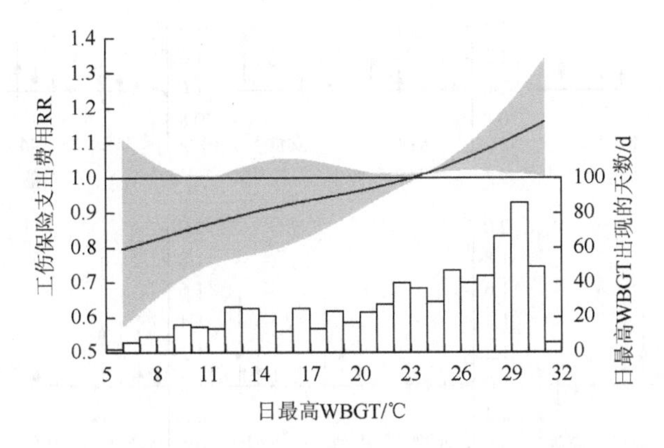

图9-3　广州市2011～2012年日最高WBGT与工伤保险支出费用的关联

图 9-4 为各亚组人群的工伤事件发生风险，可见随着 WBGT 的增加，各亚组工伤事件的发生风险都在增加。男性和女性工人的工伤风险均较为明显，且 RR 的置信区间均具有统计学显著性。各个年龄组工人的工伤风险也都在随着 WBGT 的增加而增加，但中青年工人的工伤风险增加非常显著且具有统计学意义。此外，受中等教育程度组、小型和中型企业组、轻度伤组的工伤风险较高。图 9-5 为不同特征人群工伤保险支出费用相对风险。除受高等教育程度组外，各组仍呈现保

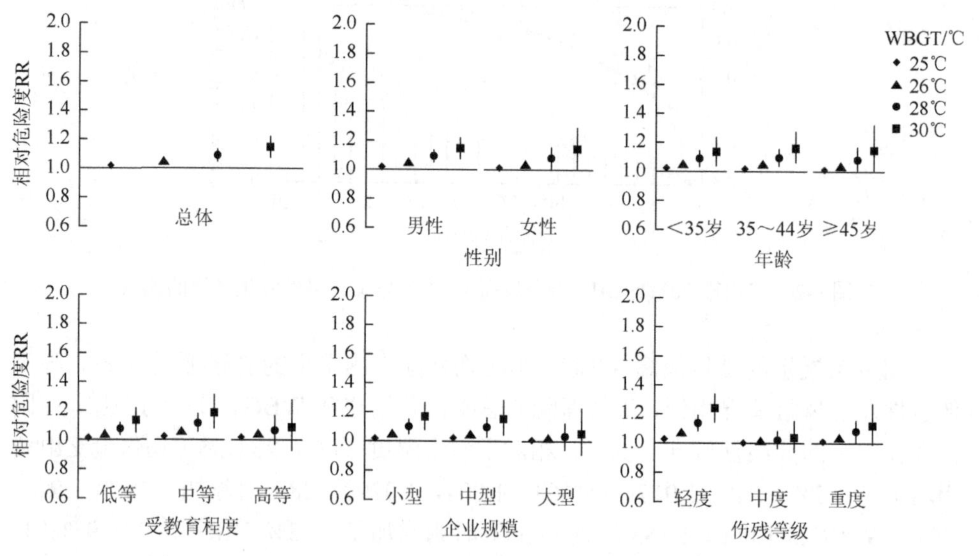

图 9-4　广州市 2011～2012 年不同特征人群发生工伤事件发生风险

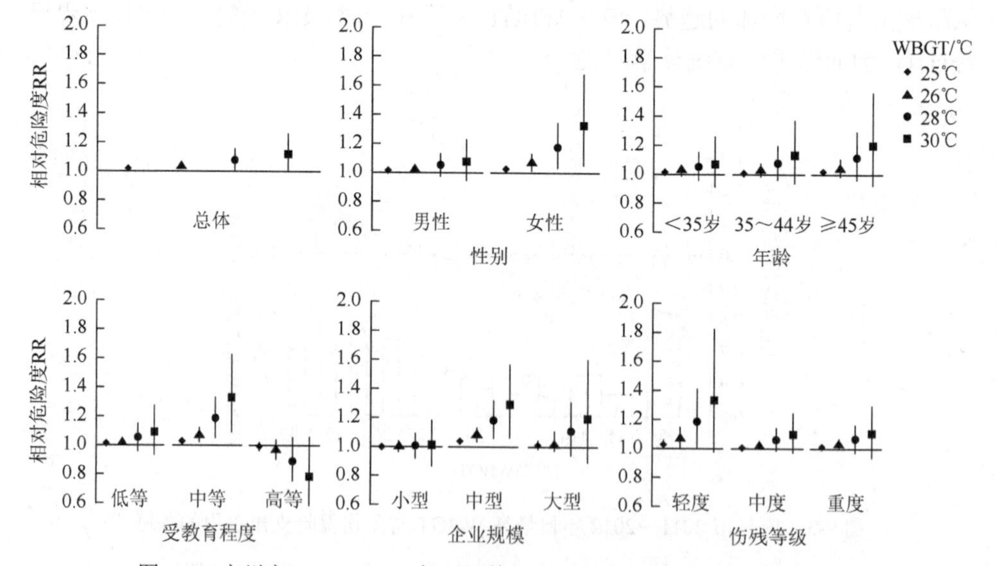

图 9-5　广州市 2011～2012 年不同特征人群工伤保险支出费用相对风险

险支出费用随 WBGT 增加而增长的趋势，其中女性组、受中等教育程度组、中型企业组、轻度伤组的工伤风险上升具有统计学差异。

7. 计算可归因于不适温度的工伤事件数量及保险支出费用

在识别出 WBGT 与职业人群工伤事件数量及相关保险支出费用的关联关系后，本案例还进一步基于流行病学归因方法计算归因于不适温度（大于 24℃）的疾病负担。归因风险的基础指标是归因分数（attributable fraction，AF），表示在控制其他因素的情况下，由于该风险因素（如高温）造成的不良健康结局事件数占总事件发生数的比例。AF 的具体计算公式为

$$\mathrm{AF}=\frac{\sum(\mathrm{RR}_i-1)}{\sum(\mathrm{RR}_i-1)+1}$$

式中，RR_i 为和基线水平相比，不同 WBGT 暴露水平下的相对危险度；$\sum$ 则为对不同暴露水平下的相对危险度进行累计，从而得到不适气温的 AF。此外，如果已知人群总数，则可以利用总人口数与 AF 相乘计算出归因人数（attributable numbers，AN）。基于该原理，本案例利用 2011～2012 年总的工伤事件数量及总的保险支出费用，计算出可归因于不适温度（大于 24℃）的工伤事件数量及保险支出费用。

表 9-2 展示为可归因于不适气温（大于 24℃）的工伤事件数量及保险支出费用。可见广州市在 2011～2021 年，共有 4.8%（95%CI：2.9%～6.9%）的工伤事件可以归因于高温的效应，即有 461 人由于高温直接导致工伤。亚组分析发现，各组别中受高温影响最大的分别为：轻度伤组（7.7%）、受中等教育程度组（6.2%）、小型企业组（5.5%）、35～44 岁组（5.2%）和男性组（4.9%）。此外，在工伤保险支出费用中，可归因于极端高温的费用为 1158 万元，占总保险支出费用的 4.1%（95%CI：0.2%～7.7%）。

表 9-2　广州市 2011～2012 年可归因于不适气温的工伤事件数量及保险支出费用

分类		归因比例/%（95%CI）	归因人数/人（95%CI）
总计		4.8（2.9%～6.9%）	461（257～658）
性别	男性	4.9（2.8%～7.1%）	364（208～522）
	女性	4.5（0.8%～8.1%）	98（15～182）
年龄/岁	＜35	4.7（1.7%～7.6%）	201（68～318）
	35～44	5.2（2.0%～8.2%）	174（72～272）
	≥45	4.5（−0.3%～8.6%）	87（−3～161）

续表

分类		归因比例/%（95%CI）	归因人数/人（95%CI）
受教育程度	低等	4.3（1.6%～6.7%）	231（92～367）
	中等	6.2（3.0%～9.3%）	189（95～285）
	高等	3.6（−2.2%～8.9%）	41（−30～97）
企业规模	小型	5.5（2.9%～8.1%）	280（145～401）
	中型	5.2（1.6%～8.4%）	152（49～243）
	大型	2.0（−3.6%～6.6%）	30（−60～100）
伤残等级	轻度	7.7（5.0%～10.2%）	348（220～464）
	中度	1.2（−2.7%～4.7%）	33（−68～119）
	重度	4.0（−0.2%～7.8%）	96（0～184）
保险支出费用/万元		4.1（0.2%～7.7%）	1158（565～2173）

8. 敏感性分析

由于DLNM中设置了较多的参数，为了检测改变参数对模型稳定性的影响，本案例开展了敏感性分析。由于采用了自然三次样条函数处理温度与工伤之间的非线性关系，而样条节点的位置可能会影响结果的稳定性，因此我们对样条节点位置进行调整，并重新评估了关联关系。具体而言，本案例主模型是软件自动选择节点位置，敏感性分析将节点位置设置在：①第25、50、75百分位数上；②第25、75百分位数上。此外，本案例主模型将滞后期设置为0d，敏感性分析将最大滞后期设置为3d及7d进行重复分析并比较结果。

对DLNM中可能影响结果的最大滞后期、样条节点位置进行调整，分析结果见表9-3。可见在对样条节点位置进行调整之后，30℃时工伤事件发生风险RR与主模型差别不大。此外，最大滞后期设置为3d及7d时，30℃时工伤事件发生风险RR分别为1.14（95%CI：1.06～1.23）、1.15（95%CI：1.06～1.25），与主模型差别也不大。因此本研究的结果较为稳定。

表9-3　调整样条节点位置及滞后时间的敏感性分析结果

模型选取	30℃时工伤事件发生风险RR（95%CI）	工伤事件归因分数/%（95%CI）
主模型	1.15（1.08～1.22）	4.8（2.9～6.9）
样条节点在第25、75百分位数	1.14（1.07～1.22）	4.7（2.7～6.7）
样条节点在第25、50、75百分位数	1.13（1.05～1.21）	4.5（2.3～6.5）

续表

模型选取	30℃时工伤事件发生风险 RR（95%CI）	工伤事件归因分数/%（95%CI）
最大滞后期为 3d	1.14（1.06～1.23）	4.75（2.3～7.0）
最大滞后期为 7d	1.15（1.06～1.25）	4.88（2.2～7.2）

9.4　小　结

本章基于职业人群这一特殊群体，通过构建复合气象指标衡量职业人群的热暴露情况，并从工伤保险登记系统获取职业健康数据，采用 DLNM 评估高温对职业人群工伤的影响。案例结果表明高温暴露会显著增加职业人群工伤风险及保险支出费用，并且造成较为严重的归因疾病负担。中青年工人、在中小型企业中工作的工人、受中低等教育程度的工人应该受到重点关注。该研究不仅警示了政策制定者需要关注气候变化背景下高温对职业人群健康的影响，而且对于后续制定具有针对性的高温劳动保护措施具有重要意义。

本章所选取案例采用的是生态学研究设计，研究数据呈现时间序列分析模式，研究目的是揭示高温与工伤结局之间的非线性及滞后性关系，因此考虑选用 DLNM 开展分析。由于 DLNM 的可靠性及灵活性，该方法成为环境流行病学应用最为广泛的统计模型之一，并被开发为 R 软件供研究者使用。然而，值得注意的是，并非所有的环境流行病学数据都需要生搬硬套该模型，正确的做法应该是根据研究设计及数据形式等采用合适的统计分析方法[22]。例如，研究设计采用的若是回顾性病例交叉研究，应当采用条件 logistic 回归等方法来计算环境暴露因素的健康效应；若是前瞻性队列研究，可采用在 DLNM 框架下用 Cox 比例风险模型进行效应估计。因此，读者在后续有关职业人群高温健康风险研究中，需要综合考虑其研究背景、流行病学设计、数据格式等方面信息，从而综合选择最优统计模型进行分析。

近年来，气候变化对职业人群健康的影响越来越受到研究者的重视。然而，由于该领域起步相对较晚，研究大多采用流行病学建模方法评估短时期的高温暴露与职业健康结局之间的关联，这些研究最大的缺陷在于尚未真正与气候变化这一概念关联。既往针对一般人群的研究中，已有文献报告了历史阶段由于人为引发气候变化造成的热相关死亡疾病负担，并且揭示了未来气候变化会使得热相关死亡疾病负担进一步加重[27-28]。这些研究除了采用传统流行病学方法外，更多耦合了其他学科如大气科学、地理科学中的分析建模手段。因此，研究者未来更应该加强与气候变化的紧密衔接，在长时间尺度、大范围空间尺度（全国乃至全球尺度）综合评估气候变化职业健康风险。

极端高温除了会诱发职业人群的健康与安全问题外，还会造成劳动生产率损失，从而危害社会经济发展[29-30]。近年来，部分研究者探索气候变化造成的劳动生产率损失，并采用货币化方法评估其经济损失。如本章作者基于历史长时期的气象数据，结合 WBGT 与职业人群劳动生产率损失的关联函数，评估出中国因极端高温导致的劳动生产率损失。研究发现，中国 2000～2020 年因极端高温导致劳动损失时间持续上升，2020 年达到 315 亿劳动小时（占全国总劳动时间的 1.3%），由此导致的经济损失超过了全年 GDP 的 1%。该研究结果作为《中国版柳叶刀倒计时人群健康与气候变化报告（2021）》的核心指标，在 *The Lancet Public Health* 上发表[2]。然而，该指标仅是初步分析，未来在方法学层面上还需要进一步开发本土化的暴露-反应关系，并结合我国职业人群的行业结构及地区分布，细致评估出气候变化导致的热相关劳动生产率损失。

当前气候变化对职业人群健康影响研究正蓬勃发展，研究方法正逐步完善。理解气候变化是如何影响职业人群健康这一议题不仅在科学领域上意义重大，而且对于政府及利益相关者制定并实施防控策略，从而降低由于气候变化带来的健康损害和经济损失大有裨益。科研工作者未来需要加强公共卫生学科与其他学科交叉，融合多领域的研究思路与建模方法开展研究。此外，政府需要加大对气候变化与职业健康研究的支持力度，全面评价气候变化对职业人群造成的健康影响。

参 考 文 献

[1] Romanello M，McGushin A，Di Napoli C，et al. The 2021 report of the Lancet Countdown on health and climate change：Code red for a healthy future[J]. The Lancet，2021，398（10311）：1619-1662.

[2] Cai W J，Zhang C，Zhang S H，et al. The 2021 China report of the Lancet Countdown on health and climate change：Seizing the window of opportunity[J]. The Lancet Public Health，2021，6（12）：e932-e947.

[3] 钟爽，黄存瑞. 气候变化的健康风险与卫生应对[J]. 科学通报，2019，64（19）：2002-2010.

[4] Kjellstrom T，Briggs D，Freyberg C，et al. Heat，human performance，and occupational health：A key issue for the assessment of global climate change impacts[J]. Annual Review of Public Health，2016，37：97-112.

[5] Applebaum K M，Graham J，Gray G M，et al. An overview of occupational risks from climate change[J]. Current Environmental Health Reports，2016，3：13-22.

[6] 盛戎蓉，高传思，李畅畅，等. 全球气候变化对职业人群健康影响[J]. 中国公共卫生，2017，33（8）：1259-1263.

[7] IPCC. Climate change 2001：Impacts，adaptation，and vulnerability：Contribution of working group II to the third assessment report of the Intergovernmental Panel on Climate Change[M]. Cambridge：Cambridge University Press，2001.

[8] Flouris A D，Dinas P C，Ioannou L G，et al. Workers' health and productivity under occupational heat strain：A

systematic review and meta-analysis[J]. The Lancet Planetary Health，2018，2（12）：e521-e531.

[9] Ma R，Zhong S，Morabito M，et al. Estimation of work-related injury and economic burden attributable to heat stress in Guangzhou，China[J]. Science of the Total Environment，2019，666：147-154.

[10] Lee J，Lee Y H，Choi W J，et al. Heat exposure and workers' health：A systematic review[J]. Reviews on Environmental Health，2022，37（1）：45-59.

[11] Sheng R R，Li C C，Wang Q，et al. Does hot weather affect work-related injury？A case-crossover study in Guangzhou，China[J]. International Journal of Hygiene and Environmental Health，2018，221（3）：423-428.

[12] Li D W，Yuan J C，Kopp R E. Escalating global exposure to compound heat-humidity extremes with warming[J]. Environmental Research Letters，2020，15：064003.

[13] Park J C，Chae Y，Choi S H. Analysis of mortality change rate from temperature in summer by age，occupation，household type，and chronic diseases in 229 Korean municipalities from 2007-2016[J]. International Journal of Environmental Research and Public Health，2019，16（9）：1561.

[14] Xiang J J，Hansen A，Pisaniello D，et al. Extreme heat and occupational heat illnesses in South Australia，2001-2010[J]. Occupational and Environmental Medicine，2015，72（8）：580-586.

[15] d'Ambrosio Alfano F R，Malchaire J，Palella B I，et al. WBGT index revisited after 60 years of use[J]. Annals of Occupational Hygiene，2014，58（8）：955-970.

[16] Mutic A D，Mix J M，Elon L，et al. Classification of heat-related illness symptoms among Florida farmworkers[J]. Journal of Nursing Scholarship，2018，50（1）：74-82.

[17] Luo H M，Turner L R，Hurst C，et al. Exposure to ambient heat and urolithiasis among outdoor workers in Guangzhou，China[J]. Science of the Total Environment，2014，472：1130-1136.

[18] Garzon-Villalba X P，Mbah A，Wu Y，et al. Exertional heat illness and acute injury related to ambient wet bulb globe temperature[J]. American Journal of Industrial Medicine，2016，59（12）：1169-1176.

[19] Tawatsupa B，Yiengprugsawan V，Kjellstrom T，et al. Association between heat stress and occupational injury among Thai workers：Findings of the Thai cohort study[J]. Industrial Health，2013，51（1）：34-46.

[20] Lemke B，Kjellstrom T. Calculating workplace WBGT from meteorological data：A tool for climate change assessment[J]. Industrial Health，2012，50（4）：267-278.

[21] Gasparrini A. Modeling exposure-lag-response associations with distributed lag non-linear models[J]. Statistics in Medicine，2014，33（5）：881-899.

[22] Gasparrini A，Leone M. Attributable risk from distributed lag models[J]. BMC Medical Research Methodology，2014，14：55.

[23] Binazzi A，Levi M，Bonafede M，et al. Evaluation of the impact of heat stress on the occurrence of occupational injuries：Meta-analysis of observational studies[J]. American Journal of Industrial Medicine，2019，62（3）：233-243.

[24] McInnes J A，MacFarlane E M，Sim M R，et al. The impact of sustained hot weather on risk of acute work-related injury in Melbourne，Australia[J]. International Journal of Biometeorology，2018，62：153-163.

[25] 国家统计局人口和就业统计司，人力资源和社会保障部规划财务司. 中国劳动统计年鉴 2022[M]. 北京：中国统计出版社，2022.

[26] Garzón-Villalba X P，Ashley C D，Bernard T E. Benchmarking heat index as an occupational exposure limit for heat stress[J]. Journal of Occupational and Environmental Hygiene，2019，16（8）：557-563.

[27] Yang J，Zhou M G，Ren Z P，et al. Projecting heat-related excess mortality under climate change scenarios in China[J]. Nature Communications，2021，12：1039.

[28] Vicedo-Cabrera A M，Scovronick N，Sera F，et al. The burden of heat-related mortality attributable to recent human-induced climate change[J]. Nature Climate Change，2021，11（6）：492-500.

[29] 苏亚男，何依伶，马锐，等. 气候变化背景下高温天气对职业人群劳动生产率的影响[J]. 环境卫生学杂志，2018，8（5）：399-405.

[30] Parsons L A，Shindell D，Tigchelaar M，et al. Increased labor losses and decreased adaptation potential in a warmer world[J]. Nature Communications，2021，12：7286.

第 10 章　基于病例交叉设计分析温度变化对精神心理疾病的影响

林华亮　张仕玉　程　健

全球气候变化是 21 世纪人类生存和发展面临的最大挑战之一，气候变化对人类生理健康的影响已被广泛讨论，然而其对心理健康的影响尚未引起足够重视。气候变化和心理健康研究作为一个新兴的研究领域，亟须更多的基础研究以提供科学依据应用于应对气候变化的实践中。由于精神心理疾病病因复杂，且具有较高的遗传性，给传统的环境流行病学研究方法带来一定的挑战。目前，在探讨环境温度对精神心理疾病影响的研究方法各异，这些方法在丰富该领域研究证据的同时，也不断发展衍生出一些新的研究方法，病例交叉设计就是其中最为普遍应用的方法之一。本章详细介绍病例交叉设计的研究方法在精神障碍与环境温度领域的应用，旨在为环境流行病学领域的初学者提供方法原理的介绍和分析过程的实现，帮助快速了解并顺利开展相关领域的研究。

10.1　引　　言

近年来，全球气温呈现逐年上升趋势，自 2015 年以来，全球年平均气温较工业化前水平暂时性升高 1.5℃的概率逐步增大，据世界气象组织研究预测，至 2026 年全球气温较工业化前升高 1.5℃的概率为 50%，更令人担忧的是，这一概率将随时间的推移而增加。高温气象正以多种方式影响人类的健康，日益频发的极端天气事件不仅会增加高温相关疾病（如热射病）[1]、水源性和媒介传染病（如登革热、疟疾）[2]等的发病率和死亡率，还会严重影响人们的日常生活和工作，从而导致心理健康的风险的增加。随着全球气候变化与健康的话题日益受到公众的关注和热议，极端温度对心理健康影响也成为环境健康领域关注的焦点[3]。

心理健康是指心理的各个方面及活动过程处于一种良好或正常的状态。心理健

林华亮，中山大学公共卫生学院教授，博士生导师。研究方向为环境因素与基因易感性交互作用对慢性病发生发展的影响和机制。

张仕玉，杜克大学全球健康研究院博士后。研究方向为环境因素与慢性非传染性疾病的关联及其生物学机制。

程健，安徽医科大学公共卫生学院教授，博士生导师。研究方向为极端气候与人群健康，环境流行病学。

康的理想状态是保持性格完美、智力正常、认知正确、情感适当、意志合理、态度积极、行为恰当、适应良好的状态。心理健康突出在社交、生产、生活上能与其他人保持较好的沟通或配合[4]，能良好地处理生活中发生的各种情况。一旦人体受到生物学、心理学或者社会环境因素影响超过心理承受范围，出现大脑功能失调，导致认知、情感、意志和行为等精神活动出现不同程度障碍，发生精神疾病。

然而，目前的研究虽然未能明确解释温度对精神疾病的影响效应及其机制，相关领域的研究仍较少，将心理健康结果归因于具体的气候变化风险仍言之过早，但越来越肯定的是，随着全球气候变暖的趋势，亟须更多理论和证据揭示温度对人体健康的影响，无论是生理层面还是心理层面的健康都是创造生活财富，构建和谐社会的重要前提。

10.2 方法学现状与进展

10.2.1 环境流行病学在精神健康领域研究面临的挑战

就目前而言，我国精神障碍患者群体数量庞大，近期的流行病学调查显示，我国成年人（＞18 周岁）当中精神障碍的终生患病率超过了 16%，其中焦虑障碍和心境障碍的患病率最高；而在 6～18 周岁的儿童和青少年群体中精神障碍的总患病率约为 17.5%。其中多动症占比最高，其次是焦虑障碍。相对这样一个庞大的群体，精神科执业医师的人数却是十分紧缺的。而过去基于临床量表数据、症状学信息的疾病分类反映精神障碍的准确率较低且带有一定的主观性。

随着大数据科技的发展，通过移动设备、互联网检索信息所获得的大量与健康相关的数据的价值可能远超过如体检、实验室检查和影像学检查等一些传统定义精神障碍疾病表型方法的，对疾病的诊断和评估具有更高的价值。事实上，已经有越来越多的研究人员开始利用大数据信息科技来寻找抑郁、焦虑、双相情感障碍和其他综合征的患者的迹象，例如，常在互联网检索或者发布：死、抑郁症、生命、痛苦、自杀等消极的关键词，结合计算机算法对关键词出现的频率和时间段进行筛选等技术识别精神障碍的发生，通过大数据识别的精神障碍患者数据也越来越广泛地应用到科学研究领域中。

10.2.2 环境流行病学方法在精神健康领域的应用

探讨环境温度对精神健康影响常用的研究方法主要有时间序列分析、病例交叉设计、生存分析及横断面研究等。中国台湾一项基于 2003～2013 年数据的研究采用 Cox 模型生存分析评估温度对抑郁症的影响，研究发现环境温度与抑郁症的患病率呈现非线性关系，环境温度在高温时抑郁风险显著增加，在环境温度大于 23 ℃时，每增加 1℃抑郁的风险提高 7%[5]。瑞典乌普萨拉的一项横断面研究纳入并观察 7600 名产妇的产后抑郁情况，研究结果表明环境温度与产后抑郁症状没有显著关联[6]。而爱尔兰的一项抑郁症患者的时间序列分析显示，环境高温和环境低温均会增加患抑郁症的风险，但其效应是极微弱的，然而研究中也提到环境温度对复杂的心理和生理应激的滞后和累积效应，同时极端温度可能是诱发抑郁症的主要因素，因此亟须开展更多的研究为预防环境温度对精神健康的影响提供科学依据[7]。

尽管既往研究对环境温度与精神障碍的关联性探讨取得一定的进展，然而研究结论尚不一致，主要存在以下问题：既往研究主要关注环境温度对精神障碍大类疾病的影响，而探讨环境温度对具体精神障碍疾病类型的关联性研究较少；目前大多数研究主要来自高收入国家，由于高收入国家和中低收入国家的社会经济发展水平、医疗卫生水平等存在一定的差异，高收入国家的研究结果可能不适用于中低收入国家；各国家地区气候差异明显，各研究人群对环境温度变化的敏感性和适应能力也可能存在差异，因此，亟须在全球范围开展多中心研究以进一步清楚认识气候变化对精神健康的影响。

10.2.3　病例交叉设计在环境流行病学中的应用

在流行病学研究方法的主要分类（观察法、实验法和数理法）中，以观察法和实验法为主。病例对照研究作为观察法中分析流行病学的一个重要的分类，是一种回顾性的、由果及因的研究方法，用以探索和检验疾病病因假说。近年来，在传统的病例对照研究基础上又衍生出了若干种新的研究方法，比如：巢氏病例对照研究（Nested case-control study）、病例队列研究（case-cohort study）、病例交叉设计（case-crossover design）等，这些方法弥补了传统流行病学存在的一些缺陷，丰富和发展病例对照研究的方法和内涵，使得病例对照研究在环境流行病学中的应用越来越广泛。

其中，病例交叉设计被广泛应用于环境流行病学领域的研究中。病例交叉设计是 1991 年美国学者 Maclure 提出的，该方法的基本原理是：假设所研究的暴露与某急性事件有关，那么在事件发生前较短的一段时间（危险期）内，暴露发生应比事件发生前较远的一段时间（对照期）内更频繁或强度更大。由于病例交叉设计中的研究对象（包含病例和对照两个部分）的信息均来自于同一个体，因此病例交叉研究可以看作病例对照研究的配对设计，它以病例自身作为对照不仅避免了选择对照所引起的偏倚，而且可以避免各病例之间一些不可控制的因素（如年龄、智力、遗传、职业史等）所引起的偏倚[8]。同时，作为病例对照研究的一种衍生类型，病例交叉设计尤为适合研究患病率较低的健康结局。

关于对照期的选择有以下几种方法，由学者 Navidi 提出的整层双向法（full stratum bi-directional method）选择观察期内病例期前、后的所有日期作为对照，以避免长期趋势所造成的偏倚。但由于对照期的时间跨度大，依赖时间的混杂还必须通过建模来控制，因此很难控制混杂因素[9]。Bateson 等又提出采用对称双向法（symmetric bi-directional method，SBI）选择对照期，即在急性事件发生前和发生后选择对称的时间段作为对照期。然而，研究结果可能因对照期的选择不同而产生偏倚，如图 10-1（b）分别以实线和虚线为对照期，所估算出的结果有偏差，这种因对照期的选择所造成的偏倚，称为重叠偏倚（overlap bias）[10]。并且，由于双向选择法（整层双向法和对称双向法）对不可愈事件（例如，死亡）不适用，因此又有学者提出用单向法（unidirectional method）选择对照期，即只在病例期前的一段时间内选择对照期，这是病例交叉设计的基础理论模型。然而，由于对称双向法考虑了长期趋势，并且有研究表明用其分析急性事件（包括罕见事件/不可愈事件）所产生的偏倚会小于使用单向法选择对照期所产生的偏倚[11]，故而对称双向法被更广泛应用于环境流行病学的病例交叉设计研究中。

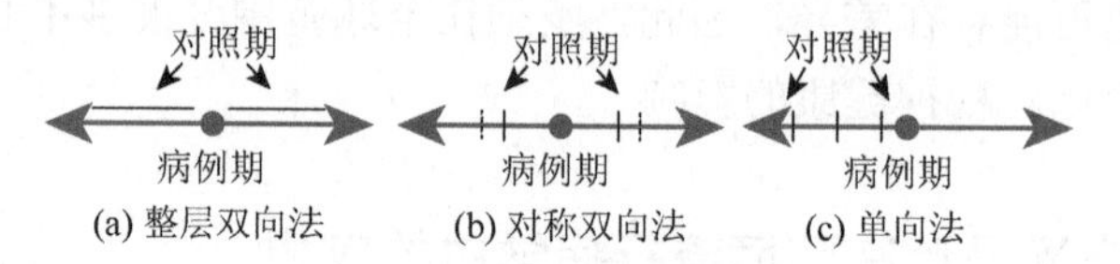

图 10-1 对照期的选择方法

病例交叉设计在气象因素、空气污染因素、极端天气事件等对人类健康效应影响的研究中最常应用的是时间分层病例交叉设计（time stratified case-crossover design），适用于多变量的时间序列资料的分析。由于精神障碍的发生发展很大程度上受遗传因素的影响，年龄、性别、成长环境等自身因素也可能是导致精神障碍的不容忽视的重要因素[12]，同时，精神疾病发作属于急性事件，可能是由于短期急性因素暴露诱导的发病。针对上述特征，下文将采用时间分层病例交叉设计探讨环境温度对精神障碍发病的急性效应。

10.3 2016～2018 年环境温度对肇庆市精神分裂症发病的影响

本节基于广东省肇庆市 2016 年 1 月至 2018 年 11 月的气象数据，以温度对肇庆市当地精神分裂症发病的影响为例，应用前文分析方法步骤展示病例交叉设计在环境流行病学中的应用。

10.3.1 研究背景

从广东省气象局获得信息：2021 年全省平均气温 24.0℃，较 2010～2020 年偏高 0.7℃，为历史最高。7 月平均气温为 30.3℃，是年内最高月值；3 月、5 月、9 月平均气温创当月历史最高纪录。与 2010～2020 年同期相比，2～5 月、9 月气温显著偏高 1.0℃以上，其中 2～3 月、5 月显著偏高 2.0℃以上。肇庆市是珠江三角洲城市之一，位于广东省中西部，西江的中游，属南亚热带季风气候。早春多阴雨，夏秋受台风外围影响，晚秋有寒露风侵袭。

精神分裂症作为精神疾病的一类，尽管患病率相对较低，但该病所带来的疾病负担却相当沉重[13]。精神分裂症受到遗传因素和环境因素的双重影响，但其发病机制的假说尚不明确，且存在争议。目前，全基因组关联研究（GWAS）表明，只有 7%的精神分裂症风险可以由遗传因素解释[14]。因此，考虑环境因素（社会环境和自然环境）对精神分裂症的影响具有重要的公共卫生学意义[15]。

10.3.2　数据来源

本节列举的例子所应用的气象数据包括：日照时间、日降水量、日平均相对湿度、日平均温度，均来自国家气象科学数据中心（http://data.cma.cn）的肇庆监测站。病例数据为广东省肇庆市一家精神病医院从 2016 年 1 月 1 日至 2018 年 11 月 30 日的每日门诊发病数，根据《国际疾病分类》第 11 版（International Classification of Diseases 11th revision，ICD-11）筛选出每日精神分裂症病例数用作研究结果。以每日温度为研究暴露因素，以精神分裂症为结局变量，采用时间分层病例交叉设计，探索温度对精神分裂症发病的影响。

气象数据整理过程中对于缺失率小于等于 5%的缺失值，可直接删除，其余数据用于分析；如果缺失率大于 5%，可利用线性插入法或多重填补法等缺失值处理方法补充缺失值以增大样本量。同时将较为明显的极端值删除。

10.3.3　统计描述及相关性分析

资料分析前，应对数据中的异常值进行清理，检查数据的合理性；对监测数据的产生过程进行质量审核，以确保监测数据的完整性、准确性、有效性和规范性。在此基础上，先对数据做描述性统计，以客观地了解数据分布情况，便于后续建模分析。首先，要对连续型变量进行正态性检验，如果变量符合正态分布，则可用平均数、标准差、范围和极差等描述；如果变量不符合正态分布，则用中位数和百分位数来描述。分类变量用频数和百分数来描述，频数表达了变量水平，百分数描述了在整体中的构成。本节例子中所用到的变量：日平均温度、日平均相对湿度、日照时间等均为连续型变量。

对基础数据进行统计描述，结果如表 10-1 所示。肇庆市 2016 年 1 月至 2018 年

11 月日平均温度为 22.2℃，日平均相对湿度为 43.1%，日照时间为 4.3h，日均降水量为 4.1mm。精神分裂症发病数据来自肇庆市一家精神病医院，日平均发病数为 121 人。

表 10-1 肇庆市 2016～2018 年每日气象监测数据及精神分裂症发病数据的统计描述

变量	平均数	最大值	最小值	标准差	四分位数间距
精神分裂症发病数/人	121	331	2	56.9	84
日平均温度/℃	22.2	31.7	3.3	6.1	9.4
日平均相对湿度/%	43.1	100.0	15.0	9.3	12.5
日照时间/h	4.3	12.5	0.0	6.7	8.0
日均降水量/mm	4.1	96.7	0.0	3.9	12.1

在环境流行病学研究建模中，除了把暴露因素纳入模型外，我们通常还将可能对研究结果产生影响的其他变量纳入模型加以控制，而这一过程就需要我们先对纳入模型的各个变量进行相关性检验，以防止产生共线性降低模型的预测功效。当两个变量均为连续型变量且符合正态分布时，可采用皮尔逊相关性分析。当两个变量或其中一个变量不符合正态分布时，或当其中一个变量为等级变量时，可用 Spearman 相关性分析。

月平均温度及精神分裂症月平均发病数的趋势变化如图 10-2 所示，在温度达到全年高峰的 6～8 月，发病数有明显上升的趋势，通过图 10-2 我们可初步假设，高温环境可能导致精神分裂症发病风险的增加。

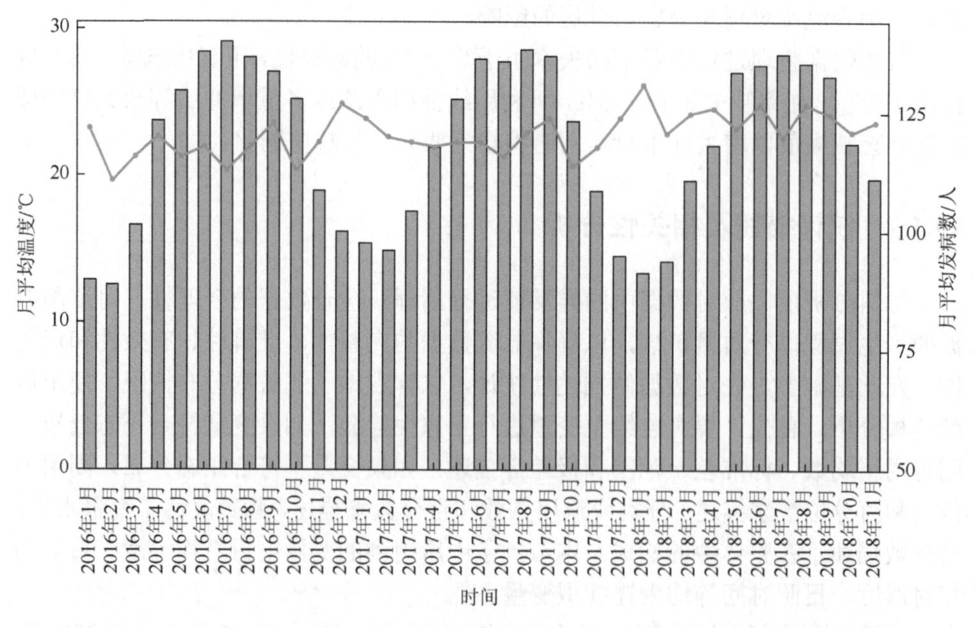

图 10-2 2016 年 1 月至 2018 年 11 月肇庆市月平均温度及精神分裂症月平均发病数

对本例中所研究的日平均温度、日平均相对湿度、日均降水量及日照时间做皮尔逊（Pearson）相关性分析，结果如表 10-2 所示。除日平均温度和日均降水量无显著的统计学关联外，其他因素两两间均有显著性相关，例如，日平均温度和日照时间有显著性正相关，相关系数 r 为 0.314。然而，由于各因素间相关系数均小于 0.400，可认为各因素间为弱相关，因此，可将各研究因素纳入模型中加以控制。

表 10-2　气象因素间 Pearson 相关性分析（$P<0.05$）

变量		日平均相对湿度	日均降水量	日照时间
日平均温度	r	0.194	0.016	0.314
	P	0.000	0.611	0.000
日平均相对湿度	r	—	0.297	–0.371
	P	—	0.000	0.000
日均降水量	r	—	—	–0.254
	P	—	—	0.000

10.3.4　统计建模

基本的描述性统计分析完成后，就可以对数据进行模型构建。时间序列资料在病例交叉设计中的分析原理是以时间作为分层选择对照期，即在一个固定的时间层，病例期和对照期处在同一年、同一个月的同一个星期几，通过对照期与病例期的匹配，从而控制环境因素、气象因素数据的时间趋势、季节趋势及星期几效应等与时间有关的因素[16-17]。此外，时间分层对照期的选择使得一个匹配组中病例期前后有 3～4 个对照期，相比 1∶1 配对或者 1∶2 配对，不但能获得更高的检验效率，同时能最大限度利用数据信息。

在本节中，结局变量为每日精神分裂症门诊就诊人数，属于小概率离散事件，且每日门诊就诊人数分布存在过度离散现象，因此本研究建立基于服从类泊松分布的统计模型，采用伦敦卫生与热带医学院的 Armstrong 教授提出“funccmake.R”宏函数，通过宏函数，生成的新的数据包括：index、status、stratum、weights，以及相关的自变量和协变量（图 10-3）。其中，index 表示日；status 为 0 表示对照，为 1 表示病例；stratum 表示时间层；weights 表示该日的发病/死亡人数。每个时间层包含一个病例期，3～4 个对照期，反映的是当年当月的所有相同星期几。

index	status	stratum	weights	temp	temp.1	temp.2	temp.3	temp.01	temp.02	temp.03	rh	ssd	pre
1	1	1	94	13.50	NA	NA	NA	NA	NA	NA	89.0	3.3	0.00
7	0	1	94	11.65	12.15	14.15	13.60	11.900	12.650000	12.8875	98.0	0.0	16.10
15	0	1	94	8.50	11.90	12.05	12.10	10.200	10.816667	11.1375	93.0	0.0	0.10
22	0	1	94	15.40	11.70	7.40	5.25	13.550	11.500000	9.9375	96.0	0.0	43.95
30	0	1	94	16.10	15.85	18.75	20.55	15.975	16.900000	17.8125	84.0	2.1	0.00
2	1	2	52	15.60	15.70	16.10	15.85	15.650	15.800000	15.8125	93.5	0.0	0.75
9	0	2	52	15.05	12.55	11.65	12.15	13.800	13.083333	12.8500	85.0	1.2	2.00
17	0	2	52	3.30	4.95	8.50	11.90	4.125	5.583333	7.1625	73.5	0.0	3.30
23	0	2	52	18.80	15.65	13.50	NA	17.225	15.983333	NA	88.5	0.0	0.00
25	0	2	52	12.20	13.35	15.40	11.70	12.775	13.650000	13.1625	95.0	0.0	5.80
3	1	3	205	15.10	15.60	15.70	16.10	15.350	15.466667	15.6250	93.5	0.0	20.30
10	0	3	205	10.75	15.05	12.55	11.65	12.900	12.783333	12.5000	78.5	9.4	0.00
18	0	3	205	4.95	3.30	4.95	8.50	4.125	4.400000	5.4250	55.0	9.2	0.00
26	0	3	205	19.15	18.80	15.65	13.50	18.975	17.866667	16.7750	96.5	0.0	0.00

图 10-3　用于构建病例交叉设计中的时间分层分析数据库

该方法能够有效解决模型中健康结局过度离散和自相关的问题，并且分析代码简洁，计算效率高，模型公示如下：

$$E(Y_{i,s}) = u_{i,s} = \exp\left\{\alpha_s + \beta^{\mathrm{T}} x_i\right\}, Y \sim \mathrm{Poisson}(u_i)$$

式中，$Y_{i,s}$ 表示健康事件的发生概率；x_i 表示自变量或协变量在第 i 天的暴露评估；α_s 表示时间分层的控制。由于温度的变化对随后的精神系统疾病有滞后效应，因此本节中所列举的例子将对病例期发病前 0～3d 的温度滞后效应分别进行风险评估。例如，滞后 0d 的风险效应即发病当天的温度对精神分裂症发病的风险效应，以此类推。用超额危险（excess risk）评估每增加 1℃精神分裂症发病增加的危险度百分比，并计算出效应及 95%的置信区间。模型中，对日平均相对湿度、日均降水量及日照时间等非线性变量加以控制，自由度均设置为 3。

10.3.5　绘制计量效应关系曲线图

在探究气象因素对人体健康的影响效应时，通常要全面地考虑在不同气象条件下健康效应的变化是呈现怎样的趋势，在流行病学中我们称之为剂量-反应曲线（dose-response curve）。曲线趋势反映随着暴露程度的增加，其对人体健康的危害程度的大小。例如，目前普遍认同随着 $PM_{2.5}$ 暴露浓度增加，可显著升高呼吸系统的发病风险[18]。然而，值得注意的是，与空气污染因素不同，人体对气象因素存在一个最佳适应值，例如，有研究表明当外界环境温度在 23℃左右时，人体处在一个较为舒适的状态[19]。因此，理论上气象因素对人体健康的效应的剂量-

反应曲线应当呈现 J 型或者 V 型趋势，曲线的低谷温度范围很可能预示着将该气象因素控制在此条件下可大大降低疾病的发病风险。

对温度和精神分裂症发病做影响效应分析，结果如图 10-4 所示，温度变化范围在 3.3～31.7℃，对应健康效应关系变化曲线呈现 J 型，我们把 J 型曲线的最低点称为阈值点。阈值点的存在，揭示了在高于阈值点对应的温度时，随着温度的上升，精神分裂症发病风险增大；在低于阈值点对应的温度时，随着温度上升，精神分裂症的发病风险减小。

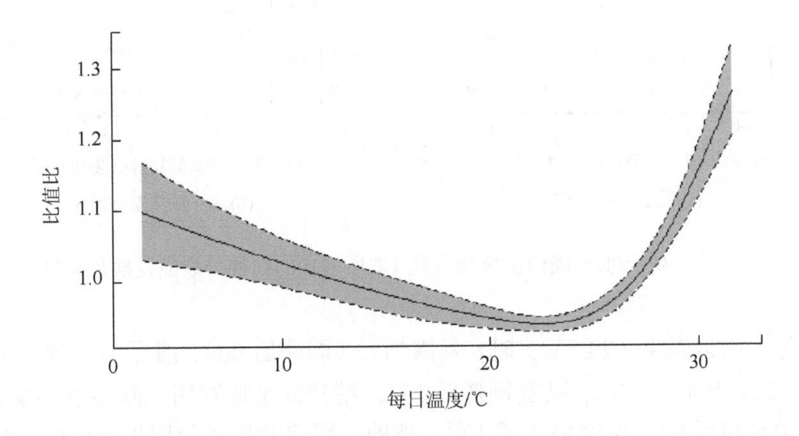

图 10-4　温度变化对精神分裂症发病的效应关系曲线

10.3.6　探索温度阈值效应对发病的影响

当我们绘制出的剂量-反应曲线呈现 J 型或者 V 型趋势时，曲线的最低点即阈值点，通过 predict 函数计算出危险效应最低时对应的温度即阈值温度。当温度高于阈值温度时，随着温度增加，疾病的发病风险呈现上升趋势；当温度低于阈值温度时，随着温度增加，疾病的发病风险呈现下降趋势。由此我们可以分别计算出高于阈值温度时，每增加 1℃，精神分裂症发病增加的危险度百分比，以及低于阈值温度时，每增加 1℃，精神分裂症发病降低的危险度百分比，从而充分地揭示温度对精神分裂症发病风险的双重影响，进而提出相应的公共卫生措施以降低其发病风险。

正如前述提到的温度变化对精神分裂症发病的效应关系曲线中存在阈值点，当温度高于阈值温度时，温度上升是促使精神分裂症发病的危害因素；当温度低于阈值温度时，温度上升则是降低精神分裂症发病的保护因素。因此，我们不妨将其效应分为两个部分做分析，分别计算出当温度高于阈值温度及低于阈值温度时，温度每上升 1℃精神分裂症发病增加的危险度，结果如图 10-5 所示。

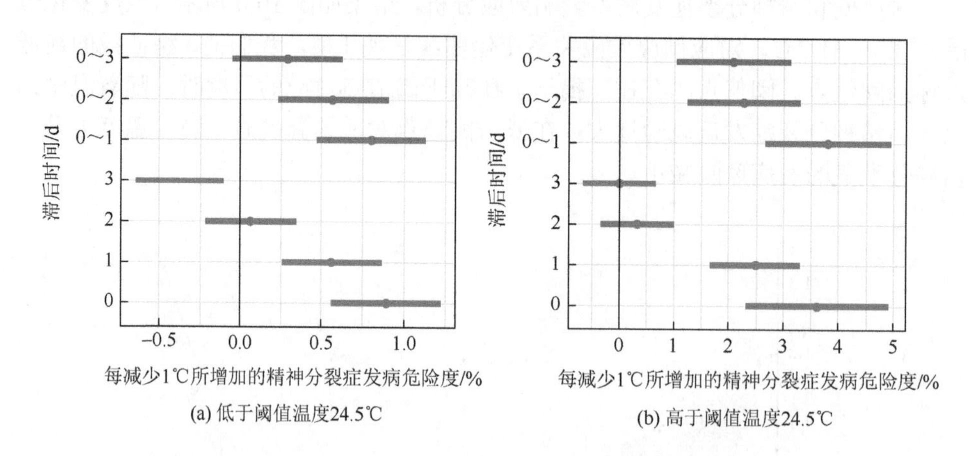

图 10-5 高于/低于阈值温度每变化 1℃所增加的精神分裂症发病危险度

在低于阈值温度（24.5℃）时，暴露当天（即滞后 0d）、滞后 1d、滞后 0～1d、滞后 0～2d、滞后 0～3d，温度每降低 1℃，精神分裂症发病风险显著增加；效应最显著的是滞后 0d，温度每降低 1℃，精神分裂症发病风险增加 0.89%（95%CI：0.56%，1.21%）；而滞后 3d，温度每降低 1℃，精神分裂症发病风险显著降低 0.37%（95%CI：–0.64%，–0.11%）。这说明，在低于阈值温度时，温度升高对降低精神分裂症发病的保护效应在滞后 3d 时开始逐渐下降。

在高于阈值温度 24.5℃时，暴露当天（即滞后 0d）、滞后 1d、滞后 0～1d、滞后 0～2d、滞后 0～3d，温度每上升 1℃，精神分裂症发病风险增加；效应最显著的是滞后 0～1d，温度每上升 1℃，精神分裂症发病风险增加 3.80%（95%CI：2.66%，4.95%）。

10.3.7 性别亚组分析

基于性别分类开展亚组分析，探讨环境温度与精神分裂症在不同性别人群下的效应。剂量-反应曲线关系如图 10-6 所示。可以观察到男性和女性在高温和低温条件下精神分裂症发病风险均增加，其中女性对低温更敏感，而男性对高温更敏感。具体效应估计值见表 10-3，温度滞后 0～1d，在低于阈值温度时，每减少 1℃，女性的精神分裂症发病危险度增加 1.12%（95%CI：0.62%，1.62%），而男性的增加 0.54%（95%CI：0.09%，0.98%）；在高于阈值温度时，每增加 1℃，男性的精神分裂症发病危险度增加 3.94%（95%CI：2.42%，5.48%），而女性的增加 3.63%（95%CI：1.93%，5.36%）。

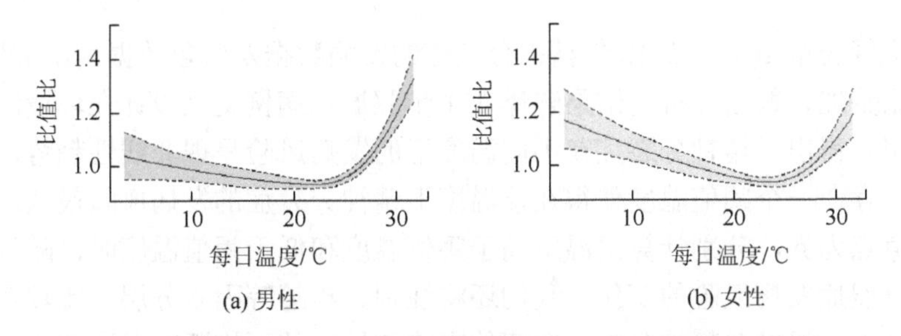

(a) 男性　(b) 女性

图 10-6　不同性别人群温度变化对精神分裂症发病效应关系曲线

表 10-3　温度变化对男性和女性所增加的精神分裂症发病危险度

滞后时间/d	低于阈值温度每减少 1℃的危险度/%		高于阈值温度每增加 1℃的危险度/%	
	男性	女性	男性	女性
0	0.63（0.19，1.07）	1.22（0.72，1.71）	4.43（2.70，6.18）	2.61（0.70，4.55）
1	0.34（−0.06，0.75）	0.83（0.37，1.29）	2.28（1.19，3.38）	2.72（1.50，3.96）
2	−0.04（−0.42，0.34）	0.18（−0.24，0.61）	0.17（−0.74，1.09）	0.53（−0.49，1.55）
3	−0.37（−0.73，−0.01）	−0.38（−0.78，0.02）	0.07（−0.82，0.96）	−0.07（−1.05，0.93）
0～1	0.54（0.09，0.98）	1.12（0.62，1.62）	3.94（2.42，5.48）	3.63（1.93，5.36）
0～2	0.34（−0.11，0.80）	0.85（0.35，1.35）	2.25（0.88，3.64）	2.29（0.75，3.85）
0～3	0.11（−0.34，0.57）	0.50（−0.01，1.02）	2.25（0.87，3.66）	1.86（0.33，3.43）

注：括号内数据为 95%置信区间。

10.3.8　质量控制

可根据既往文献对模型中协变量进行调整，对非线性趋势自由度的选取进行设定，基于赤池信息量准则确定最终模型。通过调整不同自由度进行敏感性分析，观察评估效应是否稳定，可视为模型稳健的稳健性。

对于偏倚的控制，应考虑到选入研究中的研究对象与没有被选入者特征上的差异所造成的系统误差，严格掌握研究对象的纳入与排除标准，使研究对象能较好地代表其所出自的总体。研究实施过程中，在获取研究所需信息时会产生系统误差，应尽量采用客观指标的信息。针对某一或某些可能造成混杂偏倚的因素，在设计时对研究对象的入选条件予以限制，在资料分析阶段也可以通过一定的统计处理方法予以控制，如分层分析等。

10.4 小　结

基于肇庆市2016～2018年精神分裂症的发病数据及气象数据，我们从数据获取、数据整理、数据分析、结果解释4个步骤展示病例交叉设计在环境流行病学中的应用。得出了精神分裂症在不同温度下的发病风险呈现非线性趋势，随着温度增加，存在一个阈值温度使得在该温度下精神分裂症的发病风险最低；随后我们以阈值点为界，分别计算出温度高于阈值温度和低于阈值温度时，随气温的上升精神分裂症发病风险的变化。我们还将性别、年龄等因素分层，比较在不同性别等条件下，温度对精神分裂症发病的影响差异，从而推断对温度变化较敏感的精神分裂症人群。当然，除了以上的分析外，作为拓展探索，数据库中还提供了其他精神障碍疾病（包括情感障碍、症状性精神障碍、抑郁症、焦虑症）的每日发病数据供读者进行分析训练。

本章通过数据案例为读者提供环境流行病学领域中常用的病例交叉设计研究在探讨环境温度与精神障碍关联性分析中的应用，读者在实际应用中，还需根据自身研究需求考虑潜在的重要危险因素或混杂因素，进行模型调整和建模参数设置。在本章案例介绍中，由于数据局限性，潜在的可能影响环境温度与精神分裂症关联的因素未被纳入模型控制，例如，空调使用情况、社会经济因素、室内外活动时间等[20]。本章介绍的方法适用于以每日健康事件计数资料为健康结局的分析，作为生态学研究，暴露评估采用的是城市站点监测数据，可能导致暴露错分的情况[21]。此外，精神障碍发病机制复杂，目前普遍认为社会环境因素是诱发精神障碍发病的重要外部因素[22]，而遗传因素是导致精神障碍发病的重要内部因素[23]。因此，通过环境-基因的交互作用来解释精神障碍发病的发展也已成为该领域研究关注的热点。

综上，随着全球环境温度问题的日益严峻，其对精神障碍造成的急性的影响不容忽视，目前已有的环境流行病学研究也指向环境温度与精神障碍之间可能存在显著的关联，并且生物机制学研究和动物实验研究的结果为环境温度对精神障碍的关联性提供了生物学机制合理性证明。然而，目前的研究主要集中在高收入国家和地区，对极端温度和温度变异的讨论也相对匮乏[24]。因此，为进一步了解环境温度与抑郁症的关联性，制定公共卫生预防措施以减少抑郁症的社会经济负担和疾病负担，亟须在中低收入国家开展相关的研究[25]。

参考文献

[1] Wang Y，Bobb J F，Papi B，et al. Heat stroke admissions during heat waves in 1916 US counties for the period from 1999 to 2010 and their effect modifiers[J]. Environmental Health，2016，15：83.

[2] Baylis M. Potential impact of climate change on emerging vector-borne and other infections in the UK[J]. Environmental Health，2017，16（Suppl 1）：112.

[3] Almendra R，Loureiro A，Silva G，et al. Short-term impacts of air temperature on hospitalizations for mental disorders in Lisbon[J]. Science of the Total Environment，2019，647：127-133.

[4] Galderisi S，Heinz A，Kastrup M，et al. A proposed new definition of mental health[J]. Psychiatria Hungarica，2017，51（3）：407-411.

[5] Chen N T，Lin P H，Guo Y L L. Long-term exposure to high temperature associated with the incidence of major depressive disorder[J]. Science of the Total Environment，2019，659：1016-1020.

[6] Henriksson H E，White R A，Sylvén S M，et al. Meteorological parameters and air pollen count in association with self-reported peripartum depressive symptoms[J]. European Psychiatry，2018，54：10-18.

[7] McWilliams S，Kinsella A，O'Callaghan E. Daily weather variables and affective disorder admissions to psychiatric hospitals[J]. International Journal of Biometeorology，2014，58（10）：2045-2057.

[8] Jaakkola J J K. Case-crossover design in air pollution epidemiology[J]. European Respiratory Journal，2003，21（40 suppl）：81s-85s.

[9] Janes H，Sheppard L，Lumley T. Case-crossover analyses of air pollution exposure data：Referent selection strategies and their implications for bias[J]. Epidemiology，2005，16（6）：717-726.

[10] Whitaker H J，Hocine M N，Farrington C P. On case-crossover methods for environmental time series data[J]. Environmetrics，2007，18（2）：157-171.

[11] Lumley T，Levy D. Bias in the case-crossover design：Implications for studies of air pollution[J]. Environmetrics，2000，11（6）：689-704.

[12] Merikangas K R，Nakamura E F，Kessler R C. Epidemiology of mental disorders in children and adolescents[J]. Dialogues in Clinical Neuroscience，2009，11（1）：7-20.

[13] Charlson F J，Ferrari A J，Santomauro D F，et al. Global epidemiology and burden of schizophrenia：Findings from the global burden of disease study 2016[J]. Schizophrenia Bulletin，2018，44（6）：1195-1203.

[14] Schizophrenia Working Group of the Psychiatric Genomics Consortium. Biological insights from 108 schizophrenia-associated genetic loci[J]. Nature，2014，511（7510）：421-427.

[15] Tost H，Meyer-Lindenberg A. Puzzling over schizophrenia：Schizophrenia，social environment and the brain[J]. Nature Medicine，2012，18（2）：211-213.

[16] Gharibi H，Entwistle M R，Ha S，et al. Ozone pollution and asthma emergency department visits in the Central Valley，California，USA，during June to September of 2015：A time-stratified case-crossover analysis[J]. Journal of Asthma，2019，56（10）：1037-1048.

[17] Malig B J，Pearson D L，Chang Y B，et al. A time-stratified case-crossover study of ambient ozone exposure and emergency department visits for specific respiratory diagnoses in California（2005-2008）[J]. Environmental Health Perspectives，2016，124（6）：745-753.

[18] Wang F，Liu H，Li H，et al. Ambient concentrations of particulate matter and hospitalization for depression in 26 Chinese cities：A case-crossover study[J]. Environment International，2018，114：115-122.

[19] Kingma B，Frijns A，van Marken Lichtenbelt W. The thermoneutral zone：Implications for metabolic studies[J]. Frontiers in Bioscience-Elite，2012，4（5）：1975-1985.

[20] Thompson R，Hornigold R，Page L，et al. Associations between high ambient temperatures and heat waves with mental health outcomes：A systematic review[J]. Public Health，2018，161：171-191.

[21] Bruyneel L，Kestens W，Alberty M，et al. Short-term exposure to ambient air pollution and onset of work

incapacity related to mental health conditions[J]. Environment International，2022，164：107245.

[22] Wermter A K，Laucht M，Schimmelmann B G，et al. From nature versus nurture，via nature and nurture，to gene×environment interaction in mental disorders[J]. European Child & Adolescent Psychiatry，2010，19：199-210.

[23] Vieta E，Berk M，Schulze T G，et al. Bipolar disorders[J]. Nature Reviews Disease Primers，2018，4：18008.

[24] Liu J，Varghese B M，Hansen A，et al. Is there an association between hot weather and poor mental health outcomes？A systematic review and meta-analysis[J]. Environment International，2021，153：106533.

[25] Javed A，Lee C，Zakaria H，et al. Reducing the stigma of mental health disorders with a focus on low-and middle-income countries[J]. Asian Journal of Psychiatry，2021，58：102601.

第 11 章　基于脆弱性评估研究气候变化与极端天气事件对健康的影响

刘　涛　李湉湉

气候变化是影响人类健康的重要环境因素，科学评估气候变化引起的健康风险及制定适应措施是该领域的两个重要课题，其中评估气候变化及极端天气事件对人体健康的脆弱性和制定针对性的适应措施至关重要。然而，目前在气候变化健康脆弱性的研究中，在脆弱性评估框架、指标体系、数据收集、指标权重确定等方面仍存在较大的争议，尚未制定统一的技术规范，以至于不同的研究之间可比性不高。为此，本章介绍健康脆弱性的概念，概述评估气候变化健康脆弱性的方法学进展，并以广东省高温热浪健康脆弱性评估研究作为案例，详细介绍气候变化健康脆弱性评估的步骤和注意事项，并对未来的发展趋势和方向进行展望。

11.1　引　言

气候变化不仅是 21 世纪全球面临的一个重大环境变化，也是一个严峻的健康挑战。由气候变化导致地表平均温度升高、降水规律改变及极端事件发生频率和强度增加，气候变化正在严重威胁人类的生命与健康[1-2]。气候变化对人群健康的广泛影响包括高温、低温和温度变异等对人群发病和死亡的影响；气候变化及极端天气事件对传染病、职业健康与劳动生产率、精神心理健康、人群营养状况及其他慢性非传染性疾病的影响；气候变化与空气污染物、花粉等物质相互作用对人群健康的影响[3]。

在气候变化背景下，公共卫生部门在制定应对气候变化的政策和计划时，需要全面了解气候变化和极端天气事件对健康影响的脆弱性，这是识别脆弱人群和脆弱地区、优先采取应对措施、有效降低气候变化健康影响的重要策略。脆弱性的概念最早起源于对自然灾害的研究。在地球科学领域，Timmerman 于 1981 年首先提出了脆弱性的概念，目前脆弱性这一概念已被应用到许多领域。由于不同领域研究对

刘涛，暨南大学基础医学与公共卫生学院教授，博士生导师。研究方向为气候变化健康风险评估、脆弱性评估和疾病负担评估。

李湉湉，中国疾病预防控制中心环境与健康相关产品安全所研究员，博士生导师。研究方向为气候变化、空气污染与健康，健康大数据与风险预测。

象和学科视角的不同，不同应用领域对“脆弱性”这一概念的界定和方式有很大区别，因此运用时其内涵也有所不同[4]。归纳起来，脆弱性的概念可大体分为四类：①脆弱性是暴露于不利影响或者遭受损害的可能性；②脆弱性是遭受不利影响损害或者威胁的程度；③脆弱性是承受不利影响的能力；④脆弱性是一个概念的集合，包括“风险”“敏感性”“适应能力”“恢复力”等一系列相关概念，既考虑系统内部条件对系统脆弱性的影响，又包括系统与外界环境的相互作用特征。

脆弱性的概念是20世纪90年代初引入至气候变化影响研究和评估中的，但是当时其定义尚不清晰。随着脆弱性研究的不断深化和普及，联合国政府间气候变化专门委员会在第三次评估报告中明确了脆弱性的定义。脆弱性是指系统容易遭受或无法应对气候变化（包括气候变率和极端气候事件）造成的不利影响的程度，是系统内的气候变率特征、幅度和变化速率及其敏感性和适应能力的函数[5]。脆弱性一方面受外界气候变化的影响，取决于系统对气候变化影响的敏感性和敏感程度；另一方面也受系统自身调节能力与恢复能力的制约，也就是取决于系统适应气候变化的能力。将气候变化脆弱性结合到公共卫生领域上，建立科学评估气候变化健康脆弱性体系，有助于识别脆弱人群和脆弱地区，完善危害人体健康的极端天气事件和极端气候事件的预警和防范机制，改善气候变化脆弱地区公共卫生设施建设，同时为决策相关者制定针对性政策和措施提供相关依据。

目前全球范围内开展了较多关于气候变化和极端天气事件对健康影响的脆弱性研究，我国在这方面的研究起步较晚，研究数量也相对较少，并且在健康脆弱性的评估方法、指标体系、数据收集、指标权重确定等方面仍存在较大的争议，尚未制定统一的技术规范，造成不同的研究结果之间无法对比，这不利于公共卫生部门制定应对气候变化的政策和计划。为此，本章综述国内外进行气候变化健康脆弱性评估的方法学，并以广东省高温热浪健康脆弱性评估为例，用IPCC推荐的脆弱性评估框架详细介绍脆弱性评估的过程。

11.2　方法学现状与进展

全球范围内已经开展了较多关于气候变化健康脆弱性的研究[6-19]，主要集中在高温、热浪、洪水、海平面上升和干旱等天气因素上。气候变化健康脆弱性评估的主要步骤包括：①确定健康脆弱性评估的框架。这是整个脆弱性评估工作的基础，不同的评估框架其指标体系等内容存在差异。②建立指标体系。可通过文献综述、专家咨询等方法确定指标体系。指标的选择一般遵循综合性原则、主导性原则、可操作性原则和定量与定性相结合的原则。③选择合适的数学模型，建立脆弱性指数的计算方法，最常用的是相加模型。④确定各指标的权重，计算脆弱性指数。权重的确定可采用专家打分法、层次分析法、人工神经网络等方法。

各指标的权重确定后，结合数学模型即可计算出脆弱性指数。⑤脆弱性指数的等级划分。得到区域脆弱性指数后，可以对所有的脆弱性指数进行等级划分，以综合反映区域内脆弱性的分布情况。常用的划分方法有基于自然间隔划分、基于一般统计学划分、基于空间统计学的空间自相关分析划分等。⑥结果的验证和评价。可通过实际数据对脆弱性评估的结果进行验证和评价，进一步说明结果的科学性。

在上述脆弱性评估的步骤中，最为重要的是脆弱性评估框架的选择。在以往的研究中，部分采用 IPCC 定义的健康脆弱性评估框架，该框架中脆弱性是暴露、敏感性和适应能力三项指标的综合指数。暴露是指暴露于显著气候变化的系统的性质和程度。敏感性是系统受气候相关刺激影响的程度。适应能力是系统适应气候事件、适度潜在损害、利用机会或应对后果的能力。例如，Marcello 等用该框架评估澳大利亚东南海岸对气候变化的脆弱性，其中的暴露维度主要考虑了未来海平面上升；敏感性维度主要考虑了老年人口比例、独居老人比例、婴幼儿人口比例等；适应能力维度主要考虑了文化水平、收入水平、互联网使用率、居住面积、汽车拥有率、失业率等[12]。Hou 也应用该框架评估了广西壮族自治区各市对洪涝的健康脆弱性，其中暴露维度主要考虑了发生的洪涝次数、每年发生暴雨的天数、月降水量等；敏感性维度主要考虑了人口密度、性别、年龄＜4 岁或＞60 岁的人口比例等；适应能力维度主要考虑了少数民族人口的比例，文盲率，每千人医疗机构数量，每千人的医生、护士和病床数，GDP 水平等[13]。Zhang 等基于该框架评估了我国各省（自治区、直辖市）对极端高温的脆弱性，并借助主成分分析的方法把纳入的 20 个指标划分为暴露维度、敏感性维度和适应能力维度[14]。

也有研究采用其他框架来评估健康脆弱性[16, 20-25]。例如，Bai 等通过 10 个变量对西藏自治区城乡居民的县级热脆弱性进行评估。他们采用主成分分析的方法确定了 4 个关键因素（贫穷、社会隔离、小住宅和老年人/亚健康/文盲），然后，通过 4 个因素的综合得分来估算每个县的热脆弱性指数[21, 25]。杜宗豪的研究在对数据进行标准化处理后，用主成分分析的方法对众多指标进行降维并提取主成分（人口因素、民族因素、植被指数、健康因素和经济因素），通过求和计算每个区（县）的各主成分得分获得对应区（县）的热脆弱性指数[23]。Chen 等采用标准化和归一化的方法对县级水平的 4 个变量（文化水平、老年人比例、家庭空调拥有率和每千人病床数）进行计算得分，从而评估江苏省各市（区、县）水平的高温相关健康脆弱性[24]。Sheridan 等基于超额死亡人数评估美国俄亥俄州每个区（县）的高温相关健康脆弱性[16]。

通过对不同方法的对比分析发现，目前的气候变化健康脆弱性评估方法主要分为两类，第一类为基于 IPCC 推荐的框架进行评估；第二类为根据研究的数据特点自行开发的方法，没有统一的评估框架和路径，对指标体系的分类差别较大。两种方法各有优缺点，IPCC 评估框架考虑的维度较为全面，具有统一的理论框架，便于不同研究之间的结果进行对比，但是有些维度和指标的数据收集可能存在困难。第二类方法应用较为灵活，可以根据实际情况制定针对性的指标体系，但是由于不同研究之间采用的框架和指标体系可能差异较大，不利于不同研究之间的对比。

11.3 广东省高温热浪健康脆弱性评估研究

11.3.1 研究背景和目的

广东省地处亚热带气候覆盖的华南地区，高温和热浪是该省公共卫生面临的主要气象威胁。在全球气候变化的背景下，广东省高温热浪的发生频率呈持续上升趋势。同时广东省也是我国的大省之一，地形多样，经济发展不均衡，不同地区由于自然环境、地形地貌及社会发展水平的差异，受极端天气事件的影响也不一样。因此准确评估高温热浪对广东省居民健康的影响，找出脆弱人群和地区，对制定针对性的政策和措施，有效降低高温热浪的健康危害具有重要意义。

11.3.2 脆弱性评估框架

IPCC 提出的框架是目前使用最为广泛的框架，该框架中脆弱性是暴露、敏感性和适应能力三项指标的综合指数。暴露是指暴露于显著气候变化的系统的性质和程度。敏感性是系统受气候相关刺激影响的程度。适应能力是系统适应气候事件、适度潜在损害、利用机会或应对后果的能力。由于敏感性和适应能力与个体社会地位及社会经济发展、环境等密切相关，所以也有研究者把敏感性和适应能力合在一起统称社会脆弱性。目前该框架的国际认可度较高，因此建议使用该理论框架（见图 11-1）。

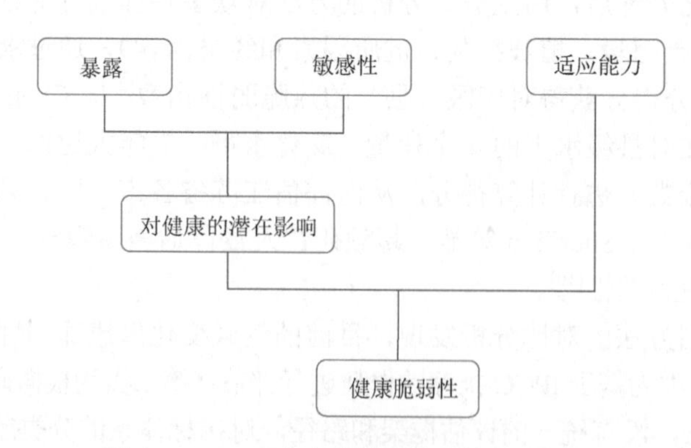

图 11-1　IPCC 定义的健康脆弱性评估框架

11.3.3　指标选择

脆弱性指标的选择是在脆弱性评估框架的指导下，通过对特定危害事件进行分析，找出能够反映暴露、敏感性及适应能力方面的指标，这是健康脆弱性评价中的关键步骤。选择的指标应是在相关研究中已被证明可能对所关注的气候因素与人群健康的关系产生影响的因子。脆弱性指标一般包括自然因素、人口统计学因素、社会经济学因素、土地利用、人群健康状况等方面指标；除一般性指标以外，对于不同的气候变化事件所建立的指标体系不同，针对特定气候事件、特定地区，还应选取特殊的指标。

指标的选择有四项原则：第一为科学性，即所有指标的选择都是基于科学依据。第二为系统性，有研究者提出，气候变化影响健康的脆弱性可能受到经济发展、社会、自然环境等多种因素的影响。因此，选择指标时应基于系统性的观点，同时考虑上述因素。第三为可行性，所有选择的指标必须有明确的定义且可以获得数据。如果无法获得数据，这些指标就没有用处。第四为普适性，即指标体系可以外推到其他地区或其他环境条件中。

在大多数研究中，研究者们首先通过文献综述和咨询专家（包括公共卫生、气象和社会科学等领域的专家），尽可能多地选择指标，形成一个“指标池”；然后根据上述四项原则对指标进行仔细筛选、讨论，删除代表性较差或相关性较高的指标，并对需要修改的指标进行改进；确定指标体系后，可以从多渠道收集数据。收集数据时要注意判断数据的尺度、时间范围和经过标准化后是否可直接纳入评估模型，对于不能直接纳入模型的指标数据，需要判断转换后是否可以纳入指标。对于某些关键却又不完全的指标，甚至可以通过模型预测的方法对数据进行补充。当纳入的指标比较复杂时，可借助统计学方法筛选、精简、合并，例如，相关分析和主成分分析。

基于上述方法和原则，本研究在广东省各市级层面评估高温热浪的健康脆弱性，选择了 2 个暴露指标、6 个敏感性指标和 5 个适应能力指标（见表 11-1）。

表 11-1　健康脆弱性相关指标及指标定义

指标类型	指标名称	指标说明
暴露指标	E1. 1975～2005 年年平均气温增长率	反映区域气温变化的长期趋势
	E2. 日最高气温高于 35℃的天数（1975～2005 年）	反映区域高温天气发生频率
敏感性指标	S1. 年龄大于等于 65 岁人口比例	老年人群抵抗能力较差，体温调节机制较弱，对于热胁迫响应能力有限
	S2. 年龄小于等于 4 岁人口比例	小孩的相对体表面积比成人大、产生热量更多、排汗能力和维持体温能力差

续表

指标类型	指标名称	指标说明
敏感性指标	S3. 外来人口比例	外来人口可能并未建立对当地气候的适应机制
	S4. 无业人口比例	无业人口失去生活来源，经济能力下降，抵御气候变化能力较低
	S5. 农业人口比例	由于农业受气候影响很大，气候变化对农业人口收入水平影响很大
	S6. 婴儿死亡率	反映区域公共卫生发展水平
适应能力指标	A1. 每千人卫生技术人员比例	反映区域医疗卫生资源充足性
	A2. 人均 GDP	反映区域总体经济社会发展水平
	A3. 人均住房面积小于 $8m^2$ 家庭比例	家庭人口密度过大将影响室内散热能力
	A4. 农村无害化卫生厕所普及率	反映农村环境卫生水平
	A5. 文盲占 15 岁以上人口比例	反映区域教育发展水平及对热浪相关知识的认知能力

11.3.4 关键变量定义

高温：根据中国气象局的定义，高温为日最高气温超过 35℃。

热浪：根据中国气象局的定义，日最高气温超过 35℃且持续 3d 及以上。

健康脆弱性：系统对不利环境影响的敏感程度和无法应对的程度[5]。

暴露：暴露于显著气候变化的系统的性质和程度[5]。

敏感性：系统受气候相关刺激影响的程度[5]。

适应能力：系统适应气候事件、适度潜在损害、利用机会或应对后果的能力[5]。

11.3.5 数据收集

气候变化健康脆弱性评估工作开始前应广泛收集相关的指标和数据，从气象部门收集各种气象指标和数据，作为暴露指标。对文献进行系统综述，从社会经济、适应能力、人口学情况、人群死亡、发病、环境等方面获得构建表征敏感性和适应能力的潜在指标，然后根据指标的可获得性、代表性等特性，从疾控部门、医疗部门、人口普查数据、各种年鉴及其他文献资料中收集各类指标数据。

在本次高温热浪的脆弱性研究中，各市的敏感性和适应能力指标数据来自我国第六次人口普查、广东省统计年鉴和卫生统计年鉴。暴露指标来自广东省气象局发布的气温数据。

11.3.6　识别影响脆弱性的关键因素

在实际的研究中收集的指标往往较多，需要识别其中较为重要的指标。识别的方法较多，可以采用专家打分法、主成分分析法、广义线性回归模型、随机森林模型等。专家打分法结合层次分析法是应用较为广泛的方法，通过邀请相关领域的专家对指标进行两两对标，确定各指标间的相对重要性，建立判断矩阵，并对判断矩阵进行一致性检验，通过检验后采用层次复合的原理求出组合权重，按数据层次结构从上至下合并各层次权重，得到方案层各指标对于目标层的权重排序，即组合权重[26]。另外，随机森林模型是最近比较流行的方法，通过随机森林模型可建立死亡和发病与各指标之间的随机森林模型，获得各指标对健康结局影响的重要性顺序，同时结合指标选择的科学性、系统性、可行性和普适性原则，选择影响健康脆弱性较大的因素。

本案例中采用专家打分法和层次分析法，选择上述指标，并把上述指标全部纳入脆弱性评估模型中。

11.3.7　确定健康脆弱性的权重

如何确定各指标的权重是脆弱性评估的关键步骤。在相加模型中对权重的赋值直接决定各指标对脆弱性指数的贡献大小，采用科学的方法确定权重，对于获得合理的脆弱性指数有重要的作用。脆弱性指数各指标权重确定的方法分为主观赋权法、客观赋权法及组合赋权法。例如，一种客观赋权法是采用分布滞后非线性模型建立气象数据与死因等健康指标之间的暴露-反应关系，同时把空气污染作为混杂因素进行控制，计算每升高 1℃的超额死亡风险。将计算的超额死亡风险作为标签，把随机森林模型筛选获得的指标作为特征建立机器学习数据集，用包含广义线性模型、广义相加模型、支持向量机、神经网络、决策树等各类学习器的集成学习方法建立模型，从而获得不同指标之间的权重组合，利用交叉验证方法评估模型，最终确定最佳的权重组合。

然而，在分析的初始阶段，由于样本数据量较少，数据间的内在规律无法掌握，需依靠专家的经验判断，如专家打分法和层次分析法等。本案例中采用专家打分法结合层次分析法的方法确定各指标的权重，并采用主成分分析的方法确定权重，对结果进行敏感性分析，分析结果的稳定性，具体过程如下。

1. *建立脆弱性指标及层次结构*

将确定的各指标按照层次结构进行组合，即分为暴露指数（EI）、敏感性指数

(SI)、适应能力指数（AI），建立层次结构。以暴露指数为例，可以建立如图 11-2 层次结构的数据体系。

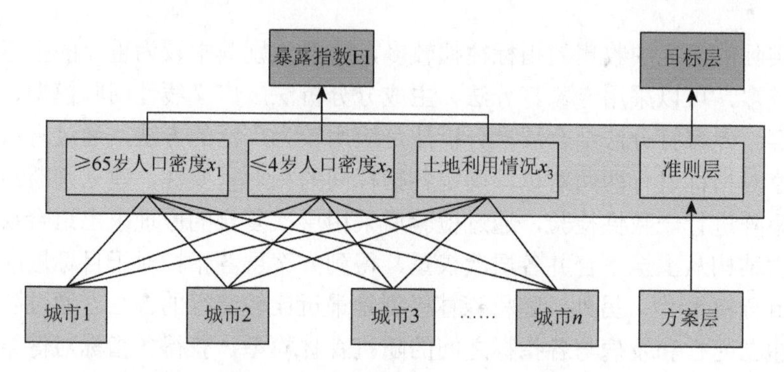

图 11-2　脆弱性指标及层次结构

相应的暴露指数模型为

$$\mathrm{EI}_j = \sum w_i \times x_{ij} \tag{11-1}$$

式中，EI_j 为第 j 个城市的暴露指数；w_i 为第 i 个指标的权重；x_{ij} 为第 j 个城市第 i 个指标的值。

2. 构造判断矩阵及层次排序

通过专家咨询的方式，将各指标两两比较，确定各指标间的相对重要性，建立判断矩阵（表 11-2）。Saaty 等认为采用 1～9 相对重要性的比率标度法较为合适（表 11-3），且容易通过一致性检验[27]。

表 11-2　不同指标之间的判断矩阵

	指标 1	指标 2	指标 3	……
指标 1				
指标 2				
指标 3				
……				

表 11-3　重要程度标度值

标度值	1	3	5	7	9
相对重要性	同等重要	稍微重要	明显重要	强烈重要	极端重要

标度值 2、4、6 和 8 表示相对重要性介于相邻标度值之间。例如，指标 x_i 与 x_j 的标度值为 b_{ij}，b_{ij} 越大则表示 x_i 比 x_j 更为重要，相应的 $b_{ji} = 1/b_{ij}$。同时还可采用多专家共同打分，然后求平均值的方式，减少打分的主观性。

EI、SI 及 AI 都可以建立相应的判断矩阵：

$$\boldsymbol{B} = \begin{bmatrix} 1 & b_{12} & b_{13} & \dots & b_{1n} \\ b_{21} & 1 & b_{23} & \dots & b_{2n} \\ b_{31} & b_{32} & 1 & \dots & b_{3n} \\ \vdots & \vdots & \vdots & & \vdots \\ b_{n1} & b_{n2} & b_{n3} & \dots & 1 \end{bmatrix} \tag{11-2}$$

3. 单层一致性检验及权重计算

在理论上，由于 a 比 b 重要，b 比 c 重要，应该得到 a 比 c 重要，但实际打分结果可能得到 c 比 a 重要的矛盾结果，所以需要进行一致性检验。单层各指标之间的重要性排序，归结为计算判断矩阵的特征值和特征向量。一般采用方根法近似求解。

对判断矩阵每行分别求几何均值：

$$\overline{w_i} = \sqrt[n]{\prod_{j=1}^{n} b_{ij}}, \ j = 1, 2, \cdots, n \tag{11-3}$$

对 $\overline{w_i}$ 进行归一化处理：

$$w_i = \frac{\overline{w_i}}{\sum_{i=1}^{n} \overline{w_i}}, \ i = 1, 2, \cdots, n \tag{11-4}$$

$\boldsymbol{W} = (w_1, w_2, \cdots, w_n)$为该层的特征向量，$w_i$ 即是第 i 个指标的权重。

计算最大特征值 $\lambda_{\max}$：

$$\lambda_{\max} = \frac{1}{n} \sum_{i=1}^{n} \frac{(\boldsymbol{BW})_i}{w_i}, \ i = 1, 2, \cdots, n \tag{11-5}$$

式中，$\boldsymbol{B}$ 为特征向量 $\boldsymbol{W}$ 对应的判断矩阵；$(\boldsymbol{BW})_i$ 为向量 $\boldsymbol{B} \times \boldsymbol{W}$ 的第 i 项。

计算一致性指数（consistency index，CI）及一致性比例（consistency ratio，CR）

$$\text{CI} = \frac{\lambda_{\max} - n}{n - 1} \tag{11-6}$$

CI 越小说明最大特征值越接近于 n，在实际应用中，由于 n 维数越高，判断的一致性越差，所以要放宽对高维判断矩阵的一致性要求，引入修正值——平均随机一致性指标（RI），取一致性比例为一致性判断标准。当 $\text{CR} < 0.10$ 时，认为矩阵具有满意的相容性。

$$CR = \frac{CI}{RI} \tag{11-7}$$

通过验证后，把每个专家的权重得分通过层次复合原理求出组合权重，按数据层次结构从上至下合并各层次权重，得到方案层各指标对于目标层的权重排序，即组合权重。

虽然对每一层进行了一致性检验，但各层的不一致性有可能通过层次结构逐级累计，使得总体出现不一致性，所以需要对总体进行一致性检验。即将准则层各指标的权重 a_j 及其下级指标一致性检验得到的 CI_j 和 RI_j 代入式（11-8），计算总体一致性比例：

$$CR = \frac{\sum_{j=1}^{m} CI_j a_j}{\sum_{j=1}^{m} RI_j a_j} \tag{11-8}$$

当 CR＜0.10 时，认为层次总排序具有满意的一致性。脆弱性评估一般只在指标层，即方案层使用层次分析获得重要性排序，所以无需求总权重及层次总一致性检验。

本研究选择了 5 名专家，分别来自气象学、社会科学、流行病学、环境卫生学等部门。通过上述过程，专家之间的打分均通过了一致性检验（CR＜0.10），具有满意的一致性。随后把所有专家的打分进行加权平均，得到最终的权重（表 11-4）。

表 11-4　专家打分与层次分析法确定各个维度指标的权重　　（单位：%）

指标名称		专家打分					加权权重
		专家 A	专家 B	专家 C	专家 D	专家 E	
敏感性指数（SI）	S1：年龄大于等于 65 岁人口比例	0.32	0.14	0.17	0.15	0.33	0.226
	S2：年龄小于等于 4 岁人口比例	0.17	0.05	0.08	0.07	0.08	0.098
	S3：外来人口比例	0.05	0.31	0.34	0.03	0.04	0.167
	S4：无业人口比例	0.09	0.13	0.27	0.03	0.04	0.109
	S5：农业人口比例	0.05	0.33	0.08	0.27	0.19	0.186
	S6：婴儿死亡率	0.32	0.05	0.06	0.45	0.33	0.213
	一致性检验 CR	0.08	0.09	0.09	0.09	0.02	—
适应能力指数（AI）	A1：每千人卫生技术人员比例	0.04	0.26	0.25	0.24	0.11	0.165
	A2：人均 GDP	0.33	0.35	0.47	0.48	0.05	0.335
	A3：人均住房面积小于 $8m^2$ 家庭比例	0.13	0.29	0.09	0.08	0.19	0.182
	A4：农村无害化卫生厕所普及率	0.08	0.05	0.11	0.03	0.11	0.069
	A5：文盲占 15 岁以上人口比例	0.42	0.06	0.08	0.17	0.55	0.249
	一致性检验 CR	0.07	0.09	0.09	0.09	0.09	—

续表

指标名称		专家打分					加权权重
		专家 A	专家 B	专家 C	专家 D	专家 E	
暴露指数（EI）	E1：1975～2005 年年平均气温增长率	0.17	0.14	0.20	0.20	0.17	0.165
	E2：日最高气温高于 35℃的天数（1975～2005 年）	0.83	0.86	0.80	0.80	0.83	0.835
	一致性检验 CR	0.00	0.00	0.00	0.00	0.00	—

4. 敏感性分析

本节进一步采用主成分分析法确定各指标的权重，进行敏感性分析，主成分分析法属于客观评分的方法。把所有指数纳入主成分分析模型，根据各变量的因子得分进行权重赋值，在因子提取的过程中建议进行方差最大化旋转，使得每个变量在各公因子上的负荷变异达到最大值，用初始因子载荷矩阵除以主成分相应特征根的平方根，再乘相应主成分方差贡献率与总的方差贡献率之比，结果即为每个变量的客观权重得分。由于暴露指标只有两个，无法进行主成分分析，因此本研究只对敏感性指标和适应能力指标进行主成分分析（表 11-5）。暴露指标的权重仍然采用专家打分法的权重。

表 11-5　主成分分析法确定各指标的权重　（单位：%）

指标名称	主成分			加权权重
	C_1	C_2	C_3	
年龄大于等于 65 岁人口比例	0.56	0.44	0.51	0.30
年龄小于等于 4 岁人口比例	0.88	–0.14	0.16	0.23
外来人口比例	0.90	0.17	0.24	0.31
无业人口比例	0.01	–0.08	0.94	0.28
农业人口比例	0.89	0.28	–0.13	0.27
婴儿死亡率	0.30	0.69	0.01	0.20
每千人卫生技术人员比例	0.75	–0.11	–0.35	0.13
人均 GDP	0.49	0.19	0.28	0.21
人均住房面积小于 $8m^2$ 家庭比例	–0.19	0.82	–0.04	0.09
农村无害化卫生厕所普及率	0.58	0.61	0.14	0.28
文盲占 15 岁以上人口比例	0.78	0.32	0.12	0.28

11.3.8　划分脆弱性等级并作严重性判定

根据各指标权重，对不同地区的对应指标进行加权求和，从而得到每个地区对应的健康脆弱性指标。随后可参考相关领域健康脆弱性评估中采用的等级判定方法对不同地区的脆弱性严重程度进行判定。例如，可基于自然分界点对脆弱性指数进行等间距划分，采用五分位数分别为低（$<P_{20}$）、较低（P_{20}～）、中等（P_{40}～）、较高（P_{60}～）和高（$\geqslant P_{80}$）5 个等级。也可用统计方法进行划分，例如，基于均数（M）和标准差（SD）划分为高（≥M±2SD）、较高（>M±SD 但<M±2SD）、较低（>M 但<M±SD）和低（≤M）4 个等级。还可以用聚类分析的方法，利用脆弱性得分的相似性，采用聚类分析法将脆弱性指数进行分类，以评估不同地区的严重程度。或者不对脆弱性指数进行等级划分，直接用脆弱性指数反映各地区对气候变化的脆弱性程度。本案例中便采用连续性指数反映各地区对高温热浪的健康脆弱性。

11.3.9 结果展示和解释

本案例共纳入了 13 个指标，包括 2 个暴露指标、6 个敏感性指标和 5 个适应能力指标，分别采用主观和客观的方法评估广东省各市对高温热浪的健康脆弱性。在主观方法中，指标的权重是通过专家打分法和层次分析法确定的，以避免主观上不合理的权重分配。另外，为避免不同人对指标的理解不同，因此本研究还采用了主成分分析法确定各指标的权重。

基于专家打分法和层次分析法的分析结果显示（图 11-3），广东省北部山区对高温热浪的暴露水平高于南部沿海地区，暴露指数最高的为韶关市（EI = 0.79），最低的为汕尾市（EI = 0.28）。珠三角地区敏感性指标的分布低于其他地区，敏感性指数最高的为阳江市（SI = 0.57），最低的为深圳市（SI = 0.21）。从适应能力指标看，珠三角地区的适应能力高于其他地区，适应能力指数最高的为深圳市（AI = 0.58），最低的为汕尾市（AI = 0.40）。综合脆弱性指数的分布从南向北呈阶梯式增加趋势，南部沿海地区较低，其中深圳市最低（VI = 0.34）；北部山区较高，其中最高的为清远市（VI = 0.62）。

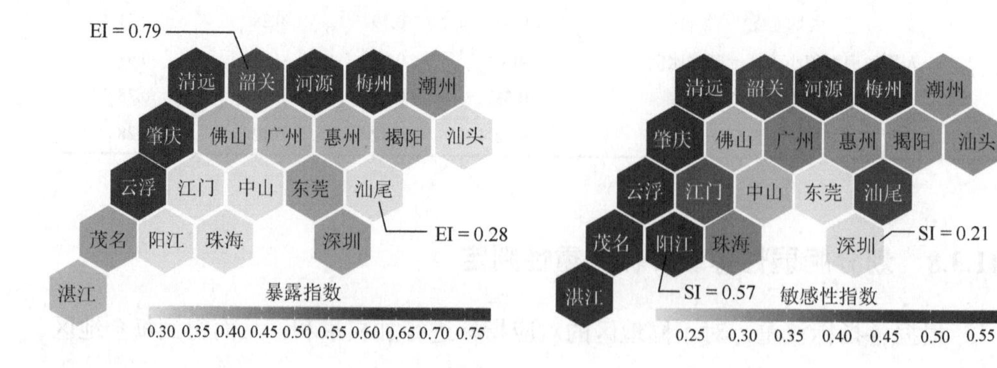

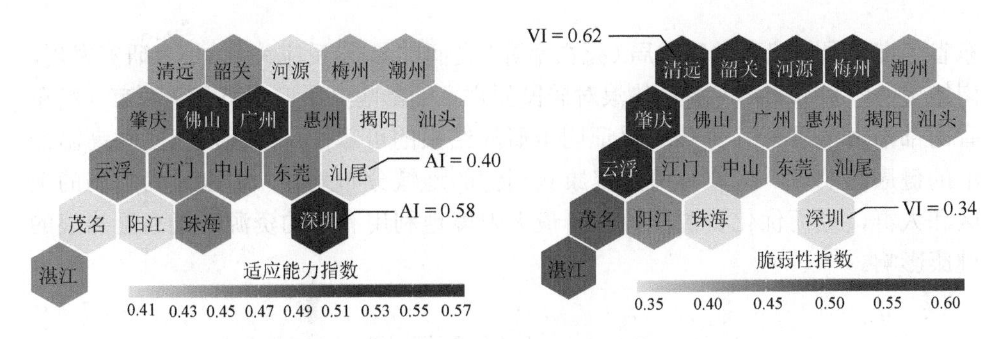

图 11-3　广东省不同地区对高温热浪健康脆弱性

基于主成分分析法的结果显示（图 11-4），除广州市、佛山市和阳江市脆弱性指数的分布与专家打分法和层次分析法的结果有较大变化，其余地市的结果一致性较好，脆弱性也呈现一种北高南低的趋势，其中最高的是清远市；而珠江三角洲地区的脆弱性较低，尤以深圳市最低。

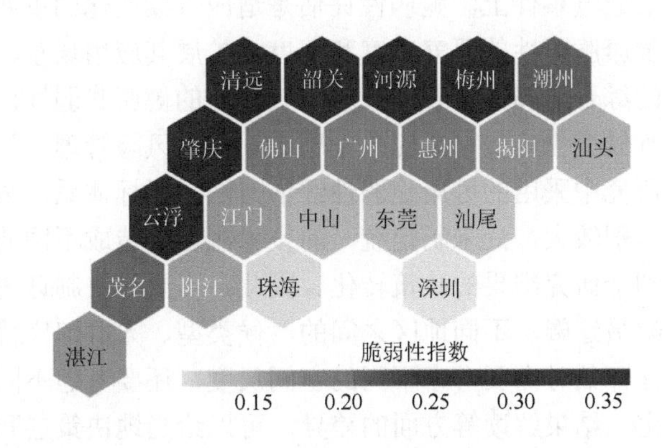

图 11-4　广东省不同地区对高温热浪健康脆弱性（主成分分析法）

广东省不同地区对高温热浪的健康脆弱性差异可能与以下几个原因有关：广东省南部地区毗邻南海，海洋可吸收更多的太阳辐射和热量，同时沿海地区经常降雨，可大幅降低高温热浪的发生率，因此高温热浪的暴露指数较低。此外，沿海地区尤其是珠三角地区经济非常发达，民众具有较高的适应能力，例如，空调的拥有率和使用率较高、社区环境和建筑类型能够较好地应对高温热浪的影响，因此对高温热浪的整体健康脆弱性较低。相对而言，北部地区多为山区，雨水较少，热量不易扩散，加上社会经济发展较为滞后，因此对高温热浪的健康脆弱性较高。

基于健康数据来评估人群对高温热浪的健康脆弱性具有重要意义，结果可为当地制定针对性的应对措施提供直接的科学依据。尽管本研究并没有直接评估广东省各市高温热浪和健康结局（死亡率等）之间的暴露-反应关系，但有研究发现，南雄市（广东省北部）高温热浪对居民死亡率的影响高于广州市和珠海市（广东省南部沿海地区）[28]。该结果证明本研究结果的可靠性。因此，在应对高温热浪的健康影响时，应充分考虑健康脆弱性的地域分布差异，识别最为脆弱的地区和人群，进而优化资源配置，可最大限度地利用有限的资源降低高温热浪的健康影响。

11.4 小结和展望

本章梳理了目前国内外针对气候变化和极端天气事件健康脆弱性评估的方法，并以广东省高温热浪健康脆弱性评估为例，用 IPCC 推荐的脆弱性评估框架详细介绍了脆弱性评估的过程。目前国外已经开展了较多关于气候变化和极端天气事件健康脆弱性的研究，但是我国开展的相关研究还较少，且主要集中在高温热浪、洪涝等极端天气事件上。脆弱性评估是适应气候变化的重要内容，因此需要加强气候变化健康脆弱性的研究广度和深度，扩展其应用场景，评估对象包括气候变化对健康的综合脆弱性、各种极端天气事件的健康脆弱性，并且把脆弱性评估结果与未来气候变化情景、适应政策制定、健康风险管理、效果评估等充分结合起来。目前研究中采用的健康脆弱性评估方法、指标体系、数据收集、指标权重确定等方法差别较大，尚未制定统一的技术规范，造成不同的研究结果之间无法对比，这不利于研究结果的政策转化。因此，需要尽快制订统一的技术规范或者标准。我国幅员辽阔，不同地区之间的气候类型、人群健康特征差异明显，因此在进行脆弱性评估时需要考虑不同的空间尺度，还要考虑不同地区之间在指标选择、权重确定、结果解读等方面的差异，可以给当地决策层和利益相关方在制定气候变化的应对措施上提供更加全面的科学依据。由于气候变化的健康脆弱性是一个综合指标，评估的方法多采用专家打分法等主观方法，对评估的结果需要采用客观指标进行验证和评价。但是在实际工作中，常常难以找到合理的客观指标进行验证，这给评估结果的解释和评价带来一定的困难和不确定性。进一步完善健康脆弱性的评估方法也是未来研究的一个重要方面。目前针对特殊人群开展的气候变化健康脆弱性研究较少，例如，老年人、儿童、流动人口、残疾人群、孕产妇、户外工作者、职业人群等，该类研究可以更加精准地识别人群脆弱性的主要特征，从而采取相应措施保护最易受影响的人群，因此在今后的研究中应重点考虑。

参 考 文 献

[1] Stocker T F, Qin D, Plattner G K, et al. Climate change 2013: The physical science basis. Contribution of working

group I to the fifth assessment report of the Intergovernmental Panel on Climate Change[M]. Cambridge：Cambridge University Press，2014.

[2] Watts N，Adger W N，Ayeb-Karlsson S，et al. The Lancet Countdown：Tracking progress on health and climate change[J]. The Lancet，2017，389（10074）：1151-1164.

[3] 钟爽，黄存瑞. 气候变化的健康风险与卫生应对[J]. 科学通报，2019，64（19）：2002-2010.

[4] 李鹤，张平宇，程叶青. 脆弱性的概念及其评价方法[J]. 地理科学进展，2008，27（2）：18-25.

[5] McCarthy J J，Canziani O F，Leary N A，et al. Climate change 2001：Impacts，adaptation，and vulnerability：Contribution of working group II to the third assessment report of the Intergovernmental Panel on Climate Change[M]. Cambridge：Cambridge University Press，2001.

[6] Saaty R W. The analytic hierarchy process：What it is and how it is used[J]. Mathematical Modelling，1987，9（3-5）：161-176.

[7] Nelson R，Kokic P，Crimp S，et al. The vulnerability of Australian rural communities to climate variability and change：Part II：Integrating impacts with adaptive capacity[J]. Environmental Science & Policy，2010，13（1）：18-27.

[8] 谭灵芝，王国友，马长发. 气候变化对干旱区居民生计脆弱性影响研究：基于新疆和宁夏两省区的农户调查[J]. 经济与管理，2013，27（3）：10-16.

[9] Zhu Q，Liu T，Lin H L，et al. The spatial distribution of health vulnerability to heat waves in Guangdong province，China[J]. Global Health Action，2014，7（1）：25051.

[10] 王义臣. 气候变化视角下城市高温热浪脆弱性评价研究[D]. 北京：北京建筑大学，2015.

[11] 冯雷. 海南省高温热浪健康脆弱性评估[D]. 北京：中国疾病预防控制中心，2016.

[12] Sano M，Baum S，Crick F，et al. An assessment of coastal vulnerability to climate change in south east Queensland，Australia[J]. Littoral，2010，2011：05002.

[13] Hou X H. Risk communication in vulnerability assessment towards development of climate change adaptation strategy for health in Guangxi，China[D]. Brisbane：Griffith University，2015.

[14] Zhang X H，Li Y H，Cheng Y B，et al. Assessment of regional health vulnerability to extreme heat：China，2019[J]. China CDC Weekly，2021，3（23）：490-494.

[15] 朱琦，刘涛，张永慧，等. 广东省各区县洪灾脆弱性评估[J]. 中华预防医学杂志，2012，46（11）：1020-1024.

[16] Sheridan S C，Dolney T J. Heat，mortality，and level of urbanization：Measuring vulnerability across Ohio，USA[J]. Climate Research，2003，24（3）：255-265.

[17] Vescovi L，Rebetez M，Rong F. Assessing public health risk due to extremely high temperature events：Climate and social parameters[J]. Climate Research，2005，30（1）：71-78.

[18] Reid C E，O'neill M S，Gronlund C J，et al. Mapping community determinants of heat vulnerability[J]. Environmental Health Perspectives，2009，117（11）：1730-1736.

[19] White-Newsome J L，Sánchez B N，Jolliet O，et al. Climate change and health：Indoor heat exposure in vulnerable populations[J]. Environmental Research，2012，112：20-27.

[20] 万方君，辛正，周琳，等. 济南城市中心区和边缘区居民高温健康脆弱性比较研究[J]. 中华流行病学杂志，2014，35（6）：669-674.

[21] Bai L，Woodward A，Cirendunzhu，et al. County-level heat vulnerability of urban and rural residents in Tibet①，

① 现使用“Xizang”表示西藏。

China[J]. Environmental Health，2016，15：3.

[22] 罗晓玲，杜尧东，郑璟. 广东高温热浪致人体健康风险区划[J]. 气候变化研究进展，2016，12（2）：139-146.

[23] 杜宗豪. 全国热脆弱性评估研究[D]. 北京：中国疾病预防控制中心，2019.

[24] Chen K，Zhou L，Chen X D，et al. Urbanization level and vulnerability to heat-related mortality in Jiangsu province，China[J]. Environmental Health Perspectives，2016，124（12）：1863-1869.

[25] 白莉. 气温对西藏自治区人群健康的影响及脆弱性评估研究[D]. 北京：中国疾病预防控制中心，2014.

[26] 朱琦. 气候变化健康脆弱性评估[J]. 华南预防医学，2012，38（4）：69-72.

[27] 张继权，李宁. 主要气象灾害风险评价与管理的数量化方法及其应用[M]. 北京：北京师范大学出版社，2007.

[28] Zeng W L，Lao X Q，Rutherford S，et al. The effect of heat waves on mortality and effect modifiers in four communities of Guangdong province，China[J]. Science of the Total Environment，2014，482-483：214-221.

第12章　基于未来气候和人口变化情景评估高温热浪对人群健康的影响

黄存瑞　杨　军

气候变化严重威胁人类健康与社会福祉，且未来气候变化还可能进一步加剧。既往研究大多基于历史时期的短期气象要素构建气象因子与人群健康结局之间的关联，较少直接探索气候变化与人群健康效应的关联性。国内外已有研究预估气候变化对人群造成的疾病负担，这些研究遵循相似的方法学逻辑，即根据未来气象预估数据，并结合流行病学暴露-反应关系函数，评估气候变化对人群健康的影响。尽管该逻辑框架已被广泛认可，但其方法学体系还存在着众多挑战，例如，较少考虑未来气象预估数据的可靠程度、未来人口规模与结构的复杂变化、气象要素与健康结局间的复杂模式、预估结果随时间变化的主要驱动因素及不确定性的考虑等。因此，本章将重点在方法学层面阐明如何正确预估气候变化对人群健康的影响，并结合具体案例，向读者详细介绍这一领域中的相关方法、结果解读和实际运用。最后总结目前研究中存在的方法学不足，并对其未来发展趋势和方向进行展望。

12.1　引　　言

在气候变化情景下，全球平均温度增加、降水规律改变及极端天气事件发生频率和强度增加，严重影响了人群健康和社会福祉[1]。气候变化通过多种直接或间接途径影响人群健康，诱发一系列传染病及慢性非传染性疾病，极大地增加了人群的疾病负担。气候变化已经成为21世纪一个重要的公共卫生问题，并且全球没有任何国家能独善其身不受到气候变化的影响[2-3]。

然而，既往研究多基于短期气象要素构建气象因子与人群健康结局之间的关联，对全球气候变暖和社会经济发展交织融合风险下的健康的全面影响研究不足，无法真正揭示未来气候变化造成的健康风险的演变[4]。气候变化是指在气候平均

黄存瑞，清华大学万科公共卫生与健康学院长聘教授，博士生导师。研究方向为气候变化与健康，环境流行病学，公共卫生政策，全球健康治理。

杨军，广州医科大学公共卫生学院教授，硕士生导师。研究方向为气候变化、极端天气事件、空气污染等的人群健康风险与机制。

状态统计学意义上的巨大改变或者持续较长一段时间（典型的持续时间为 30 年或更长）的气候变动[5]。当前，气候变化已经造成全球气温上升并引发了一系列极端天气与极端气候事件。据政府间气候变化专门委员会（IPCC）预测，未来气温将继续上升 1.4～5.8℃（至 21 世纪末），极端事件如热浪、强降水等发生的频率将越来越高[1]。未来严峻的气候变化形势，可能会进一步加剧人群健康风险。基于此，当前研究亟须将人群健康与气候变化真正联系起来，系统预估气候变化对未来人群造成的健康风险，相关研究证据有助于决策者提前规划和制定气候缓解与适应战略，从而更高效地应对气候变化带来的健康问题。

12.2 方法学现状与进展

既往研究多基于历史时期的短期气象要素构建气象因子与人群健康结局之间的暴露-反应关系。自 20 世纪 90 年代以来，已有研究探索气候变化对未来人群健康造成的影响，并揭示气候变化会使得人群健康风险进一步上升[9]。1997 年，Kalkstein 和 Greene 基于全球气候模型预估得到未来气象模拟数据，并结合不同气团类型（例如，湿热天气、干热天气等）与人群的死亡率的关系，发现美国 44 个城市在 21 世纪中叶将因气候变化造成人群死亡负担加重[10]。随着科学界逐渐意识到气候变化的严重性，有关气候变化健康风险的未来预估研究逐步增多。近年来，预估研究的暴露因素不仅仅局限于温度，而且探索了其他单一或复合极端天气事件如日夜持续复合热等对人群健康的影响[11]。此外，除了最常见的死亡结局，研究还预估未来气候变化对人群传染病、非传染性疾病、劳动生产率等方面的影响[12-14]。

当前不同领域专家多从自身擅长的角度开展研究，然而由于预估未来研究涉及到多学科交叉，方法学层面可能还存在着较多问题[4, 15]。例如，尽管当前已有公开渠道可获取全球的未来气象预估数据，但这些数据大多基于 GCM 预估得到，不仅分辨率较低，而且对区域气候的模拟表现欠佳。若直接使用低分辨率的 GCM 开展分析，可能使在区域层面上的分析（如单个国家、省份或市县）产生较大的偏倚[16]。未来全球面临着城市化、老龄化、人口增长和流动等社会变迁，各国也有不同的人口生育激励政策，这些问题的叠加将不断加剧高温热浪的健康危害，假设地区人口总量或者人口结构不变[17]，是不利于真正揭示未来气候变化对全人群的健康影响的[15]。

预估未来研究还需要构建气象因子与人群健康结局之间的暴露-反应关系。然而，气象要素具有多样化特点，以气温为例，气温可以是连续型变量，也可以算作分类变量（如极端高温或极端低温事件）。此外，可以根据气温的持续时间识别出热浪或寒潮事件，也可以结合温度和湿度识别复合热暴露事件。如何筛选出最优的气象要素，并基于合理的统计分析模型构建气象因子与人群健康结局之间的暴露-反应关系是其中一个重要的步骤[4]。既往研究多基于简单的气象要素构建其与健康之间的关联，尚未体现出如何进行气象要素遴选、如何筛选合适的统计分析模型开展分析的流程。仅仅列举未来某一时期的死亡负担对于理解气候变化的健康影响是不够的，分析长时间尺度引发变化的主要驱动因素对决策者的行动启示更有意义。预估未来研究还需要考虑诸多不确定性因素对预估结果的影响，包括未来人口的适应能力改变等。

总之，由于不同研究者采用的研究方法较为繁杂，目前尚缺乏统一、规范的方法学逻辑框架。因此，本节将基于方法学前沿文献，并结合实际案例数据，系统介绍未来气候变化对人群健康影响的预估方法。

12.3　气候变化下高温热浪暴露对人群健康影响的未来预估研究

12.3.1　研究背景与科学问题

由于气候变化导致的地表平均温度升高、降水规律改变及极端天气事件发生频率和强度增加，正在严重威胁人类的生命与健康。气候变化可通过多种途径影响人群健康，其中最主要且最直接的是极端温度造成的效应。前期研究表明，极端气温可诱发一系列人群健康问题，其中死亡是最为严重的健康结局。例如，2020 年，中国约有 14 500 人因热浪而死亡[18]；2008 年寒潮期间，中国 15 个省份的死亡率增加了 43.8%（95%CI：34.8%～53.4%），造成约 14.8 万人超额死亡[19]。尽管既往研究基于历史阶段气象及健康数据，揭示了极端气候或天气事件造成的死亡负担，但对于未来气候变化造成的人群死亡负担证据仍相对较少。然而，相关证据有着十分重要的战略意义，预估未来气候变化对人群健康的影响不仅可以深入了解人群健康风险的变化情况，还有助于决策者提前规划和制定气候缓解与适应战略，从而更高效地应对气候变化带来的健康问题。

针对这一科学问题，本案例旨在评估未来气候变化造成的高温热浪相关人群死亡负担[20]。研究地点选为中国大陆地区。中国幅员辽阔，地形地势复杂，气候复杂多样，且人口分布不均。随着气候变化的加剧，中国未来气温可能进一步上升，极端天气事件发生的频率和强度进一步增大。因此，本节以中国为例，系统介绍评估未来气候变化造成的高温热浪相关死亡负担的方法学，并对研究结果进行解读。

12.3.2　研究方法及结果

1. 未来气温数据的获取、降尺度及校准

评估气候变化造成的温度相关疾病负担，研究者首先需要了解及预估未来气候变化情况。地球系统模式是理解历史并预测未来气候变化的重要工具，其采用数值模拟的方法研究地球各圈层之间的联系和演变规律。基于地球系统模式，世界气候研究计划在2000年之后持续开展耦合模式比较计划。该计划主要研究的是气候模式模拟能力评估及未来气候变化的情景预估，并且已经成为历次IPCC科学评估的重要组成部分[21]。近年来研究主要基于第五代及第六代耦合模式比较计划（CMIP5及CMIP6）下的未来气候模拟数据开展研究，并且提供数据供全球科研工作者下载使用（https://aim2.llnl.gov/search/？project=CMIP6）。

CMIP5主要针对不同辐射强迫而设定的代表性浓度路径情景对未来气象进行预估[22]。具体而言，按从低至高的不同代表路径浓度排列分别为RCP2.6、RCP4.5和RCP8.5，其中后面的数字表示到2100年辐射强迫水平为2.6W/m^2、4.5W/m^{2}和8.5W/m^2。基于不同的RCP，气象学家通过不同的GCM开展未来气象数据的预估，以体现未来气候的不确定性。GCM表示的是大气、海洋、冰冻圈和地球表面的物理过程，是一种全球和大区域气候变化过程的大气动力学模型。基于该模型，气象学家预估出不同RCP下不同GCM的未来气象预估数据。相较于CMIP5，CMIP6考虑的大气化学过程更为复杂精细、分辨率明显提高，且考虑新的共享社会经济路径，提供更优的全球气候模式数据。然而，由于其推出时间较晚，相关数据及研究较少。

作为研究全球气候变化重要手段的GCM在用于区域气候变化的研究时，由于分辨率较低，在捕捉某些区域性特征方面存在明显不足，因而对区域气候的模拟存在较大的不确定性，且这种不确定性在东亚区域气候的模拟方面更为突出。发展于20世纪80年代后期的区域气候模型（regional climate model，RCM）具有较高的时空分辨率，它基于GCM的输出驱动，采用动力降尺度方法产生高分辨率的气候信息[23]，能够对多种不同尺度之间的相互作用进行更好地模拟。RCM对地形的描述比较细致，且包含较全面的物理过程，因而能够更好地刻画出具有特殊地形和陆面特征的区域气候特征。近年来，最新版本区域气候模型RegCM4已经被广泛地用于模拟东亚的区域气候变化与变率。

由于某些地区气象站过少及当前对复杂大气模式缺乏深入了解，现阶段的GCM模拟结果和观测结果存在一定系统偏差。校准是基于一定的数学转化，来调整模拟结果和观测结果之间的差异，使得模拟结果更加接近于真实情况的方法[24]。常用的偏差校准方法包括线性缩放、幂转换、方差比例变化、局部比例缩放等。

本案例采用区域气候模型RegCM4[25]，模拟区域为联合区域气候降尺度协同试验第二阶段东亚（CORDEX Phase II East Asia）的推荐区域，覆盖整个中国及其周边的东亚地区。模型的水平分辨率为25km，模型垂直方向是18层，层顶高度为10hPa，模型的参数设置参照文献[16, 26]。RegCM4所需的初始和侧边界条件由CMIP5全球气候模式HadGEM2-ES、MPI-ESM-MR和NorESM1-M的模拟结果提供[27]。模拟包括了当前观测到的温室气体浓度时段（1986～2005年）及在RCP2.6、

RCP4.5 和 RCP8.5 下的时段（2006～2099 年）。进一步采用双线性插值（分辨率为 0.5°×0.5°）和逐日线性插值的方法对模型输出进行偏差校正和降尺度[4]，使得 RCM 在重现观测的气候变量空间模式和长期平均值方面得到改进。

研究区域包括中国 31 个城市的 3829 个网格。全国划分为 7 个气候区，分别是暖温带半湿润大陆性季风气候、温带大陆性季风气候、北亚热带季风气候、中亚热带季风气候、南亚热带季风气候、温带大陆性干旱气候、高原山地气候。

中国不同 RCP 下的温升情况见图 12-1。在 RCP2.6、RCP4.5、RCP8.5 下，与基线期（1986～2005 年）相比，2090～2099 年温度分别增加 1.0℃、2.1℃和 4.6℃。三种情景下的气温在 2040 年之前均波动升高；而在 2050 年后，RCP8.5 下的气温呈快速上升，RCP4.5 下气温增幅小于 RCP8.5，RCP2.6 下气温逐渐趋于平缓。

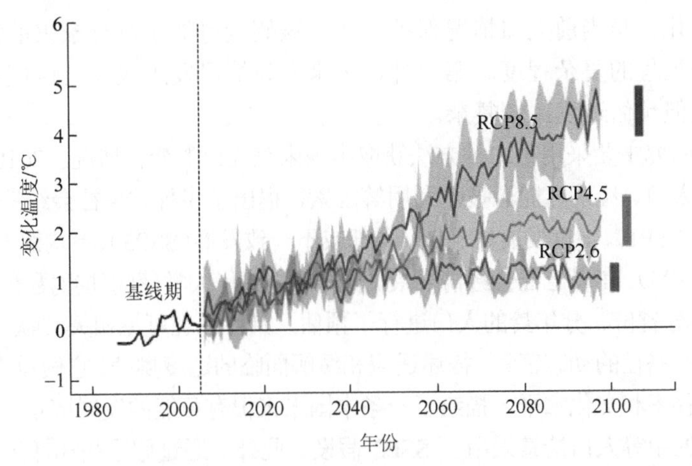

图 12-1　中国不同气候变化情景下 1986～2100 年气温的变化趋势

阴影面积上下限分别为 3 个气候变化情景年均气温的范围；右侧垂直色柱为 3 个气候变化情景下 2090～2099 年相较于 1986～2005 年的温度增幅范围。

中国不同 RCP 下的热浪情况见图 12-2。在三种 RCP 下，到 2030 年，热浪频率显示出相似的波动上升趋势。随后，在高排放情景（RCP8.5）下的热浪天数持续高于中等排放情景（RCP4.5）和低排放情景（RCP2.6）。在 RCP8.5、RCP4.5 和 RCP2.6 下，与 1986～2005 年基线期相比，2090 年热浪的年发生频率分别增加了 10.3、5.2 和 2.6 倍。

2. *获取未来人口数据*

预估气候变化对人群造成的健康影响，还需要了解未来人口的变化情况，如未来社会人口学结构及死亡率的变化等。通常来说，有两种方法可对未来人口情况进行预估。第一种，设定假设条件，即假设未来人口的社会学结构及健康结局

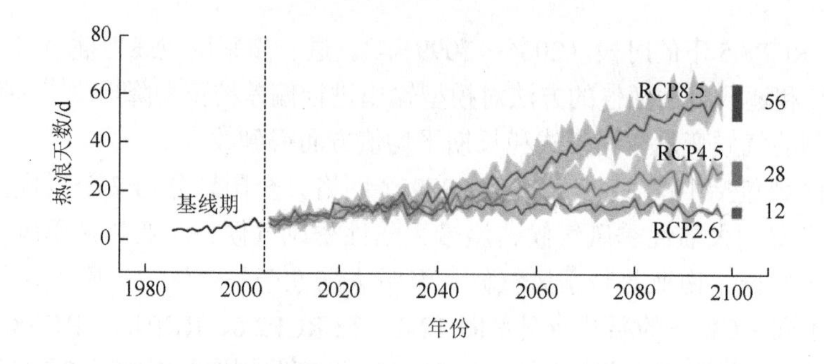

图 12-2 1986～2100 年不同气候变化情景下中国的热浪天数的变化规律

实线表示三种气候变化情景下估计的热浪天数。阴影区域显示变化，对应于每年的范围。左侧实线对应于基线期（1986～2005 年）的趋势。右侧的垂直色柱对应于每种情况下 2090～2099 年的年均范围。

均不发生变化，与当前人口情况保持一致。该假设可能不符合未来的情况，但可以简化预估过程的复杂程度。第二种，未来人口情况发生改变。该假设更加符合现实情况，但预估过程比较复杂。

本案例研究主要采用第二种方法获取中国未来人口的变化情况。2010 年，IPCC 在综合考虑人口、经济、能源技术利用等因素，提出了多种共享社会经济路径，包括可持续发展(SSP1)、中度发展(SSP2)、局部或不一致发展(SSP3)、不均衡发展(SSP4)、常规发展(SSP5)。在以上社会经济发展的路径下，清华大学蔡闻佳教授团队对 2010～2100 年我国分省份、分年龄的人口进行了预估，具体原理可见相关文献[28]。SSP2 是一个遵循中间路径的动态情景，描述适应和缓解面临的适度挑战。它假设中等生育率、死亡率、迁移率和文化水平，描绘了一条中国未来很有可能的发展情景[28-29]。因此，我们研究中的中等人口情景采用了 SSP2 假设。此外，通过假设高和低生育率得出高和低人口情景，以反映当前生育政策调整的影响[28]。我们得出了 2010～2100 年 1km 分辨率的人口预估数据，并进一步将结果汇总到 0.5°×0.5°尺度上。我们还从全球混合网格人口数据集中收集了 1986～2009 年的历史人口数据[6]。

1986～2019 年各省人口统计特征（如年死亡率）数据摘自 2020 年《中国统计年鉴》，进一步与 0.5°网格相匹配。由于死亡率在 2010～2019 年相对稳定，仅有微小波动，我们假设未来死亡率与 20 世纪 10 年代的平均值相同。

3. 构建函数并计算健康风险

通常评估热浪与健康结局的暴露-反应关系有两种途径：第一种，从已发表的文献中获取。该方法较为简单，但各文献研究的地区或对象存在差别，直接引用可能与真实情况存在偏差。第二种，利用现实数据直接估算。即根据当地的历史流行病学数据及气象数据，通过统计模型分析得到热浪与健康结局的暴露-反应关系。本节重点介绍第二种途径。

收集中国历史阶段逐日的死亡数据。通过中国疾病预防控制中心获得 2007～2013 年中国 31 个城市的居民的死亡资料。对该资料采用第 10 版《国际疾病分类》（ICD-10）编码不同死因，并进行分类，包括非意外死亡（A00～R99）、呼吸系统疾病死亡（J00～J99）和心血管疾病死亡（I00～I99）。每日死亡人数按性别和年龄进一步分类。死亡率数据的详细信息可在 Yang 等的研究中找到[7]。获取数据后进行清洗，剔除异常值等极端情况。此外，历史同期每日气象数据（包括逐日平均气温、平均大气气压、平均相对湿度等）通过国家气象数据共享中心进行获取。

热浪也被定义为在至少 3 天的连续时间中，每日最高温度超过地区参考时期（1986～2005）的第 92.5 百分位数。这是最佳的健康相关热浪定义，因为它能够从暴露-反应关系的最佳模型拟合中捕获全国范围内热浪健康影响的真实模式[7]。由于几乎所有热浪都发生在暖季[8]，我们将研究限制在 5～9 月。

由于热浪数据和健康数据呈现时间序列模式，因此通常采用时间序列回归方法分析。常见的统计模型包括广义线性模型等。本案例选择泊松广义线性模型开展分析。热浪-死亡率关联由相对危险度（RR）表示，即与非热浪日相比，热浪日导致的死亡风险增加程度。此外，模型中控制逐日死亡人数的时间趋势、星期几效应与节假日效应及相对湿度和气压的混杂影响。通过该模型进行了 31 个城市的参数估计，以代表相应的省（自治区、直辖市）。模型为

$$\mathrm{Log}(\mu_t) = \alpha + \mathrm{HW}_t + ns(\mathrm{Date}_t, 4) + \eta\mathrm{Year}_t + ns(\mathrm{API}_t, 3) + \gamma\mathrm{dow}_t + v\mathrm{Holiday}_t + \beta_1\mathrm{RH}_{t,l} + \beta_2\mathrm{PRE}_{t,l} \tag{12-1}$$

式中，μ_t 为第 t 天的预期死亡人数；α 是模型截距；HW_t 为虚拟变量，热浪日赋值为 1，非热浪日赋值为 0；$ns(\cdot)$表示自然三次样条函数，以每年 4 个自由度（df）来调整死亡率的季节性，以每年 3 个自由度来调整空气污染指数（API_t）；使用年份的变量（Year_t）来调整死亡率的长期趋势；公共假日（$\mathrm{Holiday}_t$）和星期几（dow_t）也作为分类变量包含在模型中。进一步地，本研究应用由分布滞后非线性模型（DLNM）产生的交叉基项 $\mathrm{RH}_{t,l}$ 和 $\mathrm{PRE}_{t,l}$ 来拟合相对湿度和大气压力的非线性效应与分布滞后效应，均用 $df=5$ 的自然三次样条函数及 $df=4$、$df=10$ 的滞后期。

基于热浪与死亡的相对危险度呈现北方高于南方的总体趋势，且在气候区上有同质性，通过荟萃分析按照气候区合并相对危险度得到气候分区特定的 RR，以确定热浪的死亡风险的区域模式。当 Q 检验产生具有统计学意义的结果和 $I^2 \geqslant 50\%$ 时，应用随机效应模型；否则，使用固定效应模型。因此，我们通过将气候分区特定的 RR 与不同气候区的格点进行匹配，获得格点 RR。进一步在特定人群中进行 RR 的上述计算，得到在健康相关的热浪定义下不同地区的不同性别、年龄和基础疾病的亚组人群的暴露-反应关系函数参数。

由于高温热浪与健康结局的暴露-反应关系是通过历史数据估算得到的，因此外推到未来时，需要注意如下几个问题。第一，未来的温度数据可能超过历史温

度数据的最高值，若直接将暴露-反应关系曲线进行外推，需要考虑此方法是否合理。第二，未来人口的结构、热敏感性、适应能力等均可能发生改变，即当前的暴露-反应关系可能不适合外推到未来人群。因此将暴露-反应关系进行外推时，需要设定相关的假设条件，可假设未来人群适应能力等不发生改变。设定上述的假设可使得预估过程更加简洁，且更容易操作。而事实上，这些假定条件很有可能是不成立的，因此我们将在最后的“不确定性的估计及量化”步骤中加以讨论。

图 12-3 显示了对 31 个城市的 RR 按照气候区进行荟萃分析结果的森林图，表明了热浪对 7 个气候区非意外死亡的 RR。暖温带半湿润大陆性季风气候的效应估计值最高，RR 为 1.16（95%CI：1.08～1.23）；中亚热带季风气候的效应估计值最低，RR 为 1.03（95%CI：0.94～1.12）。

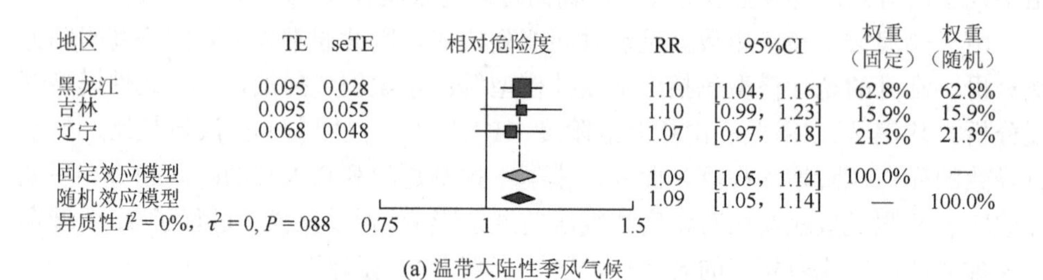

(a) 温带大陆性季风气候

地区	TE	seTE	RR	95%CI	权重（固定）	权重（随机）
北京	0.131	0.018	1.14	[1.10，1.18]	50.9%	20.6%
河北	0.049	0.134	1.05	[0.81，1.37]	0.9%	4.7%
河南	0.215	0.066	1.24	[1.09，1.41]	3.8%	11.6%
山东	0.293	0.048	1.34	[1.22，1.47]	7.2%	15.0%
山西	−0.031	0.050	0.97	[0.88，1.07]	6.6%	14.5%
陕西	0.122	0.052	1.13	[1.02，1.25]	6.1%	14.1%
天津	0.174	0.026	1.19	[1.13，1.25]	24.6%	19.4%
固定效应模型			1.16	[1.13，1.18]	100.0%	—
随机效应模型			1.16	[1.08，1.23]	—	100.0%

异质性 $I^2 = 77\%$，$\tau^2 = 0.0048$，$P < 0.01$

相对危险度：0.75　1　1.5

(b) 暖温带半湿润大陆性季风气候

地区	TE	seTE	RR	95%CI	权重（固定）	权重（随机）
安徽	0.207	0.048	1.23	[1.12，1.35]	8.5%	18.7%
湖北	0.131	0.049	1.14	[1.04，1.25]	8.0%	18.5%
江苏	0.122	0.025	1.13	[1.08，1.19]	31.4%	21.6%
上海	−0.041	0.021	0.96	[0.92，1.00]	42.5%	22.0%
浙江	0.030	0.045	1.03	[0.94，1.12]	9.6%	19.1%
固定效应模型			1.05	[1.03，1.08]	100.0%	—
随机效应模型			1.09	[0.99，1.20]	—	100.0%

异质性 $I^2 = 90\%$，$\tau^2 = 0.0101$，$P < 0.01$

相对危险度：0.75　1　1.5

(c) 北亚热带季风气候

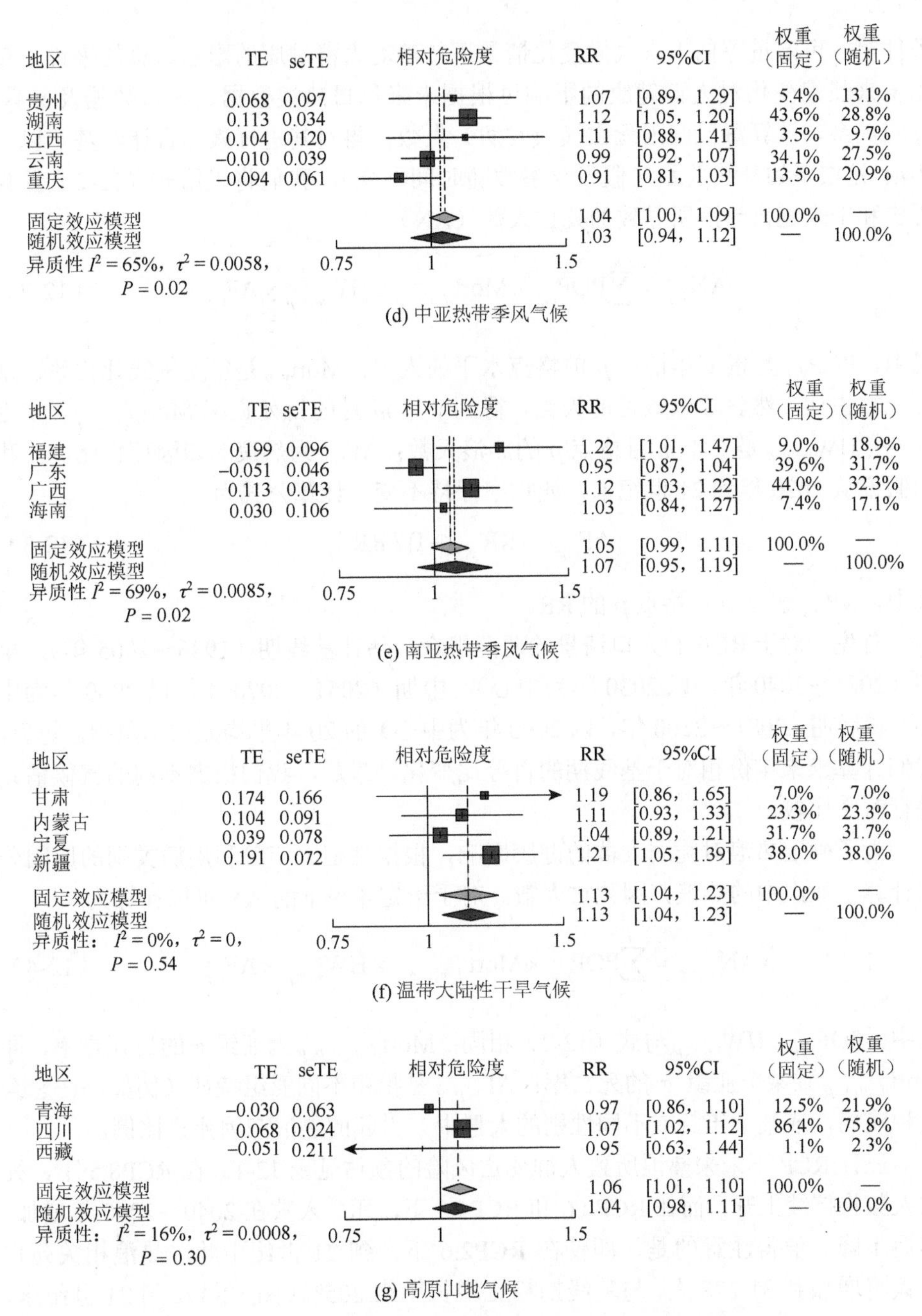

图 12-3　中国各个气候区热浪与人群非意外死亡的暴露-反应关系

4. 量化未来热浪造成的归因死亡负担

基于上述估计的暴露-反应关系、未来气温数据、未来人口数据及设定的假设条件等，可定量评估未来气候变化情景下热浪对人群健康的影响。总的来说，量化未来热浪变化对人群健康的影响可根据未来每日热浪数据、人口数据及暴露-反应关系，计算每日归因死亡（或发病）人数；再对其进行累加合计。基于以上热浪-死亡率的基线关系（假设该参数随时间不变），我们将采用式（12-2）计算历史和未来逐日热浪所导致的死亡人数（AN）：

$$AN_{y,p} = \sum^{m} POP_{y,p} \times Mort_{d,m,y,p} \times HW_{m,y,p} \times AF_{y,p} \quad (12\text{-}2)$$

式中，$POP_{y,p}$是指y年格点p的格点水平的人口；$Mort_{y,p}$是年度基线死亡率，乘月死亡占比，然后除以该月的天数，得到y年m月的日死亡率$Mort_{d,m,y,p}$，m为5～9；$HW_{m,y,p}$是y年m月格点p的热浪天数；$AF_{y,p}$为热浪的归因死亡比例。我们假设从2020年到21世纪末，死亡率保持不变。计算公式为

$$AF_{y,p} = (RR_{y,p} - 1) / RR_{y,p} \quad (12\text{-}3)$$

式中，$RR_{y,p}$表示y年格点p的RR。

首先，对于RCP和人口情景的两两组合，估计基线期（1986～2005年）、早期（2021～2040年，以2030年为中心）、中期（2051～2070年，以2060年为中心）和后期（2081～2100年，以2090年为中心）的20年平均死亡率负担。随后，我们计算未来年份相对于基线期的百分比变化。最后，我们根据不同的气候情景进行时空比较。

为了确定热浪对脆弱人群的健康影响，根据性别、年龄和疾病类别的原因分别计算了亚组中的热浪归因死亡人数。对于给定年份y的AN可以计算为

$$AN_{y,p,g} = \sum^{m} POP_{y,p} \times Mort_{d,m,y,p,g} \times HW_{m,y,p} \times AF_{y,p,g} \quad (12\text{-}4)$$

式中，$POP_{y,p}$、$HW_{m,y,p}$与式（12-2）相同；$Mort_{d,m,y,p,g}$为亚组g的日死亡率，即$Mort_{d,m,y,p}$乘某个亚组g的死亡率；$AF_{y,p,g}$是指由不同亚组特征（例如，在患有某种疾病，或某个年龄或不同性别的人群中）引起的热浪归因死亡比例。

三种RCP下未来热浪所致人群死亡风险的预估见表12-1。在RCP8.5下，死亡人数将持续上升；而在RCP2.6和RCP4.5下，死亡人数在2040～2060年增加，然后下降。值得注意的是，即使在RCP2.6下，到21世纪中叶，热浪相关死亡人数将增加到31 278人，与基线期相比增长率约205%（图12-4）。到21世纪末，在RCP8.5、RCP4.5和RCP2.6情景下，热浪造成的死亡人数预计将分别增加6.7、3.2和1.9倍，相应的年死亡人数将从基线期的10 264人（5996～14094人）分别增长到2090年的72 259人（33 911～119 394人）、35 025人（16 834～59 865人）和20 303人（9153～34 179人）。

表 12-1 不同气候、人口变化情景下热浪归因死亡人数

RCP	时期	死亡人数（95%CI）/千人					
		S1		S2		S3	
RCP2.6	基线期	10.264	（5.996，14.094）	10.264	（5.996，14.094）	10.264	（5.996，14.094）
	2011～2020 年	26.236	（11.981，48.648）	26.328	（12.023，48.829）	26.269	（11.995，48.713）
	2021～2040 年	28.912	（13.575，52.495）	29.171	（13.682，52.988）	29.098	（13.645，52.860）
	2031～2050 年	30.692	（14.366，53.492）	31.225	（14.596，54.474）	31.334	（14.660，54.661）
	2041～2060 年	30.381	（14.367，47.523）	31.278	（14.767，48.947）	31.636	（14.930，49.510）
	2051～2070 年	27.746	（13.579，44.159）	29.086	（14.200，46.346）	29.771	（14.455，47.492）
	2061～2080 年	24.772	（12.035，40.439）	26.544	（12.849，43.350）	27.640	（13.371，45.131）
	2071～2090 年	21.164	（9.902，32.541）	23.392	（10.933，36.048）	24.961	（11.661，38.535）
	2081～2100 年	17.788	（8.043，29.849）	20.303	（9.153，34.179）	22.215	（9.964，37.454）
RCP4.5	基线期	10.264	（5.996，14.094）	10.264	（5.996，14.094）	10.264	（5.996，14.094）
	2011～2020 年	20.975	（11.747，31.562）	21.056	（11.793，31.688）	21.007	（11.766，31.609）
	2021～2040 年	26.869	（14.972，39.951）	27.121	（15.103，40.322）	27.065	（15.077，40.244）
	2031～2050 年	30.389	（15.516，46.379）	30.918	（15.771，47.196）	31.036	（15.819，47.386）
	2041～2060 年	33.802	（15.936，55.040）	34.849	（16.399，56.772）	35.282	（16.605，57.471）
	2051～2070 年	36.683	（18.424，59.560）	38.475	（19.238，62.470）	39.399	（19.630，63.963）
	2061～2080 年	35.022	（17.270，58.038）	37.558	（18.470，62.427）	39.138	（19.211，65.166）
	2071～2090 年	31.747	（14.713，55.927）	35.134	（16.189，62.023）	37.535	（17.240，66.356）
	2081～2100 年	30.608	（14.803，52.421）	35.025	（16.834，59.865）	38.409	（18.380，65.654）
RCP8.5	基线期	10.264	（5.996，14.094）	10.264	（5.996，14.094）	10.264	（5.996，14.094）
	2011～2020 年	24.853	（13.789，38.418）	24.932	（13.831，38.535）	24.880	（13.800，38.463）
	2021～2040 年	28.840	（14.583，48.038）	29.094	（14.701，48.474）	29.027	（14.663，48.380）
	2031～2050 年	34.874	（17.764，56.785）	35.479	（18.024，57.757）	35.609	（18.102，57.954）
	2041～2060 年	42.760	（22.584，66.737）	44.086	（23.251，68.872）	44.627	（23.515，69.724）
	2051～2070 年	49.864	（24.634，84.352）	52.341	（25.779，88.601）	53.630	（26.380，90.823）
	2061～2080 年	57.359	（27.812，98.892）	61.626	（29.813，106.527）	64.316	（31.081，111.308）
	2071～2090 年	62.570	（30.217，105.110）	69.317	（33.325，116.712）	74.101	（35.543，124.975）
	2081～2100 年	63.085	（29.926，103.950）	72.259	（33.911，119.394）	79.292	（37.183，130.936）

注：基线期指 1986～2005 年。全国归因死亡人数以每 20 年平均值表示。通过生成 1000 个样本的蒙特卡罗模拟计算产生 CI。RCP 为代表性浓度路径；CI 为置信区间；S1/2/3 代表低/中/高人口场景。

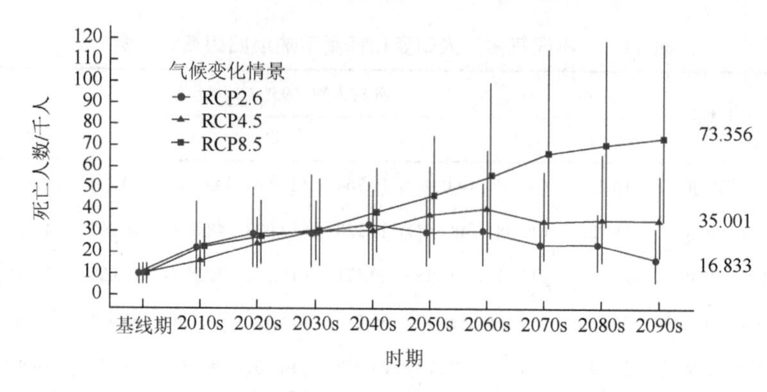

图 12-4　中国不同气候变化情景下的热浪归因死亡人数的时间趋势

实线表示三种气候变化情景估计的十年平均热浪归因死亡人数；垂线表示不确定性范围；2010s 表示 2010～2019 年，其余表示相同。

热浪相关死亡负担呈现出强烈的空间异质性，在任何情景下，几乎一半（47.4%～51.7%）的死亡人口集中在华东和华中地区，覆盖了中国的发达城市群（山东半岛、华北平原、长三角）。在 31 个省（自治区、直辖市）中，河南和山东一直是健康负担最重的省份，分别占全国的 14.4%和 11.3%。除东北地区外，几乎其他省（自治区、直辖市）的热浪相关死亡人数都有增加，尤其是华南和西南地区的增幅更大。与基线期相比，2081～2100 年部分地区（如海南省、贵州省和广西壮族自治区）的增长率将超过两倍。

在亚组中，总体时间趋势与三种 RCP 下的总人群相似（图 12-5）。15～64 岁人群、75 岁及以上老年人、心血管疾病患者、女性是脆弱人群。

5. 不确定性的估计及量化

在预估未来气候变化对人群健康影响的过程中，一个重要的挑战就是识别和处理不确定性。不确定性通常可来自多个方面，例如，未来气候、人口变化的不确定性、暴露-反应关系函数的不确定性等。以下主要针对上述几个方面的不确定性介绍分析方法。

首先，由于目前还无法做到对未来气候变化的精准预估，因此气象学家通过不同的 GCM 对未来气象进行预估，因此本案例一共收集三种 GCM 驱动的区域气候模型下的中国 1986～2100 年逐日平均温度预测值。本案例计算三种气候模型下的归因死亡人群，以多模拟的平均值作为点估计值，同时计算其置信区间，用以反应未来气候模型的不确定性。

其次，关于热浪与死亡结局的暴露-反应关系函数也存在着不确定性。本节暴露-反应关系函数的不确定性可由热浪与死亡暴露-反应关系参数 RR 的标准误差体现，利用蒙特卡罗模拟量化不确定性。通过假定上述参数遵循正态分布，生成 1000

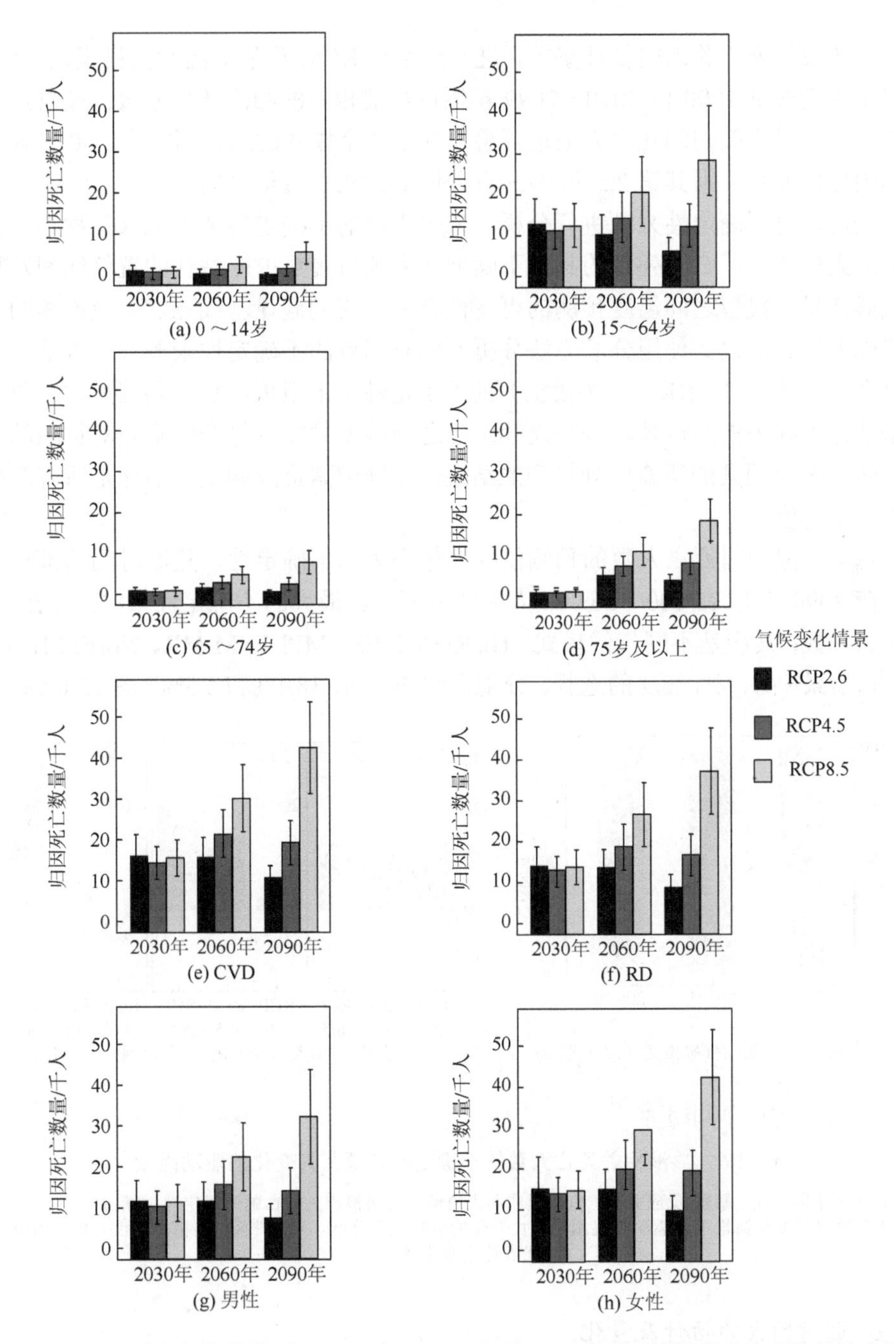

图 12-5　三种气候变化情景下 2030 年、2060 年和 2090 年不同群体的多年平均热浪归因死亡人数

图中以 2030 年、2060 年、2090 年分别代表 2021～2040 年、2051～2070 年、2081～2100 年。CVD 表示心血管疾病；RD 表示呼吸系统疾病。实线线段表示多气候模型集合的 95%置信区间。

对拟合热浪与死亡关系的估计参数，进一步结合 RCM 预估的温度资料识别热浪，计算出各模式下 1000 份 2010～2099 年逐日热浪相关的归因死亡人数；接着按年代将逐日热浪相关归因死亡人数进行整合并求 3 个模式的均值，得到 1000 份各年代归因死亡人数，则其第 2.5 和 97.5 百分位数为 95%置信区间。

最后，对不确定性来源进行分析。未来人口的不确定性考虑未来三种不同生育率的人口情景。归因死亡的其他不确定性来源与参数 RR 估计的置信区间及特定气候情景下模型之间温度预测的可变性有关。我们假设基线死亡率及人体的热适应能力没有变化。使用分解方法分析不同时间点的不确定性来源。该方法通过将每个因素（人口、RR、气候模型）的不确定性上下限依次引入归因死亡人数方程来估计不同因素的贡献。每个连续步骤之间的差异提供每个因素相对贡献的估计。估计 3 个因素的所有序列排列的结果，不同因素贡献的最终估计是所有序列结果的平均值。

每年热浪归因死亡人数的预测值存在相当大的不确定性，随着时间的推移，估计在 2090 年有 25 000～86 000 人因热浪死亡。最大的不确定性来源是暴露-反应关系参数；其次是不同气候模式（HadGEM2-ES、MPI-ESM-MR、NorESM1-M）和人口情景（高、中、低）的选择，分别占到 76.7%、18.1%和 5.3%［图 12-6（a）］。

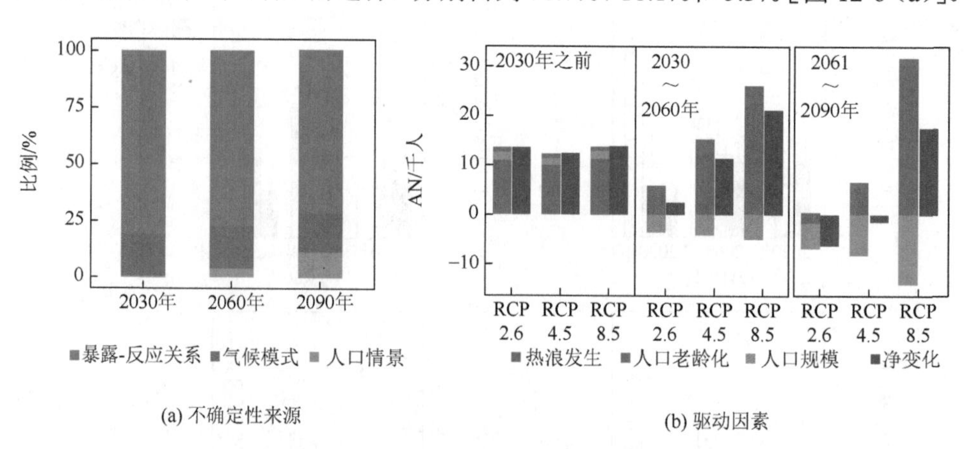

图 12-6　热浪相关死亡人数的不确定性来源及其变化的驱动因素

（a）在未来不同时期，暴露-反应关系、气候模式和人口情景对热浪相关死亡的不确定性贡献占比。（b）在不同时期三种气候变化情景下，驱动热浪相关死亡变化的贡献因素分解。AN 表示热浪相关死亡人数；RCP 为代表性浓度路径。

6. 驱动因素的估计及量化

中国未来热浪相关死亡人数的变化趋势，主要是由气候快速升温、人口规模变化和老龄化程度共同驱动的，其中，气候效应起到了最为重要的作用［图 12-6（b）］。在 2030 年之前，气候效应造成了热浪相关死亡人数增量的 81.5%。2061～

2090 年，气候效应仍将发挥重要的影响，然而情况却变得更为复杂。在 RCP2.6 下，由于热浪频率和人口总量减少，导致这一时期热浪相关死亡人数的不断下降；在 RCP4.5 下，由于气候正效应和人口负效应基本持平，死亡人数保持相对稳定；在 RCP8.5 下，即使人口规模下降也无法抵消由热浪频率升高和人口老龄化共同导致的热浪相关死亡负担加重，死亡人数显著增加。

12.4　小　　结

未来在气候变化情景下，极端事件的发生频次增加，人群健康负面影响进一步恶化，各地区需因地制宜，制定气候缓解与适应战略。本章基于未来气候变化情景，预估极端温度造成的人群死亡负担，并揭示死亡负担变化的驱动因素及不确定性来源。我们发现未来气候变化将给中国造成更加严重的死亡负担，且在高排放情景下该风险更加明显。75 岁以上老年人、有基础心血管疾病的患者是脆弱人群。研究结果不仅警示气候变化对人群健康影响的严重性，也为后续制定具有针对性的适应和缓解措施提供科学依据。

本章所选取案例采用的是模型研究设计，研究采用的气象、人口及健康数据均来自官方可靠渠道，可对未来气候变化造成的死亡负担进行合理预估。案例研究采用的方法学思路和逻辑，提供了较为全面、规范的方法学框架。该研究方法主要基于当前环境流行病学及大气领域前沿方法，并且充分考虑气候变化与健康结局关联的复杂性、未来气候及人口的不确定性、假设条件的设定等重要方法学难题及挑战。本章还提供了实际案例及操作代码（见附录），亦可方便读者重现结果，并加强自身对预估方法学的理解。

由于气候变化健康风险的预估研究相对起步较晚，因此未来在方法学层面还需要有更多的深度思考。例如，未来人口的总量、结构、人口迁移政策等均会影响到未来预估结果，尤其是我国不断调整人口生育政策，如“二孩政策”“三孩政策”。因此，在开发未来人口预期模型时，还需要考虑未来人口出生率、死亡率、迁移率、经济状况等对未来人口影响较大的指标，从而形成对未来人口更细致及更可靠的预估。其他一些气象灾害事件，如洪涝、台风等的健康风险预估研究目前仍较为缺乏，有待于科学家们进一步收集相关数据并完善预估方法。此外，CMIP6 已更新 GCM 数据，提供了更加多样化的排放情景，可以对减缓适应研究及区域气候预估提供更加合理的模拟结果，未来需要在 CMIP6 的基础上进行区域气候模拟，以得到更精确的区域气候资料。

此外，还需要考虑未来人群适应能力的变化。已有相关研究表明，2000 年以后，人类在一定程度上适应了炎热天气，热相关的健康风险也呈现降低趋势。目前已有研究提出了几种方法来校正人群热敏感性变化对预估结果的影响。可直接假定未来人群热敏感性的变化，即直接调整高温热浪与健康结局的暴露-反应关系，这种方法较为简单且方便操作。研究者还提出城市模拟方法，即通过找到一个与未来气候类似的地区，估计该地区极端温度与健康结局的暴露-反应关系，作为未来热浪与健康结局的暴露-反应关系。未来，研究者需要充分考虑到人群适应能力的改变，从而对地区健康风险做出更可靠的预估。还应当进一步探索其他气象要素，包括降雨、台风、干旱等的健康预估研究。

总之，预估气候变化对人群健康影响研究正蓬勃发展，研究方法学正逐步完善。该领域方法需要融入多学科的知识和技能，这也就需要如流行病学、卫生统计学及大气科学等学科的研究者共同参与和协作，从而为政策制定者制定未来气候缓解与适应战略提供高质量的研究证据。

参 考 文 献

[1] IPCC. Climate change 2022：Impacts，adaptation，and vulnerability. Contribution of working group II to the sixth assessment report of the Intergovernmental Panel on Climate Change[M]. Cambridge：Cambridge University Press，2022.

[2] Romanello M，McGushin A，Di Napoli C，et al. The 2021 report of the Lancet Countdown on health and climate change：Code red for a healthy future[J]. The Lancet，2021，398（10311）：1619-1662.

[3] 钟爽，黄存瑞. 气候变化的健康风险与卫生应对[J]. 科学通报，2019，64（19）：2002-2010.

[4] Vicedo-Cabrera A M，Sera F，Gasparrini A. Hands-on tutorial on a modeling framework for projections of climate change impacts on health[J]. Epidemiology，2019，30（3）：321-329.

[5] Masson-Delmotte V，Zhai P，Pörtner H O，et al. Global warming of 1.5℃[M]. Cambridge：Cambridge University Press，2018.

[6] Chambers J. Hybrid gridded demographic data for the world，1950-2020[EB/OL].（2020-04-27）[2024-01-03]. https://explore.openaire.eu/search/dataset?pid=10.5281%2Fzenodo.3768002.

[7] Yang J，Yin P，Sun J M，et al. Heatwave and mortality in 31 major Chinese cities：Definition，vulnerability and implications[J]. Science of the Total Environment，2019，649：695-702.

[8] Vaidyanathan A，Malilay J，Schramm P，et al. Heat-related deaths：United States，2004-2018[J]. Morbidity and Mortality Weekly Report，2020，69（24）：729-734.

[9] Huang C，Barnett A G，Wang X，et al. Projecting future heat-related mortality under climate change scenarios：A systematic review[J]. Environmental Health Perspectives，2011，119（12）：1681-1690.

[10] Kalkstein L S，Greene J S. An evaluation of climate/mortality relationships in large US cities and the possible impacts of a climate change[J]. Environmental Health Perspectives，1997，105（1）：84-93.

[11] Wang J，Chen Y，Liao W L，et al. Anthropogenic emissions and urbanization increase risk of compound hot extremes in cities[J]. Nature Climate Change，2021，11（12）：1084-1089.

[12] Li C L，Wang X F，Wu X X，et al. Modeling and projection of dengue fever cases in Guangzhou based on variation of weather factors[J]. Science of the Total Environment，2017，605-606：867-873.

[13] Onozuka D，Gasparrini A，Sera F，et al. Modeling future projections of temperature-related excess morbidity due to infectious gastroenteritis under climate change conditions in Japan[J]. Environmental Health Perspectives，2019，127（7）：077006.

[14] Dasgupta S，van Maanen N，Gosling S N，et al. Effects of climate change on combined labour productivity and supply：An empirical，multi-model study[J]. The Lancet Planetary Health，2021，5（7）：e455-e465.

[15] Vanos J K，Baldwin J W，Jay O，et al. Simplicity lacks robustness when projecting heat-health outcomes in a changing climate[J]. Nature Communications，2020，11：6079.

[16] Gao X J，Shi Y，Giorgi F. Comparison of convective parameterizations in RegCM4 experiments over China with CLM as the land surface model[J]. Atmospheric and Oceanic Science Letters，2016，9（4）：246-254.

[17] Vicedo-Cabrera A M，Guo Y，Sera F，et al. Temperature-related mortality impacts under and beyond Paris Agreement climate change scenarios[J]. Climatic Change，2018，150：391-402.

[18] Chen H P，Sun J Q. Anthropogenic influence has increased climate extreme occurrence over China[J]. Science Bulletin，2021，66（8）：749-752.

[19] Zhou M G，Wang L J，Liu T，et al. Health impact of the 2008 cold spell on mortality in subtropical China：The climate and health impact national assessment study（CHINAs）[J]. Environmental Health，2014，13：60.

[20] Chen H Q，Zhao L，Cheng L L，et al. Projections of heatwave-attributable mortality under climate change and future population scenarios in China[J]. The Lancet Regional Health Western Pacific，2022，28：100582.

[21] 赵宗慈，罗勇，黄建斌. 从检验 CMIP5 气候模式看 CMIP6 地球系统模式的发展[J]. 气候变化研究进展，2018，14（6）：643-648.

[22] 王晓欣，姜大膀，郎咸梅. CMIP5 多模式预估的 1.5℃升温背景下中国气温和降水变化[J]. 大气科学，2019，43（5）：1158-1170.

[23] Hewitson B C，Daron J，Crane R G，et al. Interrogating empirical-statistical downscaling[J]. Climatic Change，2014，122：539-554.

[24] Maraun D. Bias correcting climate change simulations：A critical review[J]. Current Climate Change Reports，2016，2：211-220.

[25] Giorgi F，Coppola E，Solmon F，et al. RegCM4：Model description and preliminary tests over multiple CORDEX domains[J]. Climate Research，2012，52：7-29.

[26] Gao X J，Shi Y，Han Z Y，et al. Performance of RegCM4 over major river basins in China[J]. Advances in Atmospheric Sciences，2017，34：441-455.

[27] Gao X J，Wu J，Shi Y，et al. Future changes in thermal comfort conditions over China based on multi-RegCM4 simulations[J]. Atmospheric and Oceanic Science Letters，2018，11（4）：291-299.

[28] Chen Y D，Guo F，Wang J C，et al. Provincial and gridded population projection for China under shared socioeconomic pathways from 2010 to 2100[J]. Scientific Data，2020，7：83.

[29] O'Neill B C，Kriegler E，Ebi K L，et al. The roads ahead：Narratives for shared socioeconomic pathways describing world futures in the 21st century[J]. Global Environmental Change，2017，42：169-180.

附　　录

第 4 章　R 语言代码

```
#######第 4 章 基于 DLNM 方法分析气温对多地区人群死亡的影响#######
########基于多地区数据评估全国气温与死亡的非线性关系研究########
##R 语言版本: V4.1.3
##操作系统: Windows 10

####0.加载 package####
#加入安装
library(dlnm)
library(mvmeta)
library(splines)
library(dplyr)
library(tidyr)
library(ggplot2)
library(cowplot)
library(modEvA)
library(rlist)

####1.数据导入及准备####
alldata <- read.csv("casedataset.csv")
alldata$date <- as.Date(alldata$date) #转化为日期型

####2.描述性分析####
###(1)计算死亡人数和气温均值###
meandata1 <- aggregate(alldata[,c("death","tm")],
                       by=list(date=alldata$date),
                       mean)
###(2)生成均值数据库###
```

```
meandata2 <- gather(meandata1[,c("date","death","tm")],
                            key = "type",
                            value = "value",
                            death:tm)
#设置分类变量
meandata2$type <- factor(meandata2$type,levels = c("death","tm"),
                            labels = c("死亡人数","气温"))

#汇总时间分布散点图
p1 <- ggplot(data=meandata2,mapping = aes(x=date,y=value))+
  geom_point(col="salmon")+
  ylab("平均值")+
  theme_bw(base_family="serif",base_size = 15)+
  theme(axis.text  = element_text(size=15,colour = "black"),
        axis.title = element_text(size=20,face =
         "bold",colour = "black"),
       strip.text = element_text(size = 20,face = "bold"))+
  xlab("") +
  scale_x_date(date_breaks = "1 year",date_labels = "%Y")+
  facet_wrap(~type,scales = "free_y",nrow=2)

#保存时序图
ggsave("时间分布图.jpg",p1,height =20,width =40,dpi = 500,
units="cm")


####3.确定基本模型和参数####
###(1)建模数据准备###
#创建每个地区的数据列表
cities <- as.character(unique(alldata$ID))
data <- lapply(cities,function(x) alldata[alldata$ID==x,])
names(data) <- cities

#df组合(可自行设置)
comb <- list(c(3,7),c(4,7),c(5,7),
```

```
              c(3,8),c(4,8),c(5,8),
              c(3,9),c(4,9),c(5,9),
              c(3,10),c(4,10),c(5,10))

#建立每个地区/组合的 AIC 矩阵
AICmat <- matrix(0,length(cities),length(comb),dimnames=list
(cities,NULL))

###(2)计算 AIC###
#在每组参数下，建立每个地区的模型
for (k in 1:length(comb)) {
  par <- comb[[k]]
  #每个地区进行循环
  for (i in 1:length(cities)) {
    print(paste0("第",k,"套参数下，第",i,"个地区建模：",cities[i]))
    sub <- data[[i]]
    sub <- sub[order(sub$date),] #根据日期进行排序
    #构建交叉基矩阵
    cb <- crossbasis(sub$tm,lag=28,
                     argvar=list(fun="ns",df=5),
                     arglag=list(fun="ns",knots=logknots(28,3)))
    #构建模型
    model <- glm(death ~ cb + ns(rh,par[1])+dow+ns(time,df=
6*par[2]),family=poisson(),sub)
    #计算 AIC
    model$aic
    # loglik <- sum(dpois(model$y,model$fitted.values,log=
TRUE))
# phi <- summary(model)$dispersion
# AICmat[i,k] <- -2*loglik + 2*summary(model)$df[3]*phi
  }
}

#汇总每套参数的 AIC
AICtot <- colSums(AICmat)
```

```
which.min(AICtot) #查看最小 AIC 的参数序号

####4.滞后模式分析####
###(1)第一阶段分析###
#定义高温和低温百分位数
hotp <- 95
coldp <- 5

#定义系数矩阵
yhot <- matrix(NA,length(data),5,dimnames=list(cities,paste
("b",seq(5),sep="")))
ycold <- matrix(NA,length(data),5,dimnames=list(cities,paste
("b",seq(5),sep="")))

#定义协方差 list
Shot <- Scold <- vector("list",length(data))
names(Shot) <- names(Scold) <- cities

#每个地区进行循环
for (i in 1:length(cities)) {
  print(paste0("第",i,"个地区建模: ",cities[i]))
  sub <- data[[i]]
  sub <- sub[order(sub$date),] #根据日期进行排序
  #构建交叉基矩阵
  cb <- crossbasis(sub$tm,lag=28,
              argvar=list(fun="ns",df=5),
              arglag=list(fun="ns",knots=logknots(28,3)))
  #构建模型
  model <- glm(death ~ cb + ns(rh,3)+dow+ns(time,df=6*9),
family=poisson(),sub)
  #确定高温和低温
  hott <-  round(quantile(sub$tm,0.95,na.rm=TRUE),1)
  coldt <- round(quantile(sub$tm,0.05,na.rm=TRUE),1)
  #降维为滞后维度
  crhot <- crossreduce(cb,model,type="var",value=hott,cen =
```

```
quantile(sub$tm,0.75,na.rm=TRUE))
  crcold <- crossreduce(cb,model,type="var",value=coldt,cen
= quantile(sub$tm,0.75,na.rm=TRUE))
  #保存系数和方差矩阵
  yhot[i,] <- coef(crhot)
  ycold[i,] <- coef(crcold)
  Shot[[i]] <- vcov(crhot)
  Scold[[i]] <- vcov(crcold)
}

###(2)第二阶段分析###
#Meta 合并
mvhot <- mvmeta(yhot,Shot,method="reml")
mvcold <- mvmeta(ycold,Scold,method="reml")

#由于没有合并的整体气温
#可根据数据集生成气温向量(长度可自行设置)
tmtot   <-   seq(range(alldata$tm)[1],range(alldata$tm)[2],
length=50)

#根据气温向量建立交叉基
#所用参数需与第一阶段分析相同
cbtot <- crossbasis(tmtot,lag=28,
                          argvar=list(fun="ns",df=5),
                          arglag=list(fun="ns",knots=
                           logknots(28,3)))

#为使滞后分析更加精细，可将 21 天分解
xlag <- 0:280/10 #分解为保留 1 位小数

#转换为预测变量
oblag <- do.call("onebasis",c(list(x=xlag),attr(cb,"arglag")))

#根据预测变量和系数预测结果
cphot <- crosspred(oblag,coef=coef(mvhot),vcov=vcov(mvhot),
```

```
                    model.link="log",bylag=1,at=0:280/10)
cpcold <- crosspred(oblag,coef=coef(mvcold),vcov=vcov(mvcold),
                    model.link="log",bylag=1,at=0:280/10)

###(3)结果展示和数据提取###
#滞后模式展示
jpeg(filename = "lagpattern.jpg",width = 40,height = 15,res =
500,units = "cm")
par(mar=c(5,5,1,1)+0.1,cex.axis=1.5,mgp=c(3.2,1,0))
layout(matrix(1:2,ncol=2))

plot(cphot,type="n",ylab="RR",cex.lab=2.5,ylim=c(.95,1.1),
xlab="Lag days")
abline(h=1)
lines(cphot,col=2,lwd=7)
mtext(text=paste("高温"),cex=2.5,line=-4.0)

plot(cpcold,type="n",ylab="RR",cex.lab=2.5,ylim=c(.95,1.1),
xlab="Lag days")
abline(h=1)
lines(cpcold,col=4,lwd=7)
mtext(text=paste("低温"),cex=2.5,line=-4.0)

dev.off()

#数据提取
lagpattern <- rbind(
  data.frame(lag=cphot$predvar,RR=cphot$allRRfit,
         RRL=cphot$allRRlow,RRH=cphot$allRRhigh,
         type="High temperature"),
  data.frame(lag=cpcold$predvar,RR=cpcold$allRRfit,
         RRL=cpcold$allRRlow,RRH=cpcold$allRRhigh,
         type="High temperature")
)
```

```
####5.确定最终模型####
###(1)第一阶段分析###
#定义系数矩阵
yall <- matrix(NA,length(data),5,dimnames=list(cities,paste
("b",seq(5),sep="")))

#定义协方差 list
Sall <- vector("list",length(data))
names(Sall) <- cities

#创建残差保存的 list、拟合值和实际值的 list 和残差检验的矩阵
Sres <- vector("list",length(data))
fitted <- vector("list",length(data))
names(Sres) <- names(fitted) <- cities
resmat <- matrix(NA,length(cities),2,dimnames=list(cities,c
("staW","P")))

#每个地区进行循环
for (i in 1:length(cities)) {
  print(paste0("第",i,"个地区建模: ",cities[i]))
  sub <- data[[i]]
  sub <- sub[order(sub$date),] #根据日期进行排序
  #构建交叉基矩阵
  cb <- crossbasis(sub$tm,lag=21,
                          argvar=list(fun="ns",df=5),
                          arglag=list(fun="ns",knots=logknots
                           (21,3)))
  #构建模型
  model <- glm(death ~ cb + ns(rh,3)+dow+ns(time,df=6*9),
family="poisson",sub)
  #降维为暴露维度
  crall <- crossreduce(cb,model,cen = quantile(sub$tm,0.75,
na.rm=TRUE))
  #保存系数和方差矩阵
  yall[i,] <- coef(crall)
```

```
  Sall[[i]] <- vcov(crall)
  #残差检验
  res <- residuals(model,type="deviance")
  Sres[[i]] <- res
  #创建文件夹，用于保存残差图
  if (!dir.exists("./resplot")) {
    dir.create("./resplot")
  }
  #各个地区的残差图
  jpeg(filename=paste0("./resplot/residual-",cities[i],".jpg"),
width = 30,height = 15,res = 500,units = "cm")
  plot(res,pch=19,cex=0.7,col=grey(0.6),
       main=cities[i],ylab="Deviance residuals",xlab="Day")
  abline(h=0,lty=2,lwd=2,col=2)
  dev.off()
  #残差正态性检验
  nt <- shapiro.test(res)
  resmat[i,] <- c(nt$statistic,round(nt$p.value,3))
  #拟合值
  fitted[[i]] <- data.frame(death=model$y,
                            fit=model$fitted.values)
}

#判断模型拟合优度
totalfit <- list.rbind(fitted) %>%data.frame()
D2 <- Dsquared(obs = totalfit$death,
               pred = totalfit$fit,
               family="poisson")
D2

###(2)第二阶段分析###
#Meta 合并
mvall <- mvmeta(yall,Sall,method="reml")

  #由于没有合并的整体气温
```

```
#可根据数据集生成气温向量(长度可自行设置)
ranges <- t(sapply(data, function(x) range(x$tm,na.rm=T))) %>%
  colMeans()
tmtot <- seq(ranges[1],ranges[2],length=50)

#根据气温向量建立交叉基
#所用参数需与第一阶段分析相同
cbtot <- crossbasis(tmtot,lag=21,
                    argvar=list(fun="ns",df=5),

arglag=list(fun="ns",knots=logknots(21,3)))

#转换为预测变量
obvar   <-   do.call("onebasis",c(list(x=tmtot),attr(cbtot,
"argvar")))

#根据预测变量和系数预测结果
cpall  <-  crosspred(obvar,coef  =  coef(mvall),vcov  =  vcov
(mvall),by=0.1,model.link="log")

#确定 MMT
mmt <- cpall$predvar[which.min(cpall$allRRfit)]

#基于 MMT 调整模型
cpall2  <-  crosspred(obvar,coef  =  coef(mvall),vcov  =  vcov
(mvall),by=0.1,cen = mmt,model.link="log")

#绘制暴露-反应关系曲线
jpeg(filename  =  "E-R.jpg",width  =  30,height  =  18,res  =
500,units = "cm")
plot(cpall2,"overall",ylab="RR",
     ylim=c(0.9,2.0),col="black",lwd=4,xaxt="n",
     xlab="Temperature(\u00B0C)",cex.lab=1.3)
for(i in 1:length(cities)) {
  prec <- crosspred(obvar,coef=yall[cities[i],],
```

```
                    vcov=Sall[[cities[i]]],
                    by=0.1,cen = mmt,model.link = "logit")
  lines(prec,col="gray75",lty=5)
}
lines(cpall2,"overall",col=2,lwd=4)
axis(side = 1,at=c(-10,-5,0,5,10,15,20,25,30))
dev.off()

#E-R 曲线数据提取及保存
curve <- data.frame(tm=round(cpall2$predvar,1),
                    RR=cpall2$allRRfit,
                    RRL=cpall2$allRRlow,
                    RRH=cpall2$allRRhigh)

##提取高温和低温的效应
#获取不同气温分布百分位数对应的气温
perctmean <- rowMeans(sapply(data,function(x) {
  quantile(x$tm,c(0:1000/10)/100,na.rm=T)
}))
perctmean

#定义高温和低温
hight <- round(perctmean["95.0%"],1)
lowt <- round(perctmean["5.0%"],1)

#提取 RR
round(cbind(cpall2$allRRfit[as.character(hight)],
          cpall2$allRRlow[as.character(hight)],
          cpall2$allRRhigh[as.character(hight)]),2)

round(cbind(cpall2$allRRfit[as.character(lowt)],
          cpall2$allRRlow[as.character(lowt)],
          cpall2$allRRhigh[as.character(lowt)]),2)

###(3)最佳线性无偏预测(BLUP)###
```

```
BLUP <- blup(object = mvall,vcov = T)

#绘制暴露-反应关系曲线
jpeg(filename = "E-R-blup.jpg",width = 30,height = 18,res =
500,units = "cm")
plot(cpall2,"overall",ylab="RR",
     ylim=c(0.9,2.0),col="black",lwd=4,xaxt="n",
     xlab="Temperature(\u00B0C)",cex.lab=1.3)
for(i in 1:length(cities)) {
  prec <- crosspred(obvar,coef=BLUP[[i]]$blup,
                    vcov=BLUP[[i]]$vcov,
                    by=0.1,cen = mmt,model.link = "logit")
  lines(prec,col="gray75",lty=5)
}
lines(cpall2,"overall",col=2,lwd=4)
axis(side = 1,at=c(-10,-5,0,5,10,15,20,25,30))
dev.off()

#保存数据
blupdata <- data.frame()
mintemcity <- rep(NA,length(cities))
for(i in 1:length(cities)) {
  prec <- crosspred(obvar,coef=BLUP[[i]]$blup,
                    vcov=BLUP[[i]]$vcov,
                    by=0.1,cen = mmt,model.link = "logit")
  subci <- data.frame(tm=round(prec$predvar,1),
                      RR=prec$allRRfit,
                      RRL=prec$allRRlow,
                      RRH=prec$allRRhigh,
                      city=cities[i])
  blupdata <- rbind(blupdata,subci)
}

####6.敏感性分析####
###(1)调整时间变量自由度###
```

```
df <- c(7,8,9,10)
sendf <- data.frame()
for (k in 1:length(df)) {
  print(paste0("第",k,"次敏感性分析..."))
  ##第一阶段
  yall <- matrix(NA,length(data),5,dimnames=list(cities,paste
("b",seq(5),sep="")))
  Sall <- vector("list",length(data));names(Sall) <- cities
  for (i in 1:length(cities)) {
    sub <- data[[i]]
    sub <- sub[order(sub$date),] #根据日期进行排序
    #构建交叉基矩阵
    cb <- crossbasis(sub$tm,lag=21,
                     argvar=list(fun="ns",df=5),

arglag=list(fun="ns",knots=logknots(21,3)))
    #构建模型
    model <- glm(death ~ cb + ns(rh,3)+dow+ns(time,df=6*df[k]),
family=poisson(),sub)
    #降维为暴露维度
    crall <- crossreduce(cb,model,cen = quantile(sub$tm,0.75,
na.rm=TRUE))
    #保存系数和方差矩阵
    yall[i,] <- coef(crall)
    Sall[[i]] <- vcov(crall)
  }
  ##第二阶段
  mvall <- mvmeta(yall,Sall,method="reml")
  #气温序列
  ranges  <-  t(sapply(data,  function(x)  range(x$tm,na.rm=
T))) %>%
    colMeans()
  tmtot <- seq(ranges[1],ranges[2],length=50)
  #生成预测变量
  cbtot <- crossbasis(tmtot,lag=21,
```

```
                    argvar=list(fun="ns",df=5),
                    arglag=list(fun="ns",knots=logknots
                    (21,3)))
  obvar  <-  do.call("onebasis",c(list(x=tmtot),attr(cbtot,
"argvar")))
  #根据预测变量和系数预测结果
  cpall <- crosspred(obvar,coef = coef(mvall),vcov = vcov
(mvall),by=0.1,model.link="log")
  #确定MMT
  mmt <- cpall$predvar[which.min(cpall$allRRfit)]
  #基于MMT调整模型
  cpall2 <- crosspred(obvar,coef = coef(mvall),vcov = vcov
(mvall),by=0.1,cen = mmt,model.link="log")
  #提取数据
  sen1 <- data.frame(tm=round(cpall2$predvar,1),
                    RR=cpall2$allRRfit,
                    RRL=cpall2$allRRlow,
                    RRH=cpall2$allRRhigh,
                    sen=paste0("df=",df[k]))
  sendf <- rbind(sendf,sen1)
}
sendf$type <- "调整时间变量自由度"

sendf$sen  <-  factor(sendf$sen,levels  =  c("df=7","df=8",
"df=9","df=10"))
pdf <- ggplot(sendf)+
  geom_ribbon(aes(x=tm,ymin=RRL,ymax=RRH,fill=sen),alpha=0.3) +
  geom_line(mapping = aes(x=tm,y=RR,col=sen),size=1.5,alpha=1) +
  theme(legend.position = "") +
  theme(plot.subtitle = element_text(vjust = 1),
        plot.caption = element_text(vjust = 1),
        axis.line = element_line(size = 1.5), axis.ticks =
element_line(size = 1),
        axis.title = element_text(size = 25, vjust = 0.5),
        axis.text = element_text(size = 20, colour = "gray0"),
```

```
      plot.title = element_text(size = 30,hjust = 0.5, vjust
= 0),
      strip.text =  element_text(size=20, face="bold"),
      strip.background = element_rect(fill="gray90"),
      panel.spacing = unit(0.5,"lines"),
      panel.background  =  element_rect(fill  =  NA,color
="gray90"),
      legend.position = "top",
      legend.text = element_text(size=20, face="bold"))+
  labs(title = "调整时间变量自由度",
      x = expression("Temperature  (" * degree * C *")"),
      y = "RR",col="",fill="") +
  geom_hline(aes(yintercept=1),linetype="longdash",size=1.0)+
  scale_x_continuous(breaks = seq(-10,30,5))+
  scale_y_continuous(expand = c(0,0),limits = c(0.8,2.0),breaks
  = seq(0.8,2,0.2))

pdf

###(2)调整滞后时间###
lagt <- c(14,21,28)
senlag <- data.frame()
for (k in 1:length(lagt)) {
  print(paste0("第",k,"次敏感性分析..."))
  ##第一阶段
  yall   <-   matrix(NA,length(data),5,dimnames=list(cities,
paste("b",seq(5),sep="")))
  Sall <- vector("list",length(data));names(Sall) <- cities
  for (i in 1:length(cities)) {
    sub <- data[[i]]
    sub <- sub[order(sub$date),] #根据日期进行排序
    #构建交叉基矩阵
    cb <- crossbasis(sub$tm,lag=lagt[k],
                     argvar=list(fun="ns",df=5),
                     arglag=list(fun="ns",knots=logknots(lagt
```

```
                    [k],3)))
    #构建模型
    model <- glm(death ~ cb + ns(rh,3)+dow+ns(time,df=6*9),
family=poisson(),sub)
    #降维为暴露维度
    crall <- crossreduce(cb,model,cen = quantile(sub$tm,0.75,
na.rm=TRUE))
    #保存系数和方差矩阵
    yall[i,] <- coef(crall)
    Sall[[i]] <- vcov(crall)
  }
  ##第二阶段
  mvall <- mvmeta(yall,Sall,method="reml")
  #气温序列
  ranges <- t(sapply(data, function(x) range(x$tm,na.rm=
T))) %>%
    colMeans()
  tmtot <- seq(ranges[1],ranges[2],length=50)
  #生成预测变量
  cbtot <- crossbasis(tmtot,lag=lagt[k],
                      argvar=list(fun="ns",df=5),
                      arglag=list(fun="ns",knots=logknots
                      (lagt[k],3)))
  obvar <- do.call("onebasis",c(list(x=tmtot),attr(cbtot,
"argvar")))
  #根据预测变量和系数预测结果
  cpall <- crosspred(obvar,coef = coef(mvall),vcov = vcov
(mvall),by=0.1,model.link="log")
  #确定MMT
  mmt <- cpall$predvar[which.min(cpall$allRRfit)]
  #基于MMT调整模型
  cpall2 <- crosspred(obvar,coef = coef(mvall),vcov = vcov
(mvall),by=0.1,cen = mmt,model.link="log")
  #提取数据
  sen1 <- data.frame(tm=round(cpall2$predvar,1),
```

```
                RR=cpall2$allRRfit,
                RRL=cpall2$allRRlow,
                RRH=cpall2$allRRhigh,
                sen=paste0("lag=",lagt[k]))
  senlag <- rbind(senlag,sen1)
}
senlag$type <- "调整滞后时间"

senlag$sen <- factor(senlag$sen,levels = c("lag=14","lag=21",
"lag=28"))
plag <- ggplot(senlag)+
  geom_ribbon(aes(x=tm,ymin=RRL,ymax=RRH,fill=sen),alpha=0.3) +
  geom_line(mapping    =    aes(x=tm,y=RR,col=sen),size=1.5,
alpha=1) +
  theme(legend.position = "") +
  theme(plot.subtitle = element_text(vjust = 1),
        plot.caption = element_text(vjust = 1),
        axis.line = element_line(size = 1.5), axis.ticks =
element_line(size = 1),
        axis.title = element_text(size = 25, vjust = 0.5),
        axis.text = element_text(size = 20, colour = "gray0"),
        plot.title = element_text(size = 30,hjust = 0.5, vjust
= 0),
        strip.text =  element_text(size=20, face="bold"),
        strip.background = element_rect(fill="gray90"),
        panel.spacing = unit(0.5,"lines"),
        panel.background   =   element_rect(fill   =   NA,color
="gray90"),
        legend.position = "top",
        legend.text = element_text(size=20, face="bold"))+
  labs(title = "调整滞后时间",
       x = expression("Temperature  (" * degree * C *")"),
       y = "RR",col="",fill="") +
  geom_hline(aes(yintercept=1),linetype="longdash",size=1.0)+
  scale_x_continuous(breaks = seq(-10,30,5))+
```

```
  scale_y_continuous(expand = c(0,0),limits = c(0.8,2.0),
breaks = seq(0.8,2,0.2))

plag

###(3)合并绘图####
dflagp <- plot_grid(pdf,plag)

ggsave("敏感分析图.jpg",dflagp,height =20,width =50,dpi =
500,units="cm")
```

第 5 章　R 语言代码

```
#######第 5 章 基于广义相加模型分析极端天气事件对人群发病的影响#######
########低温寒潮对山西省大同市肺炎患者住院费用及住院时间影响的研究########
##R 语言版本: V4.2.1
##操作系统: Windows 11

####0.安装并加载包####
options(scipen = 200)
pacman::p_load(plyr, dplyr, tableone, splines, ggplot2, fst,
tsModel, mgcv, ggsci)

####1.导入并整理数据集####
data <- read.fst("E:/datong.pneu.fst")

####2.检验结局的正态分布####
library(nortest)
lillie.test (data$Hdays.resp)
par(mfrow=c(1,2))
qqnorm (data$Hdays.pneu)
qqline (data$Hdays.pneu)
boxplot(data$Hdays.pneu, main = "住院时间")
boxplot(data$Hfee.pneu, main = "住院费用")
```

```
####3.定义寒潮####
data <- subset(data, month %in% c(1,2,3,4,5,9,10,11,12))
data <- data %>% mutate (P10 = round (quantile (tmlag0, 0.1),0),
                     th=ifelse(tmlag0<=P10, 1, 0),
                     m03=runMean(th, 0:2),
                     cs0=ifelse(m03==1, 1, 0)) #将 lag 为 0 的
温度数据 tmlag0 替换为数据集中温度的其他 lag 数据,使用相同的方式定义不
同滞后时间下的寒潮

####4.描述性统计分析####
vars <- c("tmlag0","rhlag0","Hfee.pneu","Hfee.resp" ,"so2lag0")
sapply(data[vars],
      function(x)c(mean=paste0(round(mean(x),2),"±",round
(sd(x),2), min=round(median(x),2),
                          p25 = round(quantile(x,0.25),2),
                          median = round(median(x),2),
                          p75 = round(quantile(x,0.75),2),
                          max = round(max(x),2))))

###(1)gam###
b <- NULL
for(i in 0:7){
 model <- gam(Hfee.pneu ~ factor(get(paste0("cs",i)))+ns
(so2lag0,3)+
          as.factor(ph)+as.factor(dow)+ns(doy,3)+ns(t,3)+
ns(rhlag0,3),
          family=gaussian(),data)
 estimate <- model[["coefficients"]][2]
 high <- estimate + 1.96*summary(model)$se[2]
 low <- estimate - 1.96*summary(model)$se[2]
 a <- data.frame(estimate,low,high)
 b <- rbind(b,a)
}
b = mutate(b, lag = 0:7)
```

```
b$lag <- as.factor(b$lag)

plot <- ggplot(data = b,aes(x = factor(lag), y = estimate)) +
  geom_errorbar(aes(ymin=low, ymax=high),width=.25,
                position=position_dodge(0.5),lwd=1,color     =
"#104E8B")+
  geom_point(position=position_dodge(0.5), size = 2,color =
"#104E8B")+
  labs(x = "滞后日",
       y= "效应及 95%置信区间",#轴标签
       color = '')+
  geom_hline(yintercept = 0,lty='dashed', size = 1)+
  scale_color_aaas()+
  theme_test(base_family = 'serif') +
  theme(text= element_text(size=14,family = 'serif', face =
"bold"),
        legend.position ='none',
        #legend.background   =   element_rect(fill   =   'white',
colour = 'black', size = .3, linetype = 1),
        axis.title.x = element_text(hjust = .5,vjust = -0.15,
colour="black",size=14),
        axis.title.y  =  element_text(hjust  =  .5,vjust  =  2,
colour="black",size=14))+
 scale_x_discrete(limits = c("0","1","2","3","4","5","6","7"),
                 breaks                                       =
c("0","1","2","3","4","5","6","7"))+
  scale_y_continuous(labels  =  scales::label_comma(accuracy
=0.01))
plot
ggsave("day.jpeg", plot , width = 7, height = 3.5, dpi = 350)

###(2)GCV###
gcv<-  model[["gcv.ubre"]]
##自相关图
Datongplot <- pacf(residuals(model,type="deviance"),na.action=
```

```
na.omit,
    ylim=c(-0.10,0.3),xlim=c(0,25),xlab="Lag(d)",ylab=
"PACF",main="Datong",
    cex.lab=1.2,cex.main=1.3,font.lab=2,font.axis=2
```

第6章　R语言代码

```
#######第6章 基于时空分析方法研究气象因素对媒介传染病的影响#######
########珠江三角洲地区9个城市气象因素对登革热流行影响的时空分析########
##R语言版本: V4.2.1
##操作系统: Windows 10

####0.加载package####
#加入安装
library(openxlsx)
library(dplyr)
library(ggplot2)
library(RColorBrewer)
library(sp)
library(rgdal)
library(maptools)
library(sf)
library(ggspatial)
library(geogrid)
library(viridis)
library(leaflet)
library(leaflet.extras)
library(Hmisc)
library(mgcv)
library(gstat)
library("CARBayesST")
library("CARBayes")

####1.数据导入及准备####
```

```
case<-read.xlsx("dfcity21.xlsx",sheet=1)

#珠江三角洲 9 市
gd9<- case[case$CITYNAME%in%c("广州市","佛山市","珠海市","深圳市","肇庆市","东莞市","江门市","中山市","惠州市"),]

#设定滞后时间
fun1=function(a) lag(a,1)
fun2=function(a) lag(a,2)
fun3=function(a) lag(a,3)

##生成新滞后数据
names(gd9)
#取病例数、气象等关键字段生成滞后 1～3 个月的新数据库
gd1<- gd9%>%mutate(across(.col = c(4,5,11:14), list(fun1=fun1,fun2=fun2,fun3=fun3)))

####2.计算相关性####
gd1a<-gd1[,-c(1:3,7,15)]
str(gd1a)
Hmisc::rcorr(as.matrix(gd1))
result=rcorr(as.matrix(gd1))
result$r[lower.tri(result$r, diag = TRUE)]   #相关系数 三角
result$P[lower.tri(result$P, diag = TRUE)]  #P

#####3.广义相加模型——绘制 9 市暴露-反应关系图####
##构建 GAM 公式，以气温为例
formu=local~ s(tm_fun2,k=3)+
             s(local_fun1,k=3)+
             s(MOI_fun1,k=3)+
             s(imported_fun1,k=3)+
             s(time,k=3)+as.factor(month)+offset(log(pop))

##广州市
mod.fin=gam(formu,family=quasipoisson, na.action=na.exclude,
```

```
            data=filter(gd1,CITYNAME=="广州市"))
#作图
a <- plot.gam(mod.fin,select=1);a

#提取作图数据
gzplot <- data.frame(tem=a[[1]]$x,er=a[[1]]$fit,se=a[[1]]$se)#
提取结果
gzplot$erhigh <- gzplot$er+1.96*gzplot$se#置信区间
gzplot$erlow <- gzplot$er-1.96*gzplot$se
gzplot$group <- "Guangzhou"

##佛山市
mod.fin=gam(formu,family=quasipoisson, na.action=na.exclude,
            data=filter(gd1,CITYNAME=="佛山市"))
#
a <- plot.gam(mod.fin,select=1);a
dev.off()

fsplot <- data.frame(tem=a[[1]]$x,er=a[[1]]$fit,se=a[[1]]$se)
fsplot$erhigh <- fsplot$er+1.96*fsplot$se
fsplot$erlow <- fsplot$er-1.96*fsplot$se
fsplot$group <- "Foshan"

##中山市
mod.fin=gam(formu,family=quasipoisson, na.action=na.exclude,
            data=filter(gd1,CITYNAME=="中山市"))
#
a <- plot.gam(mod.fin,select = 1);a
dev.off()

zsplot <- data.frame(tem=a[[1]]$x,er=a[[1]]$fit,se=a[[1]]$se)
zsplot$erhigh <- zsplot$er+1.96*zsplot$se
zsplot$erlow <- zsplot$er-1.96*zsplot$se
zsplot$group <- "Zhongshan"
```

```
##江门市
mod.fin=gam(formu,family=quasipoisson, na.action=na.exclude,
            data=filter(gd1,CITYNAME=="江门市"))
#
a <- plot.gam(mod.fin,select = 1);a

jmplot <- data.frame(tem=a[[1]]$x,er=a[[1]]$fit,se=a[[1]]$se)
jmplot$erhigh <- jmplot$er+1.96*jmplot$se
jmplot$erlow <- jmplot$er-1.96*jmplot$se
jmplot$group <- "Jiangmen"

##珠海市
mod.fin=gam(formu,family=quasipoisson, na.action=na.exclude,
            data=filter(gd1,CITYNAME=="珠海市"))
#
a <- plot.gam(mod.fin,select = 1);a

zhplot <- data.frame(tem=a[[1]]$x,er=a[[1]]$fit,se=a[[1]]$se)
zhplot$erhigh <- zhplot$er+1.96*zhplot$se
zhplot$erlow <- zhplot$er-1.96*zhplot$se
zhplot$group <- "Zhuhai"

##深圳市
mod.fin=gam(formu,family=quasipoisson, na.action=na.exclude,
            data=filter(gd1,CITYNAME=="深圳市"))
#
a <-plot.gam(mod.fin,select = 1);a

szplot <- data.frame(tem=a[[1]]$x,er=a[[1]]$fit,se=a[[1]]$se)
szplot$erhigh <-szplot$er+1.96*szplot$se
szplot$erlow <- szplot$er-1.96*szplot$se
szplot$group <- "Shenzhen"

##东莞市
mod.fin=gam(formu,family=quasipoisson, na.action=na.exclude,
```

```
            data=filter(gd1,CITYNAME=="东莞市"))
#
a <- plot.gam(mod.fin,select=1);a

dgplot <- data.frame(tem=a[[1]]$x,er=a[[1]]$fit,se=a[[1]]$se)
dgplot$erhigh <- dgplot$er+1.96*dgplot$se
dgplot$erlow <- dgplot$er-1.96*dgplot$se
dgplot$group <- "Dongguan"

##惠州市
mod.fin=gam(formu,family=quasipoisson, na.action=na.exclude,
            data=filter(gd1,CITYNAME=="惠州市"))
#
a <- plot.gam(mod.fin,select=1);a

hzplot <- data.frame(tem=a[[1]]$x,er=a[[1]]$fit,se=a[[1]]$se)
hzplot$erhigh <- hzplot$er+1.96*hzplot$se
hzplot$erlow <- hzplot$er-1.96*hzplot$se
hzplot$group <- "Huizhou"

##肇庆市
mod.fin=gam(formu,family=quasipoisson, na.action=na.exclude,
            data=filter(gd1,CITYNAME=="肇庆市"))
#
a <- plot.gam(mod.fin,select=1);a

zqplot <- data.frame(tem=a[[1]]$x,er=a[[1]]$fit,se=a[[1]]$se)
zqplot$erhigh <- zqplot$er+1.96*zqplot$se
zqplot$erlow <- zqplot$er-1.96*zqplot$se
zqplot$group <- "Zhaoqing"

##合并 9 市 GAM 暴露-反应曲线分析结果数据
alltem <- rbind(gzplot,fsplot,zsplot,jmplot,zhplot,szplot,
hzplot,dgplot,zqplot)
alltem$group  <-  factor(alltem$group,ordered=T,  levels  =
```

```
c("Guangzhou","Foshan","Shenzhen","Zhaoqing","Zhongshan","
Jiangmen","Dongguan","Huizhou","Zhuhai"))

##绘制暴露市反应关系图
temp<-ggplot(alltem,aes(x=tem,y=er))+
  geom_line(aes(x=tem,y=er),size=1,linetype=1,color="#0066FF")+
  geom_ribbon(aes(ymax = erhigh, ymin=erlow),alpha=0.3,fill=
"#99CCFF") +
  labs(x="滞后 2 个月平均气温 (°C)",y="log RR",title ="")+
  #geom_hline(yintercept=0)+ theme_bw()+
  #geom_blank(data = blank_data, aes(x = x, y = y))+
  facet_wrap(~group,scale="free",ncol = 3)+
  theme(axis.title.x=element_text(size=18,colour = "black"),
        axis.title.y=element_text(size=18,colour = "black"),
        axis.text.y = element_text(size = 14,colour = "black",
        face="bold"),      axis.text.x = element_text(size =
        14,colour = "black",face="bold"),
        panel.grid.major = element_blank(),
        panel.grid.minor = element_blank(), #去除网格线
        panel.border = element_blank(),#去除边框
        panel.background = element_blank(),#去除画布背景
        strip.background = element_blank(),#去除标题背景
        strip.text = element_text(size = 14),#分面标题字体大小
        axis.line = element_line(colour = "black"),#增加坐标
轴线
        plot.margin = unit(c(0,1,0,1), "cm"))  #+
#scale_colour_manual(values = c("#FF7F50","#7B68EE","#48D1CC"))
temp
##

#####4.空间自相关分析####
###4.1 绘制珠江三角洲 9 市地图
#读取地图数据
GD<-readOGR("广东省 21 地市界面 new.shp")  ## readShapePoly
names(GD)
```

```
plot(GD)

#珠江三角洲9市地图
GD<-subset(GD,GD$CITYNAME=="广州市"|GD$CITYNAME=="佛山市
"|GD$CITYNAME=="深圳市"|GD$CITYNAME=="肇庆市"|GD$CITYNAME=="珠海
市"|GD$CITYNAME=="江门市"|GD$CITYNAME=="东莞市"|GD$CITYNAME=="惠
州市"|GD$CITYNAME=="中山市")
plot(GD)
head(GD@data)
#取经纬度
long<-aggregate(df_GD$long,by=list(City=df_GD$CITYNAME),mean)
lat<-aggregate(df_GD$lat,by=list(City=df_GD$CITYNAME),mean)
#
gdname<-merge(long,lat,by="City")
names(gdname)<-c("City","lon","lat")
gdname
gdname1<-gdname

##添加图例和指北针####
p2<-ggplot(df_GD) +
  geom_spatial_polygon(aes(x=long, y=lat, group= group,
                       fill=case), colour="black", size=0.25,crs
= 4326) +
  scale_fill_gradientn(colours=rev(brewer.pal(8,"Spectral")),
                            name="log(病例数)")+ #上色
  geom_text(aes(x = lon,y = lat), label = paste(gdname1$City),
            size = 4, colour="gray30", data =gdname1)+
  annotation_scale(location = "bl", width_hint = 0.4) +
  annotation_north_arrow(location = "tr", which_north = "true",
                             pad_x = unit(0.05, "in"), pad_y =
                              unit(0.05, "in"),
                             style = north_arrow_nautical) +
  theme_light() + labs(x="经度", y="纬度") +
  ggtitle("珠江三角洲地区登革热发病地图") +
  coord_sf(crs = 4326)
```

```
p2
#
ggsave(plot = p2, file = "珠江三角洲地图.pdf", device = cairo_pdf,
family = "Microsoft Yahei", width = 8, height = 5.5)
##

###4.2 绘制六边形地图 （替代方案）
##六边形（邮票）地图 hexmap 制作
library(geogrid)
library(viridis)
#创建六变形网格
#shp map to hex map
new_cell <-calculate_grid(GD, 0.5, 'hexagonal', 3)
plot(new_cell)

# assigns data from the old shapefile to the new hexagonal
polygons
resulthex <- assign_polygons(GD,new_cell)

#转为数据框地图
hexmap<-fortify(resulthex)
names(hexmap)
head(hexmap)
ggplot(hexmap, aes(x = long, y = lat, group = group))+
              geom_path()+ coord_fixed()

#地图数据框数据编码
hexmap$id1<- hexmap$id

#提取地图城市名等属性数据
hexdata<-resulthex@data

##地图属性数据编码
hexdata$id1<- paste0("ID",c(1:9),sep="")
```

```
##地图数据框与地图属性数据合并
hexnew <- merge(hexmap, hexdata, by="id1")
names(hexnew)

# write.csv(hexnew,"珠江三角洲地图hex.csv")
names(hexnew)

##邮票地图制作
#地图数据和病例数据合并
case1<-aggregate(case$local,
by=list(CITYNAME=a$CITYNAME),sum)
hexnew0 <- left_join(hexnew, case1, by="CITYNAME")
names(hexnew0)

pp<-
  ggplot()+
  geom_polygon(data=hexnew0, aes(long, lat, group=group,
fill=log(x)),
                colour="gray30",size=0.25)+
  geom_text(data=hexnew, aes(x=V1, y=V2-0.01,
                                group=group,label=CITYNAME),
colour="gray30",size=3)+
  scale_fill_gradientn(colours=rev(brewer.pal(8,"Spectral")),
                          name="累计病例数\n(log 转换)")+ #上色
  theme_void()+ coord_fixed() +
  theme(
    plot.title=element_text(hjust=0.4), #题目位置
    legend.position = c(0.9,0.2),     #图例位置
    legend.background = element_blank() #图例背景
  )

pp

###4.3 构建基准线性回归模型
#以气温为例
```

```
formula <- local ~ tm_fun2+pr_fun3+local_fun1+ imported_fun1+
MOI_fun1+
                    as.factor(month)+offset(log(pop)) ##
model1 <- glm(formula = formula, family = "quasipoisson", data =
case)
summary(model1)
resid.glm <- residuals(model1)
coef(summary(model1))
summary(model1)$dispersion

###4.4 构建空间权重矩阵
W.nb2 <- poly2nb(GD, row.names = GD$CITYNAME)
W.list2<- nb2listw(W.nb2, style = "B")  #空间权重矩阵，用于计算
空间自相关性
W2 <- nb2mat(W.nb2, style = "B") #空间权重矩阵，用于贝叶斯时空分析

###4.5 空间自回归检验，计算莫兰指数
set.seed(1234)
#每年的数据分别检验，仅罗列 2008 年、2009 年
moran.mc(x = resid.glm[1:9], listw = W.list2, nsim = 1000)
#2008
moran.mc(x = resid.glm[10:18], listw = W.list2, nsim = 1000)
#2009

#P<0.05,表示存在空间自相关

####5.贝叶斯条件自回归时空分析模型分析####
###5.1 单一气象变量模型
##以气温为例
model2 <- ST.CARar(formula = (local+1)~
                        tm2+  #滞后 2 个月气温
                        log(local1+1)+  #滞后 1 个月本地病例
                        log(imported1+1) + #滞后 1 个月输入病例
                        MOI1+ #滞后 1 个月 MOI
                        time+ #时间趋势
```

```
                    as.factor(month)+ #月份
                    pdensity + #人口密度
                    cover +  #植被覆盖度
                    gdp +  #人均GDP
                    offset(log(pop)) ,  #人口数量
                    family = "poisson",  #poisson分布
                    data=case1, #数据库
                    W = W2,  #空间权重矩阵
                    AR=1, #时间一阶自回归
                    burnin = 2000, n.sample = 22000, thin =
10) #MCMC次数22000
model2
##模型收敛性检验
#查看模型结果中气温变量对应的Geweke的绝对值，看此值是否<2，如模型收敛性不佳，#需要优化模型的参数或是调整纳入的变量。
#绘图展示模型的收敛性
plot(exp(model2$samples$beta[ , -1]))

## 提取RR结果
parameter.summary <- summarise.samples(exp(model2$samples$beta
[, -1]), quantiles = c(0.5, 0.025, 0.975)) ##
result<-round(parameter.summary$quantiles, 3) #
r<-as.data.frame(result)[1,] #
names(r)=c("RR","RRL","RRU")
r


###5.2 双气象变量模型
model2 <- ST.CARar(formula = (local+1)~
                    tm2+ #滞后2个月气温
                    pr3+ #滞后3个月降雨
                    log(local1+1)+
                    log(imported1+1) +
                    MOI1+ #滞后1个月MOI
                    time+ #时间趋势
```

```
                    as.factor(month)+ #月份
                    pdensity + #人口密度
                    cover +  #植被覆盖度
                    gdp +  #人均 GDP
                    offset(log(pop)) ,  #人口数量
                    family = "poisson",  #poisson 分布
                    data=case1, #数据库
                    W = W2,  #空间权重矩阵
                    AR=1, #时间一阶自回归
                    burnin = 2000, n.sample = 22000, thin =
10) # #MCMC 次数 22000

model2
##模型收敛性检验
#查看气温和降雨对应的 Geweke 的绝对值是否<2

## 提取 RR 结果
parameter.summary <- summarise.samples(exp(model2$samples$beta
[, -1]), quantiles = c(0.5, 0.025, 0.975)) ##
result<-round(parameter.summary$quantiles, 3) #
r<-as.data.frame(result)[1,] #
names(r)=c("RR","RRL","RRU")
r
```

贝叶斯条件自回归时空分析模型分析核心代码编写参考资料：

（1）Lee D. A tutorial on spatio-temporal disease risk modelling in R using Markov chain Monte Carlo simulation and the CARBayesST package[J]. Spatial and Spatio-temporal Epidemiology, 2020, 34:100353.

（2）Lee D Rushworth A, Napier G. CARBayesST: Spatio-temporal generalised linear mixed models for areal unit data[J]. R Package Version, 2015, 2.

（3）Quan Y, Zhang Y T, Deng H, et al. How do temperature and precipitation drive dengue transmission in nine cities, in Guangdong province, China: A Bayesian spatio-temporal model analysis[J]. Air Quality(Atmosphere & Health), 2023:1-11.

第7章 R语言代码

```
#######第7章基于断点时间序列模型评估洪涝对水源性传染病发病的影响#######
########安徽省洪涝对感染性腹泻发病影响########
##R语言版本: V4.1.3
##操作系统: Windows 10

####0.加载package####
#加入安装
library(foreign)
library(tsModel)
library("lmtest")
library("Epi")
library("splines")
library("vcd")
library(qcc)
library(meta)
library(metafor)
library("reshape2")

####1.描述性分析####
###(1)数据导入###
weekly <- read.csv("weekly.csv")
# 计算标准化率
weekly$rate1 <- with(weekly, case1/pop1*10^6)
weekly$rate2 <- with(weekly, case2/pop2*10^6)
###(2)绘制发病率时间变化图###
names(pdfFonts())
win.graph(width = 9,height = 6)
plot(weekly$rate1,type="n",ylim=c(00,80),xlab="Year",
      ylab="Weekly rate x 1000,000",bty="l",xaxt='n',family=
"Times",font=1)
# 加上洪涝后区域线和阴影
```

```
rect(156,0,218,80,col=grey(0.9),border=F)
abline(v=167,lty=2,col="red")
text(167,78,"flood
end",pos=3,cex=1,col="black",family="Times",font=1)
# 绘制发病变化
points(weekly$rate1,cex=0.5,type="o",lty=1,pch=16,col="blue")
points(weekly$rate2,cex=0.5,type="o",lty=3,col="dark    gray",
pch=2)
# 加上轴标签和标题
axis(1,at=c(29,81,133,185,237),labels=F)
axis(1,at=c(11,55,107,159,211),tick=F,labels=2013:2017,cex=
0.5, family="Times",font=1)
title("Infectious diarrhea in Anhui Province, 2013.06-2017.08",
family="Times")
# 加上图例
legend("topleft",inset = 0.05,c("flooded area","nonflooded
area"),
       lty = c(1,3),pch=c(16,2),col=c("blue","dark gray"),
cex=1,bty = "0",box.lty = 3)
segments(0,0,55,0)
segments(110,0,156,0)
arrows(0,0,55,0,code=1,length =0.08)
arrows(105,0,156,0,code=2,length =0.08)
text(75,0.5,"Before   flood",cex   =   1,col   =   "black",
family="Times")
# 加上时间标示
segments(167,0,179,0)
segments(208,0,218,0)
arrows(167,0,172,0,code=1,length =0.08)
arrows(210,0,218,0,code=2,length =0.08)
text(194,0.5,"After flood",cex = 1,col = "black",family=
"Times")

####2.中断时间序列分析####
###(1)建立未调整季节性洪涝地区 ITS 模型###
```

```
## 线性模型
model1 <- glm(case1 ~ offset(log(pop1)) + flood + time, family=
poisson,weekly)
summary(model1)
summary(model1)$dispersion
round(ci.lin(model1,Exp=T),3)
deviance(model1)/df.residual(model1)
qcc.overdispersion.test(weekly$case1,type="poisson")
# 建立洪涝地区预测数据集
floodcitynew  <-  data.frame(pop1=mean(weekly$pop1),flood=
rep(c(0,1),c(1560,620)),
                       time= 1:2180/10,week=c(250:520/10,rep
(1:520/10,3),1:349/10))
# 计算模型预测值
pred1  <-  predict(model1,type="response",floodcitynew)/mean
(weekly$pop1)*10^6
# 建立反事实预测数据集（假设洪涝未发生）
Floodcitynew <- data.frame(pop1=mean(weekly$pop1), flood=0,
time=1:2180/10, week=c(25:52,rep(1:52,3),1:34))
# 计算反事实预测值
pred1b <- predict(model1,Floodcitynew,type="response")/mean
(weekly$pop1)*10^6
# 绘图
plot(weekly$rate1,type="n",ylim=c(0,80),xlab="Year",ylab="
Std rate x 1000,000",
    bty="l",xaxt="n")
rect(156,0,218,80,col=grey(0.9),border=F)
points(weekly$rate1,cex=0.5,col="blue")
axis(1,at=c(29,81,133,185,237),labels=F)
axis(1,at=c(11,55,107,159,211),tick=F,labels=2013:2017,cex=0.5)
lines((1:2180/10),pred1,col=2)
title("Anhui Diarrhea-Flooded, 2013.06-2017.08")
lines(floodcitynew$time,pred1b,col=2,lty=2)
###(2)建立未调整季节性非洪涝地区 ITS 模型###
model2  <-  glm(case2  ~  offset(log(pop2))  +  flood  +  time,
```

```
family=poisson,weekly)
summary(model2)
summary(model2)$dispersion
round(ci.lin(model2,Exp=T),3)
deviance(model2)/df.residual(model2)
qcc.overdispersion.test(weekly$case2,type="poisson")
# 建立非洪涝地区预测数据集
nonfloodcitynew    <-    data.frame(pop2=mean(weekly$pop2),
flood=rep(c(0,1),c(1560,620)),
     time=  1:2180/10,  week=c(250:520/10,rep(1:520/10,3),
1:349/10))
# 计算模型预测值
pred2 <- predict(model2,type="response",nonfloodcitynew)/mean
(weekly$pop2)*10^6
# 建立反事实预测数据集(假设洪涝未发生)
Nonfloodcitynew <- data.frame(pop2=mean(weekly$pop2), flood=0,
time=1:2180/10, week=c(25:52,rep(1:52,3),1:34))
# 计算反事实预测值
pred2b <- predict(model2,Nonfloodcitynew,type="response")/mean
(weekly$pop2)*10^6
# 绘图
plot(weekly$rate2,type="n",ylim=c(0,80),xlab="Year",ylab="
Std rate x 1000,000",
    bty="l",xaxt="n")
rect(156,0,218,80,col=grey(0.9),border=F)
points(weekly$rate2,cex=0.5,col="blue")
axis(1,at=c(29,81,133,185,237),labels=F)
axis(1,at=c(11,55,107,159,211),tick=F,labels=2013:2017,cex=0.5)
lines((1:2180/10),pred2,col=2)
title("Anhui Diarrhea-Nonflooded, 2013.01-2017.08")
lines(nonfloodcitynew$time,pred2b,col=2,lty=2)
###(3)建立调整季节性洪涝地区 ITS 模型###
model3 <- glm(case1 ~ offset(log(pop1)) + flood + time +
              harmonic(week,2,52), family=quasipoisson, weekly)
summary(model3)
```

```
summary(model3)$dispersion
round(ci.lin(model3,Exp=T),3)
# 测试模型自相关
res3 <- residuals(model3,type="deviance")
plot(res3,ylim=c(-30,30),pch=19,cex=0.7,col=grey(0.6),main
="Residuals over time",
    ylab="Deviance residuals",xlab="Week")
abline(h=0,lty=2,lwd=2)
acf(res3)
pacf(res3)
# 绘图
win.graph(width = 9,height = 12)
par(mfrow=c(2,1))
pred3  <-predict(model3,type="response",floodcitynew)/mean
(weekly$pop1)*10^6
plot(weekly$rate1,type="n",ylim=c(0,80),xlab="Year",ylab="
Weekly rate x 1000,000",bty="l",xaxt="n")
rect(156,0,218,80,col=grey(0.9),border=F)
points(weekly$rate1,cex=0.7)
axis(1,at=c(29,81,133,185,237),labels=F)
axis(1,at=c(11,55,107,159,211),tick=F,labels=2013:2017,cex
=0.5)
lines((1:2180/10),pred3,col=2,lwd=2)
title("Infectious diarrhea in flooded area, 2013.06-2017.08")
# 绘制非季节性趋势线
pred3b <- predict(model3,type="response",transform(floodcitynew,
week=23))/
  mean(weekly$pop1)*10^6
lines(1:2180/10,pred3b,col=2,lty=2,lwd=2)
# 添加图例
text(167,77,"flood  end",pos=3,cex=1,col="black")
abline(v=167,lty=3,col="dark gray")
legend("topleft",inset  =  0.005,c("seasonalized  predicted
trend","deseasonalized trend"),lty = c(1,2),col=c("red","red"),
cex=1,bty="n")
```

```
###(4)建立调整季节性非洪涝地区 ITS 模型###
model31 <- glm(case2 ~ offset(log(pop2)) + flood + time +
              harmonic(week,4,52), family=quasipoisson, weekly)
summary(model31)
summary(model31)$dispersion
round(ci.lin(model31,Exp=T),3)
ci.lin(model31,Exp=T)["flood",5:7]
exp(coef(model31)["time"]*52)
# 测试模型自相关
res31 <- residuals(model31,type="deviance")
plot(res31,ylim=c(-10,10),pch=19,cex=0.7,col=grey(0.6),mai
n="Residuals over time",
    ylab="Deviance residuals",xlab="Week")
abline(h=0,lty=2,lwd=2)
acf(res31)
pacf(res31)
# 绘图
pred31 <- predict(model31,type="response",nonfloodcitynew)/
mean(weekly$pop2)*10^6
plot(weekly$rate2,type="n",ylim=c(0,80),xlab="Year",ylab="
Weekly rate x 1000,000",bty="l",xaxt="n")
rect(156,0,218,80,col=grey(0.9),border=F)
points(weekly$rate2,cex=0.7)
axis(1,at=c(29,81,133,185,237),labels=F)
axis(1,at=c(11,55,107,159,211),tick=F,labels=2013:2017,cex=0.5)
lines((1:2180/10),pred31,col=2,lwd=2)
title("Infectious    diarrhea    in    non-flooded    area,
2013.06-2017.08")
# 绘制非季节性趋势线
pred31      <-      predict(model31,type="response",transform
(nonfloodcitynew,week=20))/
  mean(weekly$pop2)*10^6
lines(1:2180/10,pred3b1,col=2,lty=2,lwd=2)
# 添加图例
text(167,77,"flood  end",pos=3,cex=1,col="black")
```

```
abline(v=167,lty=3,col="dark gray")
legend("topleft",inset = 0.005,c("seasonalized predicted
trend","deseasonalized trend"),lty = c(1,2),col=c("red","red"),
cex=1,bty="n")

####3.分层分析####
###(1)性别亚组###
weekly<-read.csv("weekly-gender.csv")
# 男性
model1 <- glm(case1 ~ offset(log(pop1)) + flood + time +
              harmonic(week,4,52), family=quasipoisson, weekly)
summary(model1)
summary(model1)$dispersion
round(ci.lin(model1,Exp=T),3)
ci.lin(model1,Exp=T)["flood",5:7]
exp(coef(model1)["time"]*52)
summary(model1)$dispersion
qcc.overdispersion.test(weekly$case1,type="poisson")
# 女性
model2 <- glm(case2 ~ offset(log(pop2)) + flood + time +
              harmonic(week,4,52), family=quasipoisson, weekly)
summary(model2)
summary(model2)$dispersion
qcc.overdispersion.test(weekly$case2,type="poisson")
round(ci.lin(model2,Exp=T),3)
ci.lin(model2,Exp=T)["flood",5:7]
exp(coef(model2)["time"]*52)
###(2)年龄亚组###
weekly<-read.csv("weekly-age.csv")
# <5
model1 <- glm(case1 ~ offset(log(pop1)) + flood + time +
              harmonic(week,4,52), family=quasipoisson, weekly)
summary(model1)
summary(model1)$dispersion
round(ci.lin(model1,Exp=T),3)
```

```
ci.lin(model1,Exp=T)["flood",5:7]
exp(coef(model1)["time"]*52)
summary(model1)$dispersion
qcc.overdispersion.test(weekly$case1,type="poisson")
# 5-14
model2 <- glm(case2 ~ offset(log(pop2)) + flood + time +
              harmonic(week,4,52), family=quasipoisson, weekly)
summary(model2)
summary(model2)$dispersion
qcc.overdispersion.test(weekly$case2,type="poisson")
round(ci.lin(model2,Exp=T),3)
ci.lin(model2,Exp=T)["flood",5:7]
exp(coef(model2)["time"]*52)
# 15-44
model3 <- glm(case3 ~ offset(log(pop3)) + flood + time +
              harmonic(week,4,52), family=quasipoisson, weekly)
summary(model3)
summary(model3)$dispersion
qcc.overdispersion.test(weekly$case3,type="poisson")
round(ci.lin(model3,Exp=T),3)
ci.lin(model3,Exp=T)["flood",5:7]
exp(coef(model3)["time"]*52)
# 45-64
model4 <- glm(case4 ~ offset(log(pop4)) + flood + time +
              harmonic(week,4,52), family=quasipoisson, weekly)
summary(model4)
summary(model4)$dispersion
qcc.overdispersion.test(weekly$case4,type="poisson")
round(ci.lin(model4,Exp=T),3)
ci.lin(model4,Exp=T)["flood",5:7]
exp(coef(model4)["time"]*52)
# >=65
model5 <- glm(case5 ~ offset(log(pop5)) + flood + time +
              harmonic(week,4,52), family=quasipoisson, weekly)
summary(model5)
```

```
summary(model5)$dispersion
qcc.overdispersion.test(weekly$case5,type="poisson")
round(ci.lin(model5,Exp=T),3)
ci.lin(model5,Exp=T)["flood",5:7]
exp(coef(model5)["time"]*52)

###(3)城市亚组###
weekly<-read.csv("weekly-city.csv")
# 合肥市
model1 <- glm(case1 ~ offset(log(pop1)) + flood + time +
              harmonic(week,4,52), family=quasipoisson, weekly)
summary(model1)
summary(model1)$dispersion
round(ci.lin(model1,Exp=T),3)
ci.lin(model1,Exp=T)["flood",5:7]
exp(coef(model1)["time"]*52)
summary(model1)$dispersion
qcc.overdispersion.test(weekly$case1,type="poisson")
# 芜湖市
model2 <- glm(case2 ~ offset(log(pop2)) + flood + time +
              harmonic(week,4,52), family=quasipoisson, weekly)
summary(model2)
summary(model2)$dispersion
qcc.overdispersion.test(weekly$case2,type="poisson")
round(ci.lin(model2,Exp=T),3)
ci.lin(model2,Exp=T)["flood",5:7]
exp(coef(model2)["time"]*52)
# 蚌埠市
model3 <- glm(case3 ~ offset(log(pop3)) + flood + time +
              harmonic(week,4,52), family=quasipoisson, weekly)
summary(model3)
summary(model3)$dispersion
qcc.overdispersion.test(weekly$case3,type="poisson")
round(ci.lin(model3,Exp=T),3)
ci.lin(model3,Exp=T)["flood",5:7]
```

```
exp(coef(model3)["time"]*52)
# 淮南市
model4 <- glm(case4 ~ offset(log(pop4)) + flood + time +
              harmonic(week,4,52), family=quasipoisson, weekly)
summary(model4)
summary(model4)$dispersion
qcc.overdispersion.test(weekly$case4,type="poisson")
round(ci.lin(model4,Exp=T),3)
ci.lin(model4,Exp=T)["flood",5:7]
exp(coef(model4)["time"]*52)
# 马鞍山市
model5 <- glm(case5 ~ offset(log(pop5)) + flood + time +
              harmonic(week,4,52), family=quasipoisson, weekly)
summary(model5)
summary(model5)$dispersion
qcc.overdispersion.test(weekly$case5,type="poisson")
round(ci.lin(model5,Exp=T),3)
ci.lin(model5,Exp=T)["flood",5:7]
exp(coef(model5)["time"]*52)
# 淮北市
model6 <- glm(case6 ~ offset(log(pop6)) + flood + time +
              harmonic(week,4,52), family=quasipoisson, weekly)
summary(model6)
summary(model6)$dispersion
qcc.overdispersion.test(weekly$case6,type="poisson")
round(ci.lin(model6,Exp=T),3)
ci.lin(model6,Exp=T)["flood",5:7]
exp(coef(model6)["time"]*52)
# 铜陵市
model7 <- glm(case7 ~ offset(log(pop7)) + flood + time +
              harmonic(week,4,52), family=quasipoisson, weekly)
summary(model7)
summary(model7)$dispersion
qcc.overdispersion.test(weekly$case7,type="poisson")
round(ci.lin(model7,Exp=T),3)
```

```
ci.lin(model7,Exp=T)["flood",5:7]
exp(coef(model7)["time"]*52)
# 安庆市
model8 <- glm(case8 ~ offset(log(pop8)) + flood + time +
              harmonic(week,4,52), family=quasipoisson, weekly)
summary(model8)
summary(model8)$dispersion
qcc.overdispersion.test(weekly$case8,type="poisson")
round(ci.lin(model8,Exp=T),3)
ci.lin(model8,Exp=T)["flood",5:7]
exp(coef(model8)["time"]*52)
# 黄山市
model10 <- glm(case10 ~ offset(log(pop10)) + flood + time +
               harmonic(week,4,52), family=quasipoisson, weekly)
summary(model10)
summary(model10)$dispersion
qcc.overdispersion.test(weekly$case10,type="poisson")
round(ci.lin(model10,Exp=T),3)
ci.lin(model10,Exp=T)["flood",5:7]
exp(coef(model10)["time"]*52)
# 滁州市
model11 <- glm(case11 ~ offset(log(pop11)) + flood + time +
               harmonic(week,4,52), family=quasipoisson, weekly)
summary(model11)
summary(model11)$dispersion
qcc.overdispersion.test(weekly$case11,type="poisson")
round(ci.lin(model11,Exp=T),3)
ci.lin(model11,Exp=T)["flood",5:7]
exp(coef(model11)["time"]*52)
# 阜阳市
model12 <- glm(case12 ~ offset(log(pop12)) + flood + time +
               harmonic(week,4,52), family=quasipoisson, weekly)
summary(model12)
summary(model12)$dispersion
qcc.overdispersion.test(weekly$case12,type="poisson")
```

```
round(ci.lin(model12,Exp=T),3)
ci.lin(model12,Exp=T)["flood",5:7]
exp(coef(model12)["time"]*52)
# 宿州市
model13 <- glm(case13 ~ offset(log(pop13)) + flood + time +
               harmonic(week,4,52), family=quasipoisson, weekly)
summary(model13)
summary(model13)$dispersion
qcc.overdispersion.test(weekly$case13,type="poisson")
round(ci.lin(model13,Exp=T),3)
ci.lin(model13,Exp=T)["flood",5:7]
exp(coef(model13)["time"]*52)
# 六安市
model15 <- glm(case15 ~ offset(log(pop15)) + flood + time +
               harmonic(week,4,52), family=quasipoisson, weekly)
summary(model15)
summary(model15)$dispersion
qcc.overdispersion.test(weekly$case15,type="poisson")
round(ci.lin(model15,Exp=T),3)
ci.lin(model15,Exp=T)["flood",5:7]
exp(coef(model15)["time"]*52)
# 亳州市
model16 <- glm(case16 ~ offset(log(pop16)) + flood + time +
               harmonic(week,4,52), family=quasipoisson, weekly)
summary(model16)
summary(model16)$dispersion
qcc.overdispersion.test(weekly$case16,type="poisson")
round(ci.lin(model16,Exp=T),3)
ci.lin(model16,Exp=T)["flood",5:7]
exp(coef(model16)["time"]*52)
# 池州市
model17 <- glm(case17 ~ offset(log(pop17)) + flood + time +
               harmonic(week,4,52), family=quasipoisson, weekly)
summary(model17)
summary(model17)$dispersion
```

```
qcc.overdispersion.test(weekly$case17,type="poisson")
round(ci.lin(model17,Exp=T),3)
ci.lin(model17,Exp=T)["flood",5:7]
exp(coef(model17)["time"]*52)
# 宣城市
model18 <- glm(case18 ~ offset(log(pop18)) + flood + time +
              harmonic(week,4,52), family=quasipoisson, weekly)
summary(model18)
summary(model18)$dispersion
qcc.overdispersion.test(weekly$case18,type="poisson")
round(ci.lin(model18,Exp=T),3)
ci.lin(model18,Exp=T)["flood",5:7]
exp(coef(model18)["time"]*52)

####4.Meta 效应分析####
###(1)森林图绘制###
# 读取合并效应数据
floodarea<-read.csv("City-level ITS-total.CSV")
nonfloodarea<-read.csv("City-level ITS-total-N.CSV")
# 洪涝对洪涝地区感染性腹泻发病影响的汇总效应
meta<-metagen(log(floodarea$RR),(log(floodarea$Upper)-log
    (floodarea$Lower))/3.92,sm="RR", data=floodarea,studlab =
    paste(c("Hefei","Wuhu","Huainan","Maanshan",  "Tongling",
    "Anqing","Huangshan",      "Chuzhou","Liuan","Chizhou",
    "Xuancheng")), comb.fixed = FALSE)
forest(meta)
# 洪涝对非洪涝地区感染性腹泻发病影响的汇总效应
meta<-metagen(log(nonfloodarea$RR),(log(nonfloodarea$Upper)-
    log(nonfloodarea$Lower))/3.92,sm="RR", data=nonfloodarea,
    studlab = paste(c("Bengbu","Huaibei","Fuyang","Suzhou",
    "Bozhou")),comb.fixed = FALSE)
forest(meta)

###(2)Meta 回归(洪涝地区)###
# 读取效应和城市数据
```

```
floodarea<-read.csv("City-metareg-F.CSV")
floodarea$dis<-floodarea$Dis/100000
# Meta 回归
meta<-metagen(log(floodarea$RRres1),(log(floodarea$Upperres1)-
    log(floodarea$Lowerres1))/3.92, sm="RR", data=floodarea,
    studlab = paste(c("Hefei","Wuhu","Huainan","Maanshan",
    "Tongling","Anqing","Huangshan","Chuzhou","Liuan","Chi
    zhou","Xuancheng")),comb.fixed = FALSE)
metareg(meta,~dis)
```

第8章 R语言代码

```
#######第 8 章 基于 Cox 回归评估极端气温对不良出生结局的影响#######
########极端气温与早产的多中心前瞻性队列研究########
##R 语言版本: V4.1.3
##操作系统: Windows 10

####0.加载 package####
#加入安装
library(dlnm)
library(splines)
library(survival)

####1.出生数据、暴露数据导入及数据合并####
birth<-read.csv("mydata.csv", row.names=1)
exposure <- read.csv("exposure.csv", row.names=1)
qgbirth<-merge(birth,exposure,by = 'id',all.x = TRUE, sort = TRUE)
qgbirth <- qgbirth[order(qgbirth$id),]

####2. 将出生-暴露数据处理为离散格式，并建立风险数据集####
ftime <- sort(unique(qgbirth$ gestation[qgbirth$ptb==1])) #
确定数据中的早产发生在哪些周
list(ftime)
```

```
#function(survSplit)
birthspl<-survSplit(Surv(gestation, ptb)~., qgbirth, cut=ftime,
start="gesst",
                    end="gesexit", event="ptb") #把数据处理为一
人多行的离散格式

birthspl <- birthspl[order(birthspl$id,birthspl$gesexit),]
birthspl$riskset <- as.numeric(factor(birthspl$gesexit,levels=
ftime))
birthspl<- birthspl[birthspl$gesexit%in%ftime,]
birthspl <- birthspl[order(birthspl$id,birthspl$gesexit),]

####3. 建立暴露-反应关系模型，明确风险效应####
model<coxph(Surv(gesst,gesexit,ptb)~exposure+as.factor(par
ity)+cluster(diqu)+as.factor(medu)+mBMI1+as.factor(deliver
yway)+as.factor(bbsex)+as.factor(personalhistory)+as.facto
r(seacon)+RH+as.factor(inspection)+PM2.5+O3+temp,birthspl)
summary(model)

HR<-round(exp(coef(model)), 3)     #构造表格列
CI<-round(exp(confint(model)), 3)
P<-round(coef(summary(model))[,5], 3)
colnames(CI)<-c("Lower", "Higher")   #给 CI 列命名
table<-as.data.frame(cbind(HR, CI, P))  #将列合并为数据框
table<-table[c("exposure"),]          #选出暴露变量结果

####4. 分析各地区风险效应差异及其影响因素####
library(meta)  #加载 Meta 分析包

data1<-read.csv("hazard ratio of each region.csv",row.names=1)
#导入各地区风险效应
data2<-read.csv("regional characteristics of each region.csv",
row.names=1)  #导入各地区特征
data<-merge(data1,tezheng2,by='region  name',all.x  =  TRUE,
sort = TRUE)
```

```
meta<-metagen(log(data$HR),(log(data$Higher)-log(data$Lower))/3.92,sm="HR",
              data=data,studlab = paste(data$City),comb.fixed = TRUE)
meta                                          #Meta 分析，判断各地区风险异质性

forest(meta,title="hi",xlab = "HR",xlab.pos=1,xlim=c(0.8,6.5),
ref=1,col.square="forestgreen",col.square.lines="forestgreen",col.diamond.random = "deeppink1",digits=2,comb.fixed=FALSE)
#绘制各地区风险森林图

result<-metareg(meta,~x)              #Meta 回归分析，探索影响风险差异的地区因素
```

第 9 章　R 语言代码

```
#######第 9 章 基于职业暴露风险评估方法分析高温健康影响#######
########极端高温对职业人群工伤发生风险的影响研究########
##R 语言版本：V4.1.3
##操作系统：Windows 10

###0.加载 package####
#加入安装
rm(list=ls())
library(dlnm)
library(splines)
library(lubridate)
library(magrittr)
library(FluMoDL)
setwd("…\\DLNM 分析\\Data")
source("…\\attrdl.R")

####1.读取原始数据####
```

```
Data <- read.csv("…\\180405-Result_InjDeg.csv", colClasses =
c("Date" = "Date"))

####2.数据清洗及变量变化####
Data$newmonth <- as.numeric(factor(Data$newmonth))
Data$newday <- as.numeric(row.names(Data))
Data$protect <- NA
Data$protect[which(Data$newmonth < 15)] <- 0
Data$protect[which(Data$newmonth > 14)] <- 1

####3.构建 DLNM####
vk <- equalknots(Data$WBGTMax, 2)  #设置节点
maxlag <- 0                         #设置滞后项
cen <- 24                           #设置 WNGT 参考值
cb <<- crossbasis(Data$WBGTMax, lag = maxlag, argvar = list(fun =
"ns", knots = vk), group = Data$year)              #构建交叉基函数
model <<- glm(Data$InjCount ~ cb + as.factor(dow) + as.factor
(vacation) + ns(newmonth, 3) + year, family=quasipoisson(), Data)
#构建 DLNM
cp1 <<- crosspred(cb, model, at = seq(ceiling(min(Data$WBGTMax)),
floor(max(Data$WBGTMax))), cen = cen)
cp1cold <- crosspred(cb, model, at = seq(ceiling(min(Data$WBGTMax)),
cen), cen = cen)
cp1hot <- crosspred(cb, model, at = seq(cen, floor(max
(Data$WBGTMax))), cen = cen)

####4.案例绘制图####
par(mar = c(4, 4, 0, 4))
precex <- 1
plot(cp1cold,"overall",col=4,
xlim=c(floor(min(Data$WBGTMax)),ceiling(max(Data$WBGTMax))),
ylim=c(0.4,1.4), axes=FALSE, ann=FALSE, lwd=2)
lines(cp1hot,"overall",ci="area",col=2,lwd=2)
axis(1, seq(floor(min(Data$WBGTMax)), ceiling(max(Data$WBGTMax)),
3), cex.axis = precex)
```

```
axis(1, floor(min(Data$WBGTMax)):ceiling(max(Data$WBGTMax)),
labels = FALSE, cex.axis = precex)
axis(2, seq(0.5, 1.4, 0.1), cex.axis = precex)
mtext("日最高 WBGT (°C)", 1, line=2.2, at = mean(range
(Data$WBGTMax)), cex = precex)
mtext("相对危险度 RR", 2, line=2.2, at = 1, cex = precex)
par(new=TRUE)
hist(Data$WBGTMax,xlim=c(5,32),ylim=c(0,200),axes=F,ann=F,
col=grey(0.95),breaks=30)
axis(4,at=0:5*20)
mtext("Freq",4,line=2.5,at=50)
abline(v=cen, lty=3)

####5.计算归因分数####
attrdl(Data$WBGTMax,cb,Data$InjCount,model,type="an",cen=c
en)
attrdl(Data$WBGTMax,cb,Data$InjCount,model,cen=cen)

#针对亚组分析，将上述代码中自变量替换为亚组分析变量即可。
```

第 10 章　R 语言代码

```
#######第 10 章 基于病例交叉设计分析温度变化对精神心理疾病的影响#######
########2016~2018 年环境温度对肇庆市精神分裂症发病的影响########
##R 语言版本：V4.1.3
##操作系统：Windows 10

####0.加载安装包####
packages=c('plyr','tidyr','ggplot2','tsModel', "ggdist",
          'chron','lubridate','reshape2', "patchwork",
          'mgcv','stringr','epiDisplay',

'splines',"plyr","zoo","dlnm","stringi","survival")
lapply(packages, library, character.only=T)
```

```
####1.设定工作目录####
setwd('E:\\Sysu\\2.  分析任务\\4.  mental\\chapter mental
health')

####2.读取数据####
data=read.csv(".\\all.csv")

figure1=subset(data,select=c(1,7))
figure1$date=as.Date(figure1$date)
figure1$ym=format(figure1$date,"%Y-%m")
figure1=subset(figure1,select=-c(1))
figure1=figure1 %>%
  ddply(.(ym),colwise(mean,na.rm=T))

p1=ggplot(figure1, aes(ym,temp))+theme_bw()+ylab('平均温度')+
xlab(' ')+

geom_bar(aes(y=temp),stat="identity",width=0.5,fill="#FFC0
CB",colour="black")+
  theme(axis.title=element_text(size=18),
        axis.text=element_text(angle=90,size=10),
        strip.text = element_text(size =18))

p1

figure2=subset(data,select=c(1,5))
figure2$date=as.Date(figure2$date)
figure2$ym=format(figure2$date,"%Y-%m")
figure2=subset(figure2,select=-c(1))
figure2=figure2 %>%
  ddply(.(ym),colwise(mean,na.rm=T))

figure2[2]=round(figure2[2],0)
```

```
library(gtable)
library(grid)

figure2=melt(figure2,
             id=c(names(figure2)[c(1)]),
             measure.vars=c(names(figure2)[c(2)]))

p2=ggplot(figure2,aes(ym,value,color=variable))+

geom_line(aes(colour=variable,group=variable),size=1.2,col
our="#87CEFA")+
  geom_point(size=1.2,colour="#87CEFA")+
  ylab('每日发病数')+xlab(' ')+theme_bw()+ylim(50,140)+
  theme(legend.position="right",
       axis.title=element_text(size=18),
       axis.text=element_text(angle=90,size=10),
       strip.text = element_text(size =18))+
  theme(panel.background = element_blank())+
  theme(panel.grid.major=element_blank())+
  theme(panel.grid.minor=element_blank())%+replace%
  theme(panel.background = element_rect(fill = NA))
p2

# extract gtable
g1 <- ggplot_gtable(ggplot_build(p1))
g2 <- ggplot_gtable(ggplot_build(p2))
# overlap the panel of 2nd plot on that of 1st plot
pp <- c(subset(g1$layout, name == "panel", se = t:r))
g <- gtable_add_grob(g1, g2$grobs[[which(g2$layout$name ==
"panel")]], pp$t,
                     pp$l, pp$b, pp$l)
# axis tweaks
ia <- which(g2$layout$name == "axis-l")
ga <- g2$grobs[[ia]]
ax <- ga$children[[2]]
```

```
ax$widths <- rev(ax$widths)
ax$grobs <- rev(ax$grobs)
ax$grobs[[1]]$x <- ax$grobs[[1]]$x - unit(1, "npc") + unit(0.15,
"cm")
g <- gtable_add_cols(g, g2$widths[g2$layout[ia, ]$l], length
(g$widths) - 1)
g <- gtable_add_grob(g, ax, pp$t, length(g$widths) - 1, pp$b)
ia <- which(g2$layout$name == "ylab-l")
ga <- g2$grobs[[ia]]
ga$rot <- 270
g <- gtable_add_cols(g, g2$widths[g2$layout[ia, ]$l], length
(g$widths) - 1)
g <- gtable_add_grob(g, ga, pp$t, length(g$widths) - 1, pp$b)
# draw it
grid.draw(g)

#save pdf=7.86*5.01
##########################肇庆市*精神分裂症

data2=data %>%
  mutate(t=1:length(date),dow=wday(date)) %>%
  mutate(temp.1=Lag(temp,1), temp.2=Lag(temp,2),
         temp.3=Lag(temp,3),
         temp.01=runMean(temp,0:1),
         temp.02=runMean(temp,0:2),
         temp.03=runMean(temp,0:3))

data3<-data2 %>%
  mutate(year=as.factor(year(date)),
         month=as.factor(month(date)),
         dow=as.factor(wday(date)),
         day=as.factor(day(date)),
         stratum=as.factor(year:month:dow))

data4<- data3[order(data3$date),]
```

```
source('E:\\Sysu\\2.分析任务\\4.mental\\mental\\New Analysis 
20190602\\funccmake.R')

dataexp=funccmake(data4$stratum,data4$Schizophrenia,
                vars=cbind(temp=data4$temp,temp.1=data4$temp.1,
                temp.2=data4$temp.2,temp.3=data4$temp.3,
                temp.01=data4$temp.01,temp.02=data4$temp.02,
                temp.03=data4$temp.03,
                rh=data4$rh,ssd=data4$ssd,pre=data4$pre))

dataexp <- dataexp[dataexp$weights>0,]


timeout <- as.numeric(factor(dataexp$stratum))
timein <- timeout-0.1

dataexp2=melt(dataexp,
            id=c(names(dataexp)[c(1:4,12:14)]),
            measure.vars=c(names(dataexp)[c(5:11)]))

names(dataexp2)[c(8:9)]=c('lag','concen')

data5=ddply(dataexp2,.(lag),
               function(dataexp2)

{fit=coxph(Surv(timein,timeout,status)~concen+ns(rh,df=3)+
ns(pre,df=3)+ns(ssd,df=3),
                         weights=weights, dataexp2)
               coef=summary(fit)$coefficients[1,1]
               se=summary(fit)$coefficients[1,3]
               or=data.frame(c(coef,se))
               er=mutate(or,er=(exp(coef)-1)*100,
                        lower=(exp(coef-1.96*se)-1)*100,
                        upper=(exp(coef+1.96*se)-1)*100)
```

```
            print(er)} )

data6=data5[c(1,3,5,7,9,11,13),] %>%
  mutate(lag=c('0':'3','01','02','03'))

data6$lag=factor(data6$lag,

levels=c('0','1','2','3','01','02','03'))

model0<-coxph(Surv(timein,timeout,status)~ns(temp,df=3)+ns
(rh,df=3)+ns(pre,df=3)+ns(ssd,df=3),
           weights=weights, dataexp)

fitted_lines <- termplot(model0, se=T, plot = F)[[1]] %>%
  mutate(y_1 = exp(y),
        lower = exp(y - se * 1.96),
        upper = exp(y + se * 1.96))

p1 <- ggplot(fitted_lines, aes(x, y_1)) +
  geom_line(size = .5) +
  geom_ribbon(aes(ymin = lower, ymax = upper), linetype =
"dashed", color = "black",
           fill = "red", size = 0.1, alpha = 0.2) +
  theme_classic(base_size = 20, base_family = 'serif') +
  theme(axis.text.x = element_blank(),
       axis.text = element_text(size = 9),
       axis.title.x = element_blank(),
       axis.title.y = element_text(size = 9),
       plot.title=element_text(hjust=0.5, face="bold", size =
10))+
  ggtitle("每日温度对精神分裂症的影响效应") +
  ylab("比值比 (Odds Ratio)") +
  xlab("")

p2 <- ggplot(fitted_lines,
```

```
            aes(x = x)) +
  stat_halfeye(adjust = 0.5, justification = -.2,
             .width = 0, point_colour = NA, fill = "#FF5A5F",
alpha = 0.3) +
  geom_boxplot(width = .12, outlier.color = NA, alpha = 0.3,
             fill = "#FF5A5F", color = "black" ) +
  theme_classic(base_size = 20, base_family = 'serif') +
  labs(x = "每日温度 (℃)",
       y = 'Kernal density') +
  theme(axis.text.y = element_blank(),
       axis.ticks.y = element_blank(),
       axis.text = element_text(size = 9),
       axis.title.y = element_text(size = 9),
       axis.title.x = element_text(size = 9),
       plot.margin = unit(c(0, 0.5, 0.2, 0.2), 'cm'))

merge_plot <- (p1/p2) + plot_layout(heights = c(3, 1))
merge_plot
#a=as.data.frame(predict(model0))
#b=subset(dataexp,temp!="NA"&rh!="NA"&pre!="NA"&ssd!="NA",
select=c(5))
#c=rbind(a,b)

#####################cutpoint<24.5

dataexplower=subset(dataexp,temp<24.5)

timeout <- as.numeric(factor(dataexplower$stratum))
timein <- timeout-0.1

dataexplower2=melt(dataexplower,
            id=c(names(dataexplower)[c(1:4,12:14)]),
            measure.vars=c(names(dataexplower)[c(5:11)]))

names(dataexplower2)[c(8:9)]=c('lag','concen')
```

```
data5=ddply(dataexplower2,.(lag),
          function(dataexplower2)

{fit=coxph(Surv(timein,timeout,status)~concen+ns(rh,df=3)+
ns(pre,df=3)+ns(ssd,df=3),
                   weights=weights, dataexplower2)
          coef=summary(fit)$coefficients[1,1]
          se=summary(fit)$coefficients[1,3]
          or=data.frame(c(coef,se))
          er=mutate(or,er=(exp(-coef)-1)*100,
                   lower=(exp(-coef-1.96*se)-1)*100,
                   upper=(exp(-coef+1.96*se)-1)*100)
          print(er)} )

data6=data5[c(1,3,5,7,9,11,13),] %>%
  mutate(lag=c('0':'3','01','02','03'))

data6$lag=factor(data6$lag,
              levels=c('0','1','2','3','01','02','03'))

####3. 制图####
p3=ggplot(data6,aes(er,lag,color=lag))+
  geom_point(size=2)+
  geom_errorbarh(aes(xmin=lower,xmax=upper),
              size=1.8,height=0)+
  geom_vline(xintercept=0, size=0.32)+
  ylab('滞后时间')+ggtitle("低于阈值温度 24.5℃")+
  theme_bw()+
  theme(legend.position='none',
       axis.title=element_text(size=12.5),
       axis.text=element_text(size=12),
       strip.text=element_text(size=12.5),
       plot.title = element_text(hjust = 0.5))+
  xlab("每增加 1℃所增加的精神分裂症危险度")
```

```
p3

#ggsave(file='C:\\Users\\ruanz\\Desktop\\test.jpg',
#     width=10, height=8, limitsize = FALSE)

#####################cutpoint>=24.5

dataexpupper=subset(dataexp,temp>=24.5)

timeout <- as.numeric(factor(dataexpupper$stratum))
timein <- timeout-0.1

dataexpupper2=melt(dataexpupper,
                id=c(names(dataexpupper)[c(1:4,12:14)]),
                measure.vars=c(names(dataexpupper)[c(5:11)]))

names(dataexpupper2)[c(8:9)]=c('lag','concen')

data5=ddply(dataexpupper2,.(lag),
          function(dataexpupper2)

{fit=coxph(Surv(timein,timeout,status)~concen+ns(rh,df=3)+
ns(pre,df=3)+ns(ssd,df=3),
                   weights=weights, dataexpupper2)
          coef=summary(fit)$coefficients[1,1]
          se=summary(fit)$coefficients[1,3]
          or=data.frame(c(coef,se))
          er=mutate(or,er=(exp(coef)-1)*100,
                  lower=(exp(coef-1.96*se)-1)*100,
                  upper=(exp(coef+1.96*se)-1)*100)
          print(er)} )

data6=data5[c(1,3,5,7,9,11,13),] %>%
  mutate(lag=c('0':'3','01','02','03'))
```

```
data6$lag=factor(data6$lag,

levels=c('0','1','2','3','7','01','02','03'))

p4=ggplot(data6,aes(er,lag,color=lag))+
  geom_point(size=2)+
  geom_errorbarh(aes(xmin=lower,xmax=upper),
               size=1.8,height=0)+
  geom_vline(xintercept=0, size=0.32)+
  ylab('滞后时间')+ggtitle("高于阈值温度24.5℃")+
  theme_bw()+
  theme(legend.position='none',
       axis.title=element_text(size=12.5),
       axis.text=element_text(size=12),
       strip.text=element_text(size=12.5),
       plot.title = element_text(hjust = 0.5))+
  xlab("每增加1℃所增加的精神分裂症危险度")
p4

library(gridExtra)
plots <- list(p3, p4)
grid.arrange(grobs = plots, ncol = 2)

#ggsave(file='C:\\Users\\ruanz\\Desktop\\test.jpg',
#      width=10, height=8, limitsize = FALSE
```

第12章　R语言代码

```
#######第 12 章 基于未来气候和人口变化情景评估高温热浪对人群健康的影响#######
########气候变化下高温热浪暴露对人群健康影响的未来预估研究########
##R语言版本: V4.1.3
##操作系统: Windows 10
```

```
####0.加载 package####
#加入安装
library(meta)
library(dlnm)
library(splines)

library(tidyverse)
setwd('第12章 代码与数据/Chap12 Code&Data')

####1. 用Meta分析计算气候区特异的RR####

## 导入RR
data <- RR <- read.csv("RR1.csv", header = TRUE, sep = ",")

## 计算分气候区的RR Meta
unique(data$No)#No为气候区，分类变量
for (i in 1:length(unique(data$No))) {
  data_i <- data[which(data$No==i),]

meta<-metagen(log(data_i$HR),(log(data_i$Higher)-log(data_
i$Lower))/3.92,sm="HR",
               data=data_i,studlab   =   paste(data_i$NAME),
comb.fixed = TRUE)
  print(meta)
  print(forest(meta,title="hi",xlab                          =
"HR",xlab.pos=1,xlim=c(0.75,1.5),ref=1,col.square="forestg
reen",col.square.lines="forestgreen",col.diamond.random   =
"deeppink1",digits=4,comb.fixed=TRUE))
}

# 整理得到各个气候区的Meta分析后的RR(保留与气候区对应的省份信息)
# 即RRmeta.csv文件

####2.格点人口、热浪、暴露-反应关系、死亡率数据导入及准备####
#* POP *# 人口
```

```
grid_pop <- read.csv("grid_pop_data.csv", header = TRUE, sep = ",")

#* mort_prop_day_grid *#  日死亡占比
mort_prop_day_grid  <-  read.csv("mort_prop_day_grid.csv",
na = "NA", header = TRUE, sep = ",")
#* mort_rt *#  死亡率(包含hist和future)
grid_mort_rt<-  read.csv("grid_mort_rt.csv",   na  =  "NA",
header = TRUE, sep = ",")
#* HW *# 每个月的热浪天数
grid_MAY <- read.csv("grid_MAY.csv", header = TRUE, sep = ",")
grid_JUNE <- read.csv("grid_JUNE.csv", header = TRUE, sep =
",")
grid_JULY <- read.csv("grid_JULY.csv", header = TRUE, sep =
",")
grid_AUG <- read.csv("grid_AUG.csv", header = TRUE, sep = ",")
grid_SEPT <- read.csv("grid_SEPT.csv", header = TRUE, sep =
",")

# AF1=(RR1-1)/RR1
RRmeta <- read.csv("RRmeta.csv", header = TRUE, sep = ",")%>%
rename("province"="NAME")
## 分气候区的RR Meta与格点相匹配，得到格点的RR
AF_value <- left_join(grid_pop[,c("lon","lat","province")],
RRmeta ) %>%
  mutate(AF=(HR-1)/HR) %>% select(lon,lat,AF)

####3.全国的格点热浪归因死亡人数计算####
subg_proportion <- 1
AN_all_grid <- grid_pop[ , -c(1:3)]
AN_all_grid   <-   grid_pop[   ,   -c(1:3)]*(grid_mort_rt
[ ,-c(1:3) ]*0.001)*subg_proportion*
  (mort_prop_day_grid[ ,"m5"]*grid_MAY[ , -c(1:3)] +
     mort_prop_day_grid[ ,"m6"]*grid_JUNE[ , -c(1:3)] +
     mort_prop_day_grid[ ,"m7"]*grid_JULY[ , -c(1:3)] +
     mort_prop_day_grid[ ,"m8"]*grid_AUG[ , -c(1:3)] +
```

```
mort_prop_day_grid[ ,"m9"]*grid_SEPT[ ,-c(1:3) ])*AF_value
[,'AF']#计算全人群中 AN 时 subg_proportion 为 1.
AN_all_grid <- as.data.frame(AN_all_grid)
colnames(AN_all_grid)
AN_all_grid <- cbind(grid_pop[ ,(1:3)], AN_all_grid)
dim(AN_all_grid)

# 注:
#未来气温数据校正代码参考:
# https://www.ncbi.nlm.nih.gov/pmc/articles/PMC6533172/.
#暴露-反应函数关系代码参考:
# https://www.sciencedirect.com/science/article/pii/
S0048969718333035?via%3Dihub#s0085.
```